高等职业教育“十四五”规划教材
智慧农业专业群系列规划教材

温室控制系统装调技术项目教程

易运池◎主编

WENSHI KONGZHI XITONG ZHUANGTIAO JISHU XIANGMU JIAOCHENG

GREENHOUSE

中国农业大学出版社
China Agricultural University Press
·北京·

内容简介

本教材是依据维修电工国家职业资格标准和《"十四五"职业教育规划教材建设实施方案》以及现代职业教育体系建设的要求，结合智慧农业专业群人才培养特点编写而成的，以任务驱动教学方法为基础，以实际岗位应用为目的，以具体任务为载体，引导学生学习。

本教材共分为5个模块，内容包括安全用具的使用、安全操作技术、安全隐患排除、现场应急处置、智能温室装调。每个模块又分为多个项目，内容涉及项目的相关理论知识链接、每个任务的具体实施、完成任务的验收标准。

本教材可作为高等职业院校设施农业等农业类专业的普通高职、五年一贯制高职以及高素质农民学历教育的电气控制系统装配和调试类技术训练教学用书。

图书在版编目（CIP）数据

温室控制系统装调技术项目教程 / 易运池主编 . -- 北京：中国农业大学出版社，2024.7.

ISBN 978-7-5655-3237-5

Ⅰ. S625.5

中国国家版本馆 CIP 数据核字第 2024Z43S27 号

书　名　温室控制系统装调技术项目教程

作　者　易运池　主编

策划编辑　张　玉　　**责任编辑**　贾梦婕

封面设计　李尘工作室

出版发行　中国农业大学出版社

社　址　北京市海淀区圆明园西路2号　　**邮政编码**　100193

电　话　发行部 010-62733489, 1190　　读者服务部 010-62732336

编辑部 010-62732617, 2618　　出　版　部 010-62733440

网　址　http://www.caupress.cn　　**E-mail** cbsszs@cau.edu.cn

经　销　新华书店

印　刷　运河（唐山）印务有限公司

版　次　2024年8月第1版　　2024年8月第1次印刷

规　格　210 mm × 285 mm　　16开本　　16.5印张　　439千字

定　价　54.00元

图书如有质量问题本社发行部负责调换

编审人员

主　　编　易运池（北京农业职业学院）

副主编　李文龙（北京农林科学院）

尹　璐（北京农业职业学院）

杨文雄（北京农业职业学院）

参　　编　高　昌（北京农业职业学院）

李小杰（北京农业职业学院）

徐贺腾（北京农业职业学院）

胡瑶玫（北京农业职业学院）

李　翔（北京农业职业学院）

主　　审　张　宾（中国农业大学）

前言

党的二十大报告提出，全面推进乡村振兴，坚持农业农村优先发展，加快建设农业强国，强化农业科技和装备支撑，发展设施农业，构建多元化食物供给体系。随着农业科技和信息化技术的快速发展，智慧农业成为加快农业现代化、推进乡村振兴的新方向。为此，北京农业职业学院联合多家高职院校和企业单位共同编写了智慧农业专业群系列规划教材。

智能温室是智慧农业的重要组成部分，为了让学生理解智能温室控制系统的作用、组成和掌握其拆卸、装配和调试等技能，同时吸纳设施农业与装备领域的前沿技术，我们组织编写了《温室控制系统装调技术项目教程》。

本教材的主要特点如下：

1. 在教材结构的组织方面，以项目构建教学体系，以具体项目任务为教学主线，通过设计不同的任务，巧妙地将知识点和技能训练融于各个任务中。教学内容以“必需”与“够用”为标准，将知识点进行整合，强调实用性、可操作性。

2. 本教材将理论教学与技能操作训练有机结合，以实训场所为教学平台，采用“任务驱动”的方法完成课程的理论、实践一体化教学。通过使教、学、演、练、考紧密结合，体现课、岗、证的教学理念，重点突出学生的操作技能，形成“以工作任务为目标，以行动过程为导向，理论与实践一体化且更重视实践，学习与工作一体化且更重视工作”的课程教学模式。引导学生通过学习体验工作，通过工作学会学习，在完成教学任务的同时，更加完美地完成工作任务。在项目教学过程中，培养学生良好的职业习惯，实现高等职业教育与企业岗位人才需求“零距离”对接。

3. 本教材将“低压电工作业”相关理论知识和实践技能融于各个项目、任务中，体现了特殊工种必须持证上岗的意识。

本教材分为 5 个学习模块、22 个学习项目、60 个教学任务。模块一为安全用具的使用，分为 5 个项目、12 个任务；模块二为安全操作技术，分为 7 个项目、20 个任务；模块三为安全隐患排除，分为 4 个项目、8 个任务；模块四为现场应急处置，分为 1 个项目、5 个任务；模块五为智能温室装调，分为 5 个项目、15 个任务。

本教材由易运池担任主编，李文龙、尹璐和杨文雄担任副主编，由张宾审核。具体分工如下：李小杰编写模块一中的项目一；高昌编写模块一中的项目二、项目三、项目四、项目五；易运池编写模块二中的项目一，项目五中的项目二、项目三、项目四、项目五；尹璐编写模块二中的项目二、项目三；徐贺腾编写模块二中的项目四、项目五、项目六、项目七；杨文雄编写模块三中的项目一、项目二、项目三、项目四，技能工单中的模块 3、模块 4、模块 5；李翔编写模块四中的项目；胡瑶玫编写模块五中的项目一；李文龙编写技能工单中的模块 1、模块 2。

因编者水平有限，书中还有很多不足之处，恳请有关专家、同行批评指正，以便改进。同时，向本教材所引用的参考文献的作者深表感谢。

编　者

2023 年 10 月

目录

模块一　安全用具的使用

模块二　安全操作技术

模块三　安全隐患排除

模块四　现场应急处理

模块五　智能温室控制系统装调

模块一　安全用具的使用

本模块的学习目标为掌握万用表、兆欧表、钳形电流表、接地电阻测量仪的使用，具备登杆作业能力，熟练使用电工绝缘手套、低压验电笔，熟练进行停电检修作业。

项目一　电工仪表

项目描述

在温室控制系统装调技术中，应用较多的电工仪表有万用表、兆欧表、钳形电流表、接地电阻测量仪，本项目学习这几种仪表的相关知识。

项目目标

掌握万用表、兆欧表、钳形电流表、接地电阻测量仪的使用，树立特殊工种必须持证上岗的意识，培养职业精神，为从事相关工作打下基础。

教学方法

项目教学、任务驱动、现场演示、启发引导、分组讨论。

实施地点

智能温室实训室。

设备与工具

常用电工工具与仪表。

学时

4学时。

【相关知识链接】

一、指针式万用表

（一）指针式万用表的功能

指针式万用表又称多用表、三用表，简称万用表，是一种多功能的电工仪表。万用表都具备以下的功

图 1-1　MF-47 型万用表的外形

能:测量电阻、测量直流电流、测量直流电压、测量交流电压。除上述的基本功能外,不同型号的万用表还可能具备其他辅助功能,如测量交流电流、晶体三极管的直流放大倍数、电平、电感量、电容量等。MF-47 型万用表的外形如图 1-1 所示。

(二)指针式万用表的使用方法

(1)指针式万用表使用的基本规则。在学习使用万用表之前,首先要了解万用表上面的几个元器件的功能,包括选择开关(又叫转换开关,不同仪表的开关名称略有不同)、欧姆调零旋钮、插座和表笔。

选择开关是让万用表适应被测量的种类和大小的元件,在测量之前,必须根据测量内容和被测量的大小来调整选择开关。一般的万用表只有 1 个选择开关,但也有少数的万用表有 2 个选择开关,使用时这 2 个选择开关要配合调整。

万用表上有 2 个或 2 个以上的插孔,用来插万用表的测试表笔,它是万用表对外的连接端子。有 2 个插孔的万用表,在插孔旁边分别标有“+”和“−”符号,在使用时,红表笔插“+”端,黑表笔插“−”端。有 2 个以上插孔的万用表,其中 1 个插孔标有“*”符号,在使用中该插孔永远插黑表笔,而红表笔应根据被测对象,插在相应的 1 个插孔中。

表笔是指万用表的测试线端部的手握部分,手握的一端有 1 根中空的塑料杆,测试线从中间穿过,2 根塑料杆的颜色分别是红色和黑色,即红表笔和黑表笔。

(2)电流和电压的测量。通过选择开关把万用表调整到测量电流的位置和相应的量程,这时的万用表就变成了一个电流表,可以用来测量电流,测量方法与电流表的使用是完全一样的。改变选择开关的位置,万用表也可以作为电压表来使用。

(3)电阻的测量。由于电阻元器件是无源元器件,万用表无法直接显示电阻值,因此万用表内部装有电池,作为测量电阻时的电源。在测量电阻时,同样先要把选择开关调到电阻挡位,然后进行欧姆调零,方法是:先将 2 支表笔短接,这时表针会向满刻度方向偏转,并稳定在满刻度(也就是电阻刻度线的零点),假如表针不停在这一刻度,就要旋转万用表上的欧姆调零旋钮,表针也会随之摆动,直到稳定在欧姆零位,欧姆调零就完成了;假如表针无法调到零位,则说明表内电池的能量已经耗尽,需要更换电池。

一般的万用表测量电阻有 5 个挡位:$R\times1$、$R\times10$、$R\times100$、$R\times1\text{k}$、$R\times10\text{k}$,5 个挡位代表了电阻挡的 5 个量程。如果测量时用的是 $R\times100$ 挡,测量的读数是 55,则实测的电阻数值为:$55\times100=5\,500(\Omega)$,其余可依此类推。测量时,如果用同一挡(如 $R\times100$ 挡)进行多次测量,则在第 1 次测量之前进行一次欧姆调零就可以。如果在测量中改换挡位,如从 $R\times100$ 挡换到 $R\times10$ 挡,则在换挡后必须重新进行调零。总之,测量电阻时,每换一次挡位就要进行一次调零。

在完成欧姆调零以后,即可对电阻进行测量。如果是单个的电阻,只需用 2 支表笔端部的金属部分分别接触电阻的两端,万用表即可显示电阻值。如果是电路中的电阻,则必须先停电,再把电阻拆下测量。

(三)指针式万用表使用注意事项

由于指针式万用表功能多,量程、挡位也多,各种量的测量方法又不相同,因此在使用中需要注意的事情也比较多,归纳起来,有下列几条:

(1)在使用之前先对万用表进行外观检查,例如,表面各部位及表笔是否完好无损、表针摆动是否灵活、选择开关转动是否正常等。

(2)要根据被测量的内容和大小,正确地调整选择开关和所用的插孔,这是保证不出事故和准确测量的先决条件。在任何情况下，黑表笔都应插在标有“－”或“*”的插孔。

（3）在使用万用表前，应根据情况决定是否需要进行机械调零。

（4）在测量电压和电流时，应当事先了解被测量的大致数值，并据此选择稍大一些的量程。如果无法估计被测量的大小，则应选择相应量的最大量程。在实际测量中，根据情况逐挡减小量程，直至合适为止。而在测量电阻时，不知道被测电阻值的大小，也不必先用最大挡试测，可以直接用中间挡测量。

（5）调整选择开关，应在停止测量的情况下进行，不得在测量中调整选择开关。

（6）读数时，要正确选择刻度线。万用表表头的刻度线比较多，测量什么内容、应当选择哪 1 条刻度线必须清楚。不同型号的万用表，刻度线的数目和排列都不一样，要注意分清，否则读数将完全错误。

（7）测量时，表应当放平稳，支点不应悬空。一般的万用表都是水平放置，如果垂直使用，会影响测量的准确度。

（8）不允许用万用表的电阻挡去测量微安表（包括各种高灵敏电流表）的内电阻，也不允许用万用表的电压挡去测量标准电池（注意，不是普通电池）的电压。如果违背这一条规定，就会损坏被测元器件。

（9）在使用万用表测量直流电压或电流时，电流总是从红表笔流入，从黑表笔流出。因此，在选用电阻挡时，万用表本身就成了一个电源。红表笔成了电源的负极，黑表笔成了电源的正极。

（10）在测量时，人体不可接触万用表的带电部位，以免发生触电事故。

最后，在用完万用表后，应当把选择开关放在交流电压最大挡或空挡。

二、数字式万用表

数字式万用表是近几十年发展起来的一种新型万用表。从外观上看，与传统的指针式万用表的明显区别是，它的显示部分采用了直接显示被测量数值的液晶元件。其优点是灵敏度和准确度都比指针式万用表要高，附加功能也比指针式万用表要多，体积小，便于携带；缺点是成本较高。

数字式万用表的选择开关、插孔和欧姆调零旋钮与指针式万用表基本上是一样的，在使用方法上也大致相同。常用数字式万用表的外形如图 1-2 所示。

图 1-2　常用数字式万用表的外形

三、兆欧表

兆欧表是用来测量电气电路和各种用电器的绝缘电阻值的仪表。由于兆欧表在使用中要用手去转动摇把，因此习惯上称为绝缘摇表。在对电气电路和用电器做预防性试验和进行检修时，都需要测量绝缘电阻，所以，兆欧表也是电工经常使用的仪表之一。常用兆欧表的外形如图 1-3 所示。

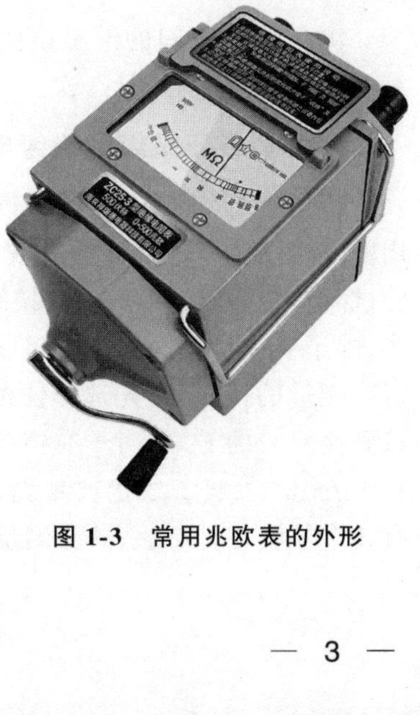

图 1-3　常用兆欧表的外形

（一）兆欧表的选用

兆欧表的基本参数有 2 个：电压等级和测量范围。

电压等级是兆欧表最基本的参数。目前使用的兆欧表的电压等级有 3 个：500 V、1 000 V 和 2 500 V。选用兆欧表，首先就要选择它的电压等级，如果电压等级选错了，测量结果将不可与要求值进行比较。

测量范围是指兆欧表所能够测量的从最小值到最大值的范围。从目前常用的兆欧表来看，其测量范围是指除“0”和“∞”以外的有效刻度。

（二）兆欧表使用前的检查

（1）外观检查。检查兆欧表各部分是否完好、表针是否灵活、手摇发电机是否旋转正常。

（2）开路试验。把兆欧表的2根测试线分开，按兆欧表的规定转速转动兆欧表，兆欧表的指针应当指在“∞”的位置上，否则说明兆欧表的准确度不够。

（3）短路试验。把兆欧表的L端和E端短接，按规定转速转动兆欧表，兆欧表的指针应当指在“0”的位置上，否则同样说明兆欧表的准确度不够。

（三）兆欧表的使用方法

被测对象不同，兆欧表的接线方法也不完全相同。下面通过介绍几个典型的例子说明兆欧表的使用方法。

1. 测量电动机的绝缘电阻

对于最常见的三相笼式异步电动机，定子三相绕组之间是绝缘的，绕组和铁心（也就是电动机的外壳）之间也是绝缘的，要测的就是这些绝缘的电阻值，测试项目视电动机的内部接线而定。对于一些小容量电动机，它的三相绕组在电动机内部已经接好，也就是说，三相绕组是不能分开的，它的接线盒里，电源线的接线端子只有3个，对于这一类电动机，要测的就是绕组和铁心之间的绝缘电阻。而对于大多数三相异步电动机，三相绕组在电动机内部并不连接，而是被引到接线盒里，这时的接线盒里就有6个电源线的接线端子，对于这一类电动机，除要测量绕组对铁心的绝缘电阻以外，还可以测量各相绕组之间的绝缘电阻。下面分别说明这2种绝缘电阻的测试方法。

（1）测量绕组与铁心之间[相—地（壳）]的绝缘电阻。首先将被测电动机停电，从电动机的接线盒处拆掉电源线。对于常用的380 V低压电动机，可选用500 V的兆欧表。把检验合格的兆欧表的E端与电动机的外壳相连，或者接到电动机接线盒内的接地螺钉上，原有的连接片不拆开。

测试时，一个人用手转动兆欧表的摇把，保持120 r/min转速，另一个人将L线接于6个端子的任一端，摇到1 min时，指针的指示即被测电动机的绝缘电阻值，记下此值，然后撤开L线，最后才能停止转动兆欧表，测试结束。根据相关规程的要求，对于新电动机和停止运行3个月以上的电动机，绝缘电阻值不应低于1 MΩ；对于运行中的电动机，绝缘电阻值不应低于0.5 MΩ。

（2）测量绕组相间（相—相）的绝缘电阻。测量绕组相间的绝缘电阻与测量绕组对地的绝缘电阻二者的区别仅仅在于接线方法不同，表的选择、测试前的准备、测试方法以及绝缘电阻的合格值都是一样的。

测量绕组相间的绝缘电阻，在拆去电源线及端子盒内的原有连接片后，将L线和E线各接一相绕组，按上述方法共测量3次。

2. 测量低压电缆的绝缘电阻

将电缆（也称电力电缆）彻底放电后，才可测量它的绝缘电阻。对于500 V以下的低压电缆，应选用额定电压为1 000 V的兆欧表，然后进行外观检查、开路和短路试验，确认仪表正常后，即可进行测试。测试时首先拆掉电缆两端的接线。对于无铠装的电缆，测试内容只是测量相间绝缘电阻，对于有铠装的电缆，除了要测量相间绝缘电阻以外，还要测量相对铠装的绝缘电阻，不过这2种测量通常可以合在一起进行。测量的接线为：先选择任意一相作为被测相，对于无铠装的电缆，将其余各相（包括中性线）短接后，接到兆欧表的E端；对于有铠装的电缆，则应把铠装也短接。一人手持L线，另一人摇动兆欧表，在达到120 r/min时，将L线接被测线芯，在到1 min时，读数并记录，然后先撤L线再停摇。对于三芯电缆，由于有3个被测相，因此一共要测量3次；对于四芯电缆，要测量4次；对于五芯电缆，要测量5次。不论是否有铠装，测量次数都是一样的，测量方法仿照测量电动机的绝缘电阻进行。每次测量后，都要进行放电。

判定电缆的绝缘电阻是否合格的标准：对于 500 V 以下的低压电缆，长度在 500 m 以内、环境温度在 20 ℃时，测量的绝缘电阻值与上一次测量的结果相比，下降不应超过 30%，且最低不能低于 10 MΩ。

3. 测量低压电容器的绝缘电阻

在测量低压电容器的绝缘电阻之前，要先对电容器进行放电。电容器的放电有 2 种形式：第 1 种，一般的电容器都带有放电装置，当电容器退出运行后，放电装置即可对电容器自动进行放电，这种放电方式称为自动放电；第 2 种，用人工的方法对电容器进行放电，这种放电方式称为人工放电。人工放电是对电容器进行任何工作前都必须做的一件事，其内容包括相间放电和相对地（外壳）放电，操作方法和给电缆放电一样。

放电后，对于 500 V 以下的低压电容器，可以选用 500 V 或 1 000 V 的兆欧表。测量电容器绝缘电阻的主要项目是测量相对地的绝缘电阻值，准备工作为：拆掉电容器的引线，将端子处的绝缘擦拭干净，将 2 个（单相电容器）或 3 个（三相电容器）接线端子短接，将兆欧表的 E 端接到电容器外壳的接地螺钉上。其测量方法与电动机的相同。由于对电容器只要求测量相对地的绝缘电阻值，因此只需进行 1 次测量。测量之后，要再一次对电容器进行人工放电。

根据运行规程的要求，对于新安装的电容器，绝缘电阻值不应低于 2 000 MΩ；对于运行中的电容器，绝缘电阻值不应低于 1 000 MΩ。

（四）兆欧表使用注意事项

兆欧表在工作中能发出很高的电压，不注意时可能会受到电击，所以在工作时，要特别注意人身安全。

（1）使用兆欧表测量绝缘电阻，应该至少有 2 个人参与工作，其中，一人转动兆欧表，另一人兼管安全监视。

（2）在工作中，不允许触及兆欧表、测试线及电容器的带电部位。

（3）对于电容器、电缆，在测量前与测量后，一定要进行人工放电。对于容量较大的电动机也要进行放电。

（4）在测量过程中，兆欧表的转速应始终保持在 120 r/min，不能忽快忽慢，更不能停止。

（5）在测量时，一定要遵守先转动兆欧表，再接通 L 线的原则。工作进行到读数完毕、准备结束时，务必要先断开 L 线，再停止转动兆欧表。

（6）在测量前，应当对兆欧表进行外观检查及开路、短路试验。

（7）测试线应采用专用的加厚、绝缘的塑料线，不能用普通的麻花线代替。在测量时，测试线不能拖在地上，应当架空。测试线不应过长。

（8）兆欧表在结构上有 1 个特点，它没有固定的零位，不工作时，表针可停在任意位置。因此，兆欧表在使用之前不需要机械调零，也没有机械调零的装置。

四、钳形电流表

钳形电流表是便携式电流表的一种，和普通的电流表相比，钳形电流表无须断开导线，便可在带负荷的情况下测量电流。钳形电流表的使用方法很简单，它有 1 个可以随意张开的钳口。在测量时，使钳口张开，将被测导线放入钳口内，仪表即可显示被测电流的数值。测完后，再把导线从钳口拿出。钳形电流表上有 1 个选择开关，用来选择钳形电流表的量程。使用前，先估计被测电流的大小，并选择比此值大一点的挡位，如果无法估计被测电流的大小，则应选择量程的最大挡，然后逐挡下调。有些钳形电流表除能测量交流电流以外，还能测量电压和电阻，相当于一个万用表。从原则上来讲，除测量交流电流以外，新增加的这些功能都不属于钳形电流表的功能。常用钳形电流表的外形如图 1-4、图 1-5 所示。

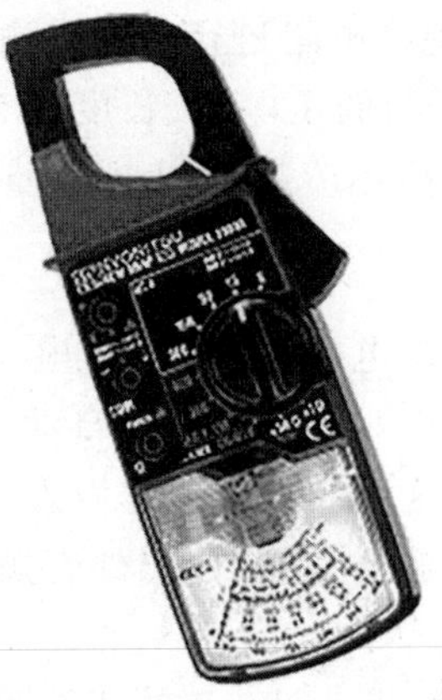

图 1-4　指针式钳形电流表的外形

图 1-5　数字式钳形电流表的外形

钳形电流表在使用中要注意下列事项。

(1)使用前先进行外观检查,并视需要进行机械调零。

(2)正确选择量程。如果需要变换量程,应把导线从钳口中拿出,再调整选择开关。

(3)在测量时,尽量使钳形电流表平放。

(4)由于钳形电流表经常被用于测量电源线,因此,在使用中要特别注意安全,防止人身触及带电部位,同时也要防止导线之间发生短路。

(5)不允许测量高压线及裸导线的电流。

五、接地电阻测量仪

接地电阻测量仪是用来测量接地体的接地电阻的仪表,外形如图 1-6 所示。

从外观上看,接地电阻测量仪有三接线端子和四接线端子 2 种,它们的使用方法是一样的,只是端子的名称和接线方法略有区别。三接线端子接地电阻测量仪的端子名称是 C、P、E,四接线端子接地电阻测量仪的端子名称是 C_1、C_2、P_1、P_2。以四接线端子接地电阻测量仪为例,接线方法如图 1-7 所示。接地电阻测量仪(以下简称测量仪)靠近被测接地体放置,从测量仪的 P_2C_2 端引出 1 根测试线,接到被测接地体的引线上,此线称为 5 m 线;在被测接地体外 20 m 处设 1 个辅助接地极 P'(实际上就是在地上插 1 根铁钎),称为电位极,并用 1 根测试线接到测量仪的 P_1 端,此线称为 20 m 线;在延长线上,距被测接地体外 40 m 处同样设 1 个辅助接地极 C',称为电流极,用 1 根测试线接到测量仪的 C_1 端,这根线称为 40 m 线。接线工作即完成。

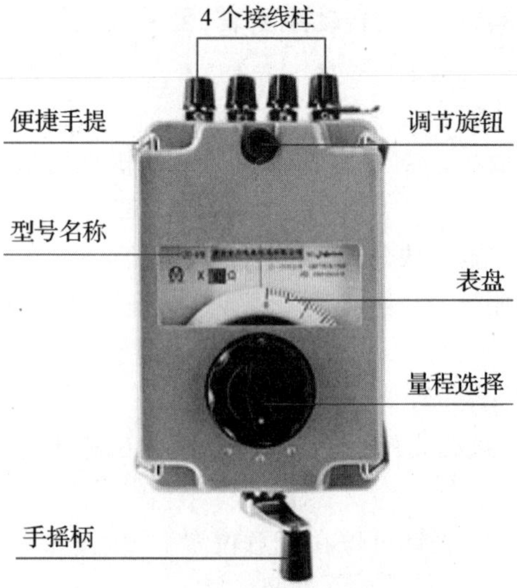

图 1-6　接地电阻测量仪的外形

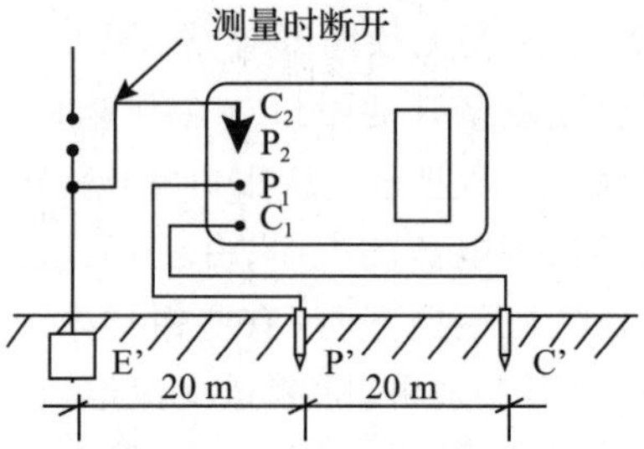

图 1-7　四接线端子接地电阻测量仪的接线方法

测量仪也有 1 个选择开关,用来选择测量仪的倍率,通常它有 3 个挡位:$R\times1$、$R\times10$ 和 $R\times100$,或者是 $R\times0.1$、$R\times1$ 和 $R\times10$,可根据被测接地体的接地电阻的数值来选择。

测量仪的指针位于中间位置,可以向两边偏转。它的刻度盘是圆形的,可由外面的 1 个调节旋钮带动旋转。测量时，转动测量仪的摇把，保持 120 r/min 的转速。此时测量仪的表针将会偏离中线，旋转测量仪上刻度盘的调节旋钮，指针也会随之摆动，直到指针摆回中线位置，此时指针对准的刻度盘的数字即要测的数值。停止摇动，记下这个读数，测量工作结束。最终的接地电阻的数值是测量仪的读数与选择开关的倍率的乘积。

任务一　万用表的使用

一、使用指针式万用表测量交流电压

【任务目的】

通过本任务的学习，掌握指针式万用表的结构、工作原理及使用指针式万用表测量交流电压的方法。

【任务准备】

(1)指针式万用表若干。
(2)一般场地即可，要求周围无强磁场干扰。
(3)操作人员的手干净，不潮湿。
(4)操作人员精神状态良好。
(5)操作人员熟悉指针式万用表的结构、工作原理和操作要求。

【任务实施】

步骤一　正确选择指针式万用表，并进行使用前检查。
(1)外观检查。外观应无缺陷，表笔完好、无破损，如图 1-8 所示。

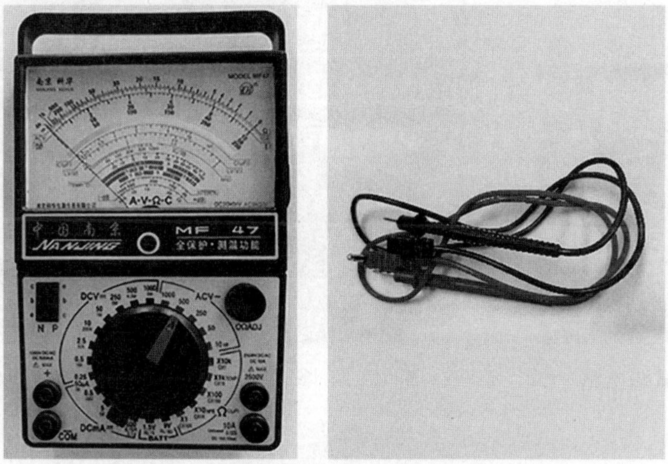

图 1-8　指针式万用表及表笔

(2)机械调零。使指针指在电压、电流刻度线的“0”位，如图 1-9 所示。
(3)欧姆调零。选择开关旋至欧姆挡，两表笔短接，调整(Ω)调零旋钮，使指针指在电阻刻度线的“0”位，如图 1-10 所示。

步骤二　预置量程挡位。测量交流电压时将万用表的选择开关置于交流电压合适量程挡上，然后红表笔插“+”孔，黑表笔按仪表标注插入，如图 1-11 所示。

图 1-9　机械调零

图 1-10　欧姆调零

图 1-11　选择合适挡位，正确插入红、黑表笔

步骤三　接上被测电源。在测量交流电压时，只要将万用表并接在被测两端即可，不必考虑极性问题，如图 1-12 所示。

步骤四　测量、读取数值。在相应量程挡位的刻度盘上读取数值，如图 1-13 所示。

步骤五　关闭量程开关。测量完毕，从被测电阻上拔出两表笔，量程开关放空挡或者拨至交流电压最高挡，如图 1-14 所示。

图 1-12　接上被测电源

图 1-13　读取数值

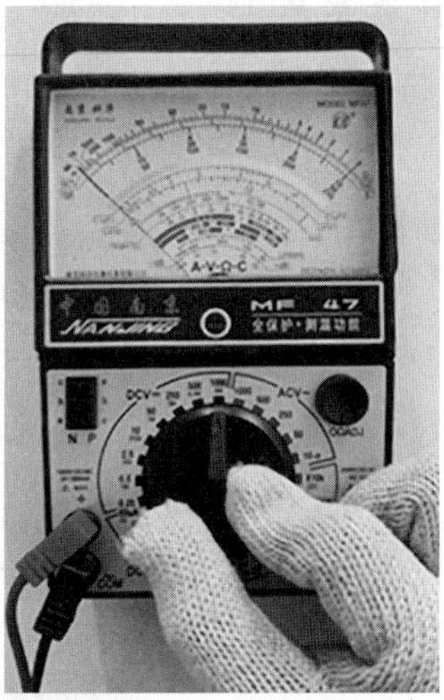

图 1-14　关闭量程开关

【验收标准】

第 1 项为决定项，选表错误则实操失败。

序号	验收项目	验收内容
1	选择仪表	指针式万用表
2	查表外观	完好、无破损
3	查表笔线	完好、无破损

续表

序号	验收项目	验收内容
4	查表针零位	会调整机械调零钮，使指针在“0”位
5	选择挡位	与指定测量值相符
6	选择插口	红表笔插“＋”孔，黑表笔按仪表标注插入
7	实际测量	安全防护应到位，两表笔线应分开，持表笔部位正确
8	读取数值	应与考核电源相符
9	恢复挡位	交流电压最高挡或 OFF 挡

二、使用指针式万用表测量直流电压

【任务目的】

通过本任务的学习，掌握指针式万用表测量直流电压的方法。

【任务准备】

(1)指针式万用表若干。
(2)一般场地即可，要求周围无强磁场干扰。
(3)操作人员的手干净，不潮湿。
(4)操作人员精神状态良好。
(5)操作人员熟悉指针式万用表的结构、工作原理和操作要求。

【任务实施】

步骤一　正确选择指针式万用表，并进行使用前检查。
(1)外观检查。外观应无缺陷，表笔完好、无破损，如图 1-15 所示。

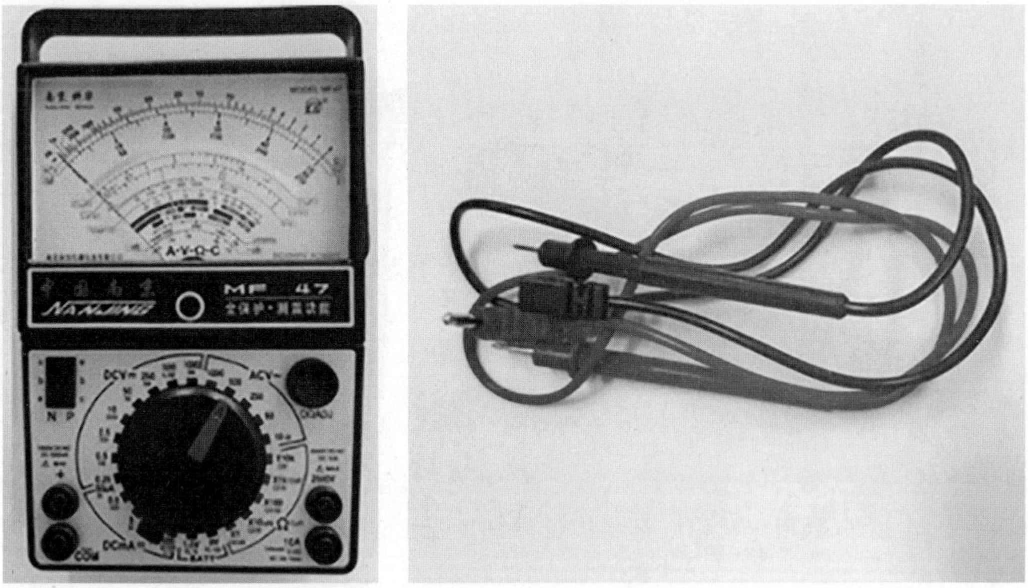

图 1-15　指针式万用表及表笔

(2)机械调零。使指针指在电压、电流刻度线的“0”位,如图 1-16 所示。

(3)欧姆调零。选择开关旋至欧姆挡,两表笔短接,调整(Ω)调零旋钮,使指针指在电阻刻度线的“0”位,如图 1-17 所示。

图 1-16　机械调零

图 1-17　欧姆调零

步骤二　预置量程挡位。测量直流电压时将万用表的选择开关置于直流电压合适的量程上,如图 1-18 所示。

步骤三　接上被测电源。红表笔接到“+”,黑表笔接到“-”,如图 1-19 所示。

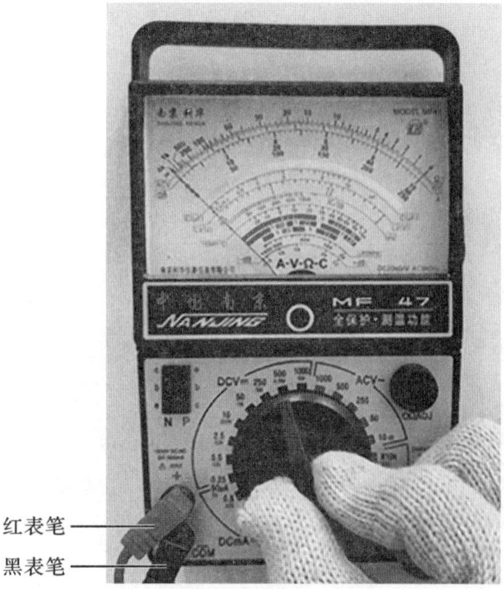

图 1-18　预置量程挡位

图 1-19　接上被测电源

步骤四　测量、读取数值。在相应量程挡位的刻度盘上读取数值,然后从电源上拔出两表笔,如图 1-20 所示。

步骤五　关闭量程开关。测量完毕,量程开关放空挡或者拨至交流电压最高挡,如图 1-21 所示。

图 1-20　读取数值

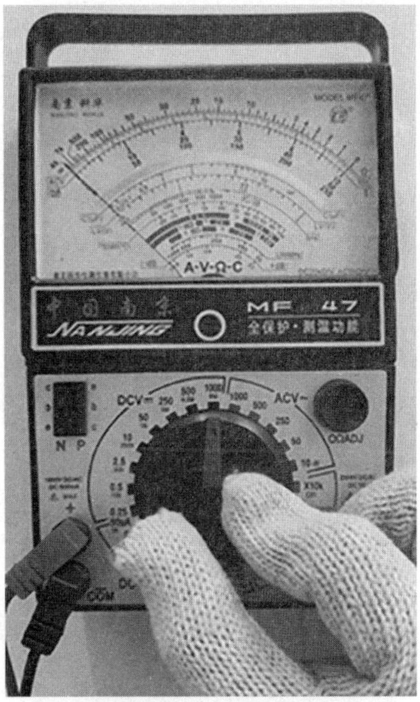

图 1-21　关闭量程开关

【验收标准】

第 1 项为决定项,选表错误则实操失败。

序号	验收项目	验收内容
1	选择仪表	指针式万用表
2	查表外观	完好、无破损
3	查表笔线	完好、无破损
4	查表针零位	会调整机械调零钮,使指针在"0"位
5	选择挡位	与指定测量值相符
6	选择插口	红表笔插"+"孔,黑表笔按仪表标注插入
7	实际测量	安全防护应到位,两表笔线应分开,持表笔部位正确
8	判断极性	指针右偏红笔为正
9	读取数值	应与考核电源相符
10	恢复挡位	交流电压最高挡或 OFF 挡

三、使用数字式万用表测量交流电压

【任务目的】

通过本任务的学习,掌握数字式万用表的结构、工作原理及使用数字式万用表测量交流电压的方法。

【任务准备】

(1)数字式万用表若干。

(2)一般场地即可,要求周围无强磁场干扰。
(3)操作人员的手干净,不潮湿。
(4)操作人员精神状态良好。
(5)操作人员熟悉数字式万用表的结构、工作原理和操作要求。

【任务实施】

步骤一 正确选择数字式万用表,并检查仪表外观及表笔是否完好、无破损,如图 1-22 所示。检查表内是否有电池、表的电压是否正常,如图 1-23 所示。

图 1-22 数字式万用表及表笔

图 1-23 表内有电池且电压正常

步骤二 预置量程挡位。测量交流电压时将万用表的选择开关置于交流电压合适的量程挡上,如图 1-24 所示。

步骤三 接上被测电源。测量交流电压时,只要将万用表并接在被测两端即可,即红表笔插 V/Ω 孔,黑表笔插 COM 孔,不必考虑极性问题,如图 1-25 所示。

图 1-24 选择合适挡位

图 1-25 接上被测电源

步骤四　测量、读取数值。在相应量程挡位的液晶显示屏上读取数值，然后从电源拔出两表笔，如图 1-26 所示。

步骤五　关闭量程开关。测量完毕，将量程开关拨到 OFF 挡位上，如图 1-27 所示。

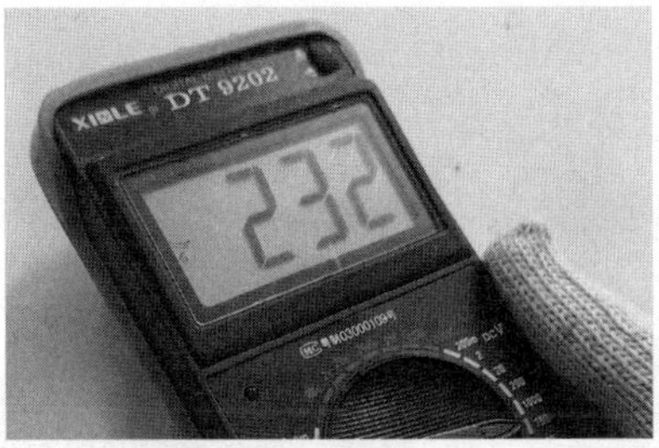

图 1-26　读取数值

图 1-27　关闭量程开关

【验收标准】

第 1 项为决定项，选表错误则实操失败。

序号	验收项目	验收内容
1	选择仪表	数字式万用表
2	查表外观	完好、无破损
3	查表笔线	完好、无破损
4	选择挡位	与指定测量值相符
5	选择插口	红表笔插 V/Ω 孔，黑表笔插 COM 孔
6	实际测量	安全防护应到位，两表笔线应分开，持表笔部位正确
7	读取数值	应与考核电源相符
8	恢复挡位	交流电压最高挡并关闭仪表电源

四、使用数字式万用表测量直流电压

【任务目的】

通过本任务的学习，掌握数字式万用表测量直流电压的方法。

【任务准备】

(1)数字式万用表若干。

(2)一般场地即可,要求周围无强磁场干扰。

(3)操作人员的手干净,不潮湿。

(4)操作人员精神状态良好。

(5)操作人员熟悉数字式万用表的结构、工作原理和操作要求。

【任务实施】

步骤一 正确选择数字式万用表,并检查仪表外观及表笔是否完好、无破损,检查表内是否有电池,表的电压是否正常,如图 1-28 所示。

步骤二 预置量程挡位。数字式万用表测量直流电压有多种挡位以供选择,应根据被测电压值大小选择电压挡位,如图 1-29 所示。

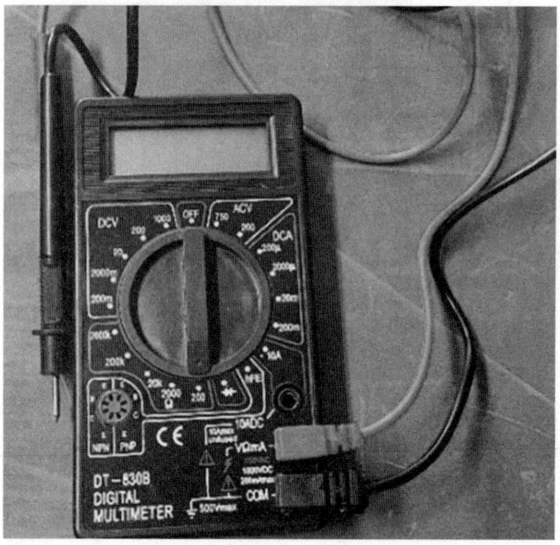

图 1-28 数字式万用表及表笔

图 1-29 选择合适的量程挡位

步骤三 黑表笔插在 COM 插孔内,红表笔插在 V/Ω 插孔,如图 1-30 所示。

步骤四 接上电源进行测量。将红、黑表笔并联在被测电路,然后在个人安全防护到位的情况下,按照规定要求进行测量,如图 1-31 所示。在测量时,要正确判断极性,显示值前出现"-",则红表笔接触的是负极。

图 1-30 正确插入两表笔

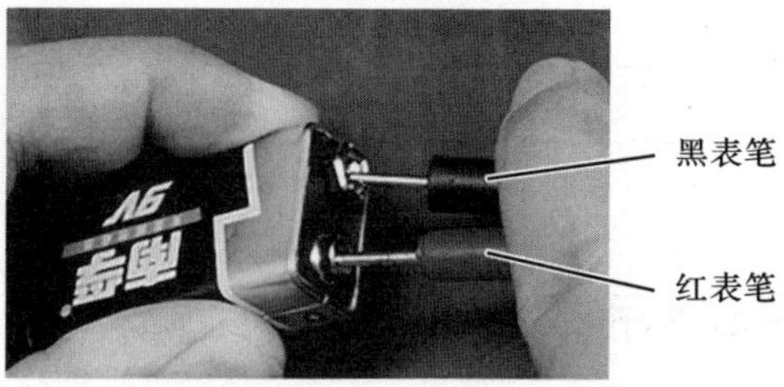

图 1-31 插上被测电源

步骤五 测量、读取数值(图 1-32)。液晶显示屏上显示的数值即直流电压数值。若是正电压,只显示数值;若是负电压,除数值外,数字前面还有"-"符号。然后从电源上拔出两表笔。

步骤六 关闭量程开关。测量完毕,将量程开关拨到 OFF 挡位上,如图 1-33 所示。

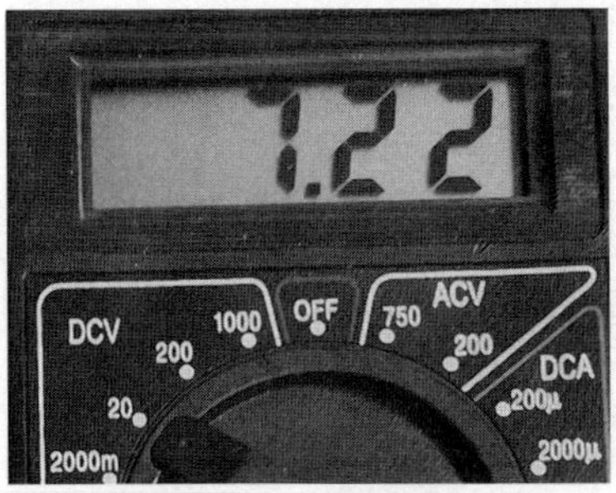

图 1-32　读取数值

图 1-33　关闭量程开关

【验收标准】

第 1 项为决定项，选表错误则实操失败。

序号	验收项目	验收内容
1	选择仪表	数字式万用表
2	查表外观	完好、无破损
3	查表笔线	完好、无破损
4	选择挡位	与指定测量值相符
5	选择插口	红表笔插 V/Ω 孔，黑表笔插 COM 孔
6	实际测量	安全防护应到位，两表笔线应分开，持表笔部位正确
7	判断极性	显示值前出现“－”，则红表笔接触的是负极
8	读取数值	应与考核电源相符
9	恢复挡位	交流电压最高挡或 OFF 挡，并关闭仪表电源

五、使用指针式万用表测量电阻

【任务目的】

通过本任务的学习，掌握指针式万用表测量电阻的方法。

【任务准备】

(1) 指针式万用表若干，被测电阻(线圈)。

(2)一般场地即可,要求周围无强磁场干扰。

(3)操作人员的手干净,不潮湿。

(4)操作人员熟悉指针式万用表的结构、工作原理和操作要求。

【任务实施】

步骤一 正确选择指针式万用表,并进行使用前检查。

(1)外观检查。外观应无缺陷,表笔完好、无破损,如图 1-34 所示。

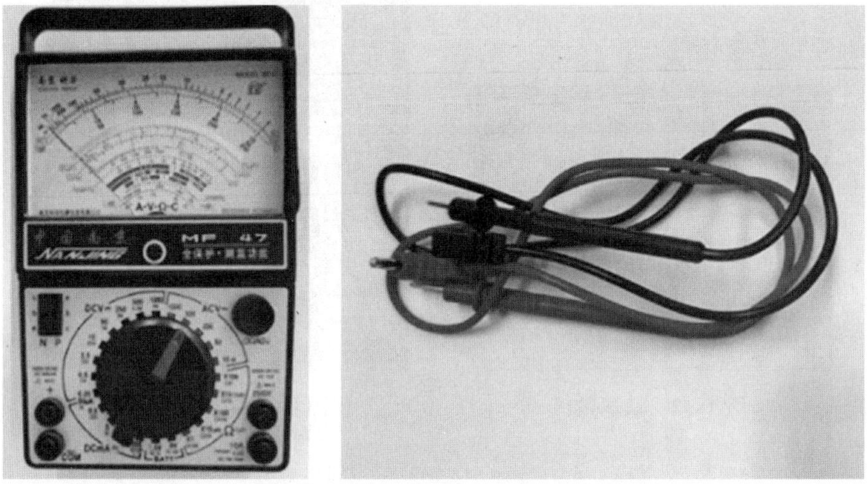

图 1-34 指针式万用表及表笔

(2)机械调零。使指针指在电压、电流刻度线的“0”位,如图 1-35 所示。

步骤二 选择合适的倍率挡。万用表测量电阻挡位有多种挡位,可根据被测电阻的大小,进行适当的选择。倍率挡选好后,将红表笔插入“+”,黑表笔按仪表标注插入,如图 1-36 所示。

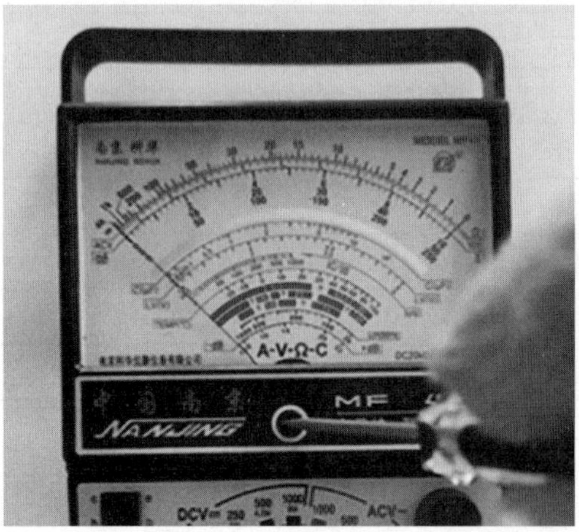

图 1-35 指针式万用表机械调零

图 1-36 选好倍率挡并正确插入表笔

步骤三 欧姆调零。把万用表选择开关拨到需要测试的挡位,把红、黑两表笔相碰,调整表盘右下方的(Ω)调零旋钮,使指针指在“0”位。每换一次倍率挡位,都要再次进行欧姆调零,如图 1-37 所示。

步骤四 测量电阻。在测量较大电阻时,两手不要接触表笔导电部分和被测电阻的两端,如图 1-38 所示。

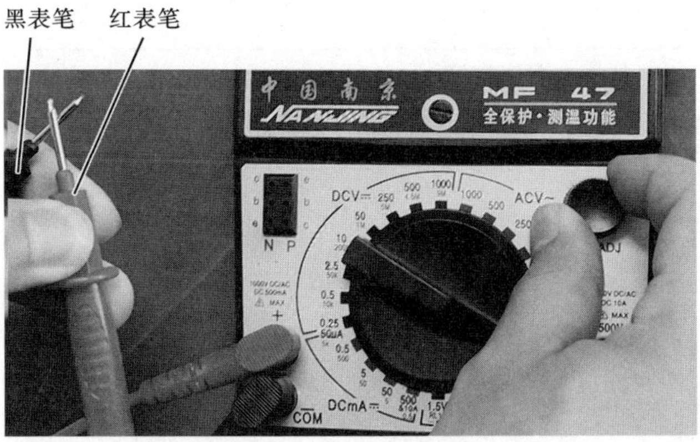

图 1-37　欧姆调零

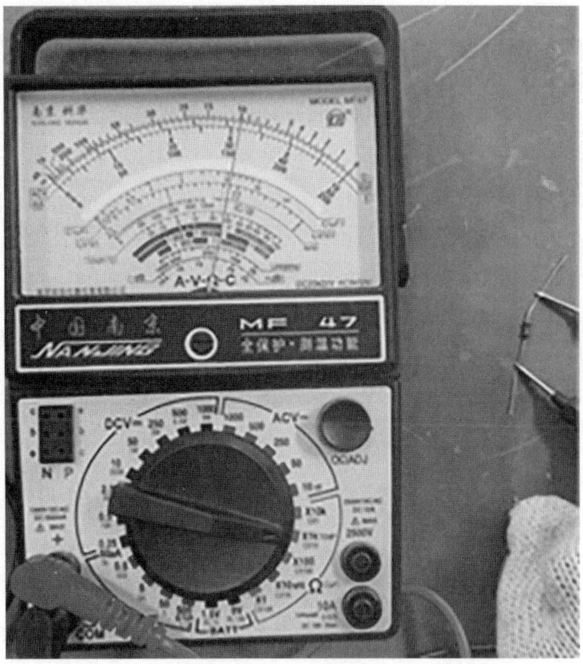

图 1-38　测量电阻

步骤五　正视表针，读取数值。在观测表针指示数值时，两眼要垂直正视，避免斜视。测量的电阻值是表针指示的数值乘以倍率。然后从电阻上拔出（移开）两表笔，如图 1-39 所示。

步骤六　恢复挡位。测量完成后，应注意把拨盘开关，拨在交流电压的最大量程位置上，千万不要放在欧姆挡，如图 1-40 所示。

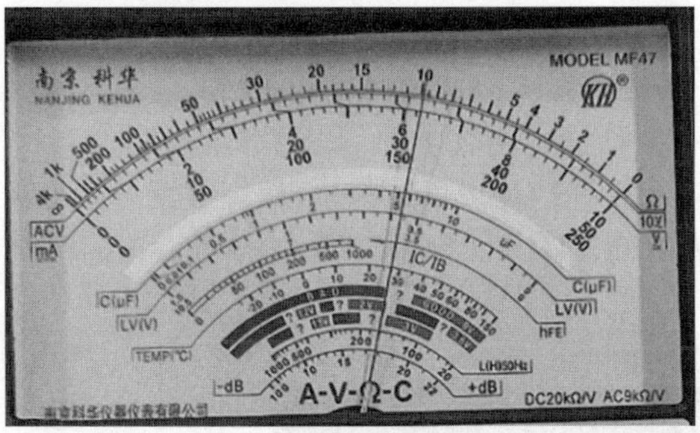

图 1-39　读取数值

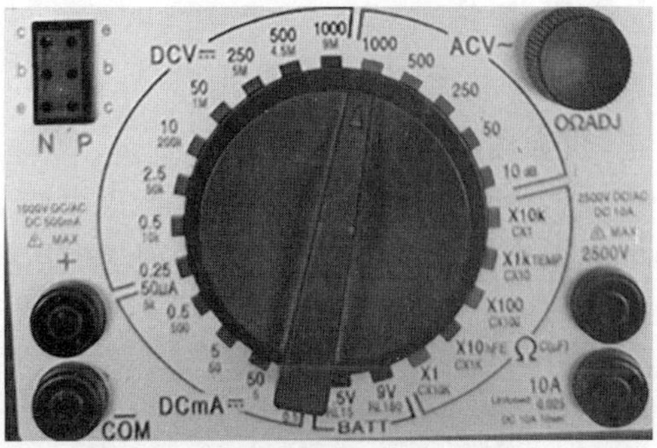

图 1-40　开关放在 OFF 挡或交流电压最高挡

【验收标准】

第 1 项为决定项，选表错误则实操失败。

序号	验收项目	验收内容
1	选择仪表	指针式万用表
2	查表外观	完好、无破损
3	查表笔线	完好、无破损
4	查表针零位	会调整机械调零钮，使指针在“0”位

续表

序号	验收项目	验收内容
5	选择挡位	与指定测量值相符
6	选择插口	红表笔插入“+”孔,黑表笔按仪表标注插入
7	欧姆调零	两表笔相碰,指针应在“0”位,否则调(Ω)调零旋钮,使指针移至“0”位
8	实际测量	安全防护应到位,两表笔线应分开,持表笔部位正确;指针偏转接近Ω刻度线中部
9	读取数值	测量读数×倍率,与考核用电阻值相符
10	恢复挡位	交流电压最高挡或OFF挡

六、使用数字式万用表测量电阻

【任务目的】

通过本任务的学习,掌握数字式万用表测量电阻的方法。

【任务准备】

(1)数字式万用表若干,被测电阻(线圈)。

(2)一般场地即可,要求周围无强磁场干扰。

(3)操作人员的手干净,不潮湿。

(4)操作人员熟悉数字式万用表的结构、工作原理和操作要求。

【任务实施】

步骤一 正确选择数字式万用表,并检查仪表外观是否完好、无破损。检查表内是否有电池,表的电压是否正常,如图1-41所示。

步骤二 预置量程挡位。数字式万用表测量电阻有多种挡位以供选择,应根据被测电阻值大小,根据已知电阻标称值选择相应合适的量程。然后将红表笔插V/Ω孔,黑表笔插COM孔,如图1-42所示。

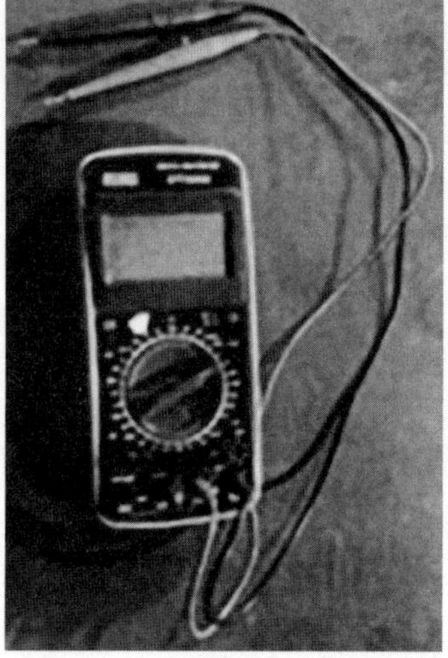

图1-41 数字式万用表及表笔

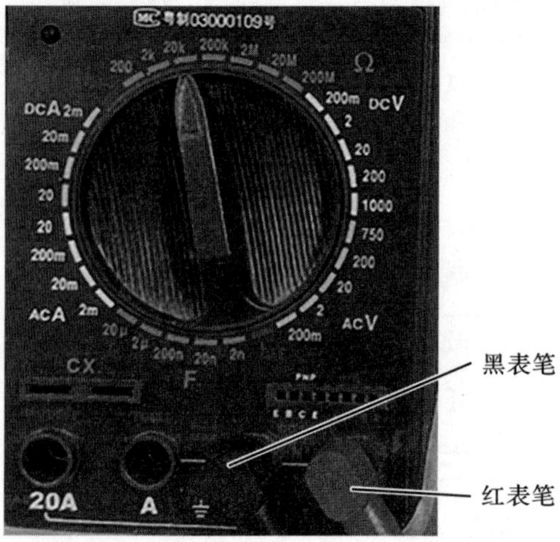

图1-42 选择合适的量程并正确插入表笔

步骤三　实际测量。测量时应保证个人防护到位，两表笔分开，且持表笔部位正确。切记，在测电路上的电阻时，一定要将电路的电源切断，不然会将万用表烧毁。现仅以线圈为示范，如图 1-43 所示。

步骤四　测量电阻，读取数值。数字式万用表测得的电阻值(图 1-44)即液晶显示屏显示的数值，单位值是量程挡位值。测量完成后从电阻上拔出(移开)两表笔。

步骤五　关闭量程开关。测量完成后，应把电源开关关闭，并把挡位拨到 OFF 挡位上，如图 1-45 所示。

图 1-43　实际测量

图 1-44　电阻值

图 1-45　关闭量程开关

【验收标准】

第 1 项为决定项，选表错误则实操失败。

序号	验收项目	验收内容
1	选择仪表	数字式万用表
2	查表外观	完好、无破损
3	查表笔线	完好、无破损
4	选择挡位	与指定测量值相符
5	选择插口	红表笔插 V/Ω 孔，黑表笔插 COM 孔
6	实际测量	安全防护应到位，两表笔线应分开，持表笔部位正确
7	读取数值	与考核用电阻值相符
8	恢复挡位	交流电压最高挡或 OFF 挡，并关闭仪表电源

任务二 | 兆欧表的使用

一、低压四芯铠装电缆绝缘电阻检测

【任务目的】

通过本任务的学习，掌握兆欧表的结构、工作原理和使用方法。

【任务准备】

(1)各个类型的兆欧表若干，低压四芯铠装电缆若干。

(2)宽敞、安全、无杂物的场地。

(3)正规工作服。

(4)操作人员的手保持干净，不潮湿。

(5)操作人员熟悉兆欧表的结构、工作原理、选用原则和使用要求。

【任务实施】

步骤一 确认任务为低压四芯铠装电缆绝缘电阻检测。根据任务需要，选择 1 000 V 兆欧表，进行使用前检查。

(1)外观检查。仪表应无缺陷，指针摆动灵活，摇把无卡阻，表线完好、无破损，如图 1-46 所示。

(2)开路验表。L 线与 E 线分开，逐渐加速摇动手柄至 120 r/min，指针应指向“∞”，如图 1-47 所示。

(3)短路验表。L 线与 E 线短接，摇动手柄，慢摇至指针偏转至“0”，短路试验即结束。短路试验的时间不宜过长，否则有可能造成兆欧表内部发电机的损坏，如图 1-48 所示。

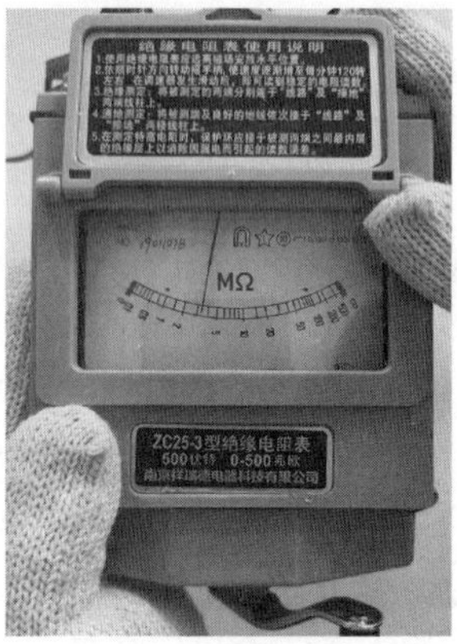

图 1-46 外观完好

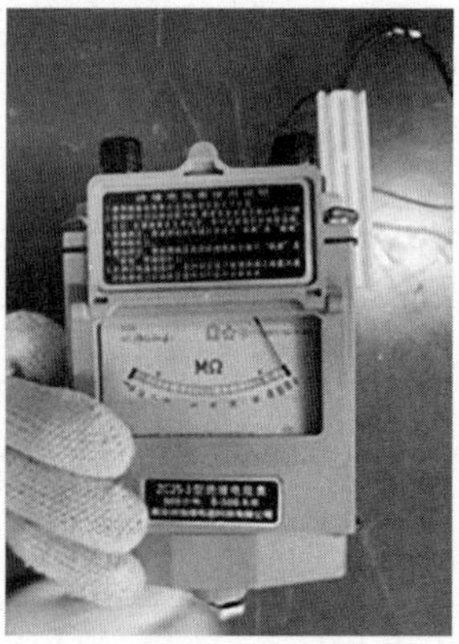

图 1-47 开路验表

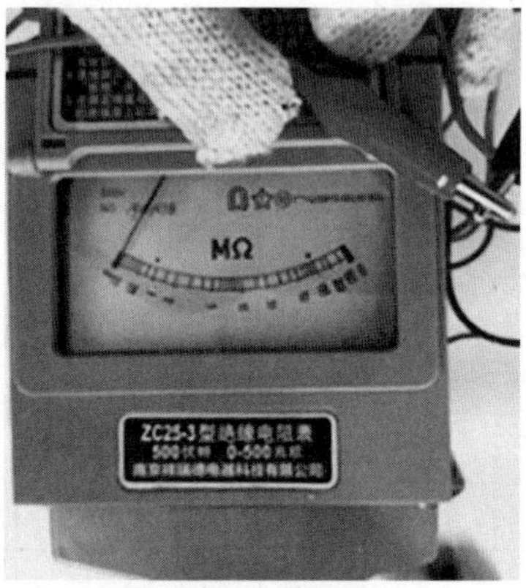

图 1-48 短路验表

步骤二 仪表接线。

(1)兆欧表必须水平放置，工作台面要平稳牢固。

(2)接线必须正确无误。L 端待接被测相，E 端接其他相和铠装层。为防止被测电缆可能由于表面泄漏而引起测量误差，还应把被测导线的绝缘层用裸铜线缠绕数匝后接到保护环 G 端，如图 1-49、图 1-50、图 1-51 所示。

步骤三 实际测量。接线完毕后，先摇动手柄至 120 r/min 再搭 L 线，摇动手柄的转速要均匀，太慢会导致发出电压不够，测的数值不准。保持匀速 120 r/min，摇动 1 min(图 1-52)，待指针稳定时再读取数值。若在测量中发现指针指“0”,应立即停止摇动手柄。读数结束后,应先撤 L 线再停摇表。

步骤四　测量完毕后放电(图 1-53)。兆欧表未停止转动之前,切勿用手去触及设备的测量部分或兆欧表接线桩。拆线时也不可直接去触及引线的裸露部分,应对设备充分放电,否则容易引起触电事故。

图 1-49　接其他相

图 1-50　接 E 端

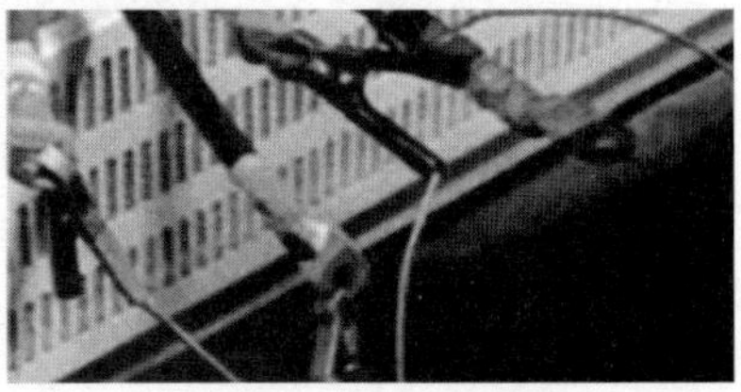

图 1-51　接 G 端

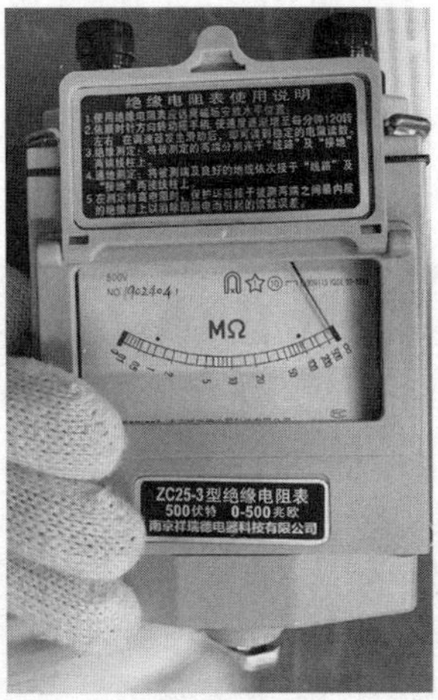

图 1-52　摇表

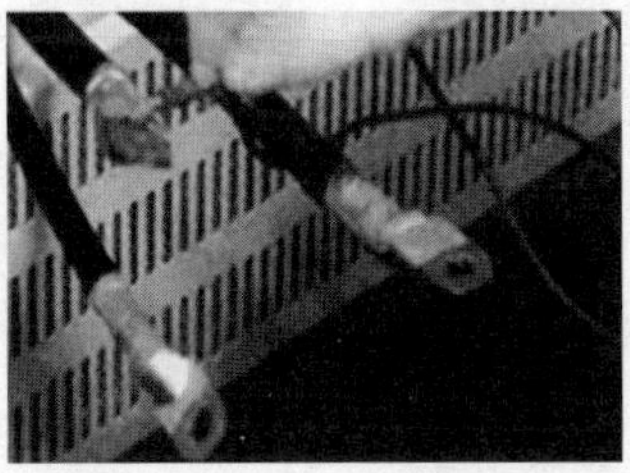

图 1-53　放电

【验收标准】

第 1 项为决定项,选表错误则实操失败。

序号	验收项目	验收内容
1	选择仪表	1 000 V 兆欧表
2	查表外观	完好、无破损
3	检查表线	完好、无破损
4	开路验表	E 线、L 线分开,摇动手柄,逐渐加速至指针指向“∞”
5	短路验表	E 线、L 线短接,缓慢摇动手柄至指针指向“0”
6	仪表接线	L 端待接被测相,E 端接其他相及铠装层,G 端接线芯绝缘
7	实际测量	先摇动手柄至 120 r/min 再搭 L 线;表针稳定后读数;先撤 L 线再停摇表;放电。此步备考生辅助搭线
8	合格标准	未用新电缆≥ 10 MΩ;已用老电缆≥ 0.5 MΩ

二、运行异常 380 V 三相异步电动机绝缘电阻检测

【任务目的】

通过本任务的学习,掌握用兆欧表测量运行异常时的 380 V 三相异步电动机的绝缘电阻检测方法。

【任务准备】

(1)各个类型的兆欧表若干,380 V 三相异步电动机若干。

(2)宽敞、安全、无杂物的场地。

(3)正规工作服。

(4)操作人员的手保持干净,不潮湿。

(5)操作人员熟悉兆欧表的结构、工作原理、选用原则和使用要求。

【任务实施】

步骤一 根据任务需要,选择 500 V 兆欧表,并进行使用前检查。

(1)外观检查。仪表应无缺陷,指针摆动灵活,摇把无卡阻,表线完好、无破损,如图 1-54 所示。

(2)开路验表。L 线与 E 线分开,逐渐加速摇动手柄至 120 r/min,指针应指向“∞”,如图 1-55 所示。

(3)短路验表。L 线与 E 线短接,摇动手柄,慢摇至指针偏转至“0”,短路试验即结束。短路试验的时间不宜过长,否则有可能造成兆欧表的内部发电机的损坏,如图 1-56 所示。

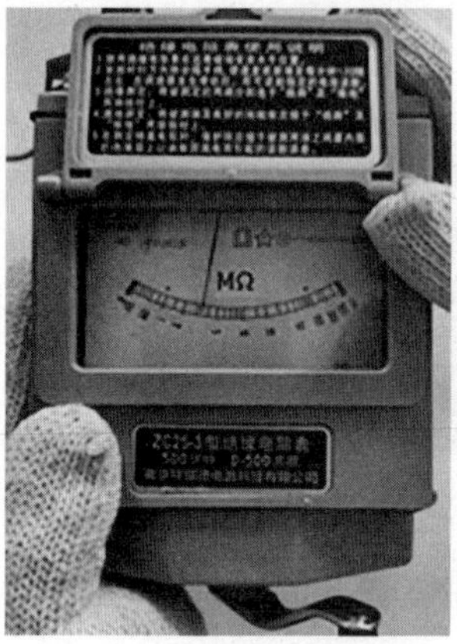

图 1-54 外观完好

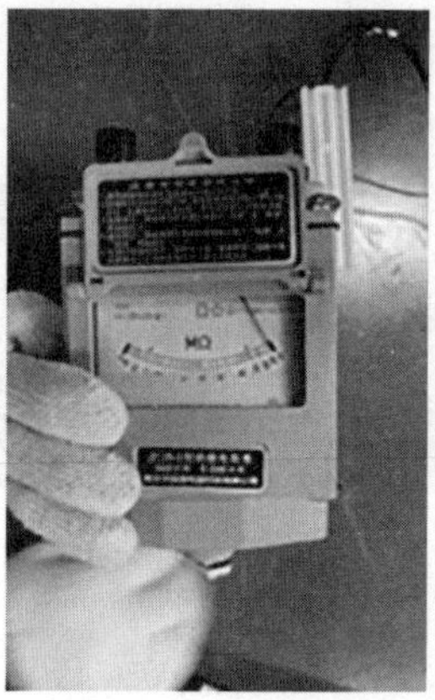

图 1-55 开路验表

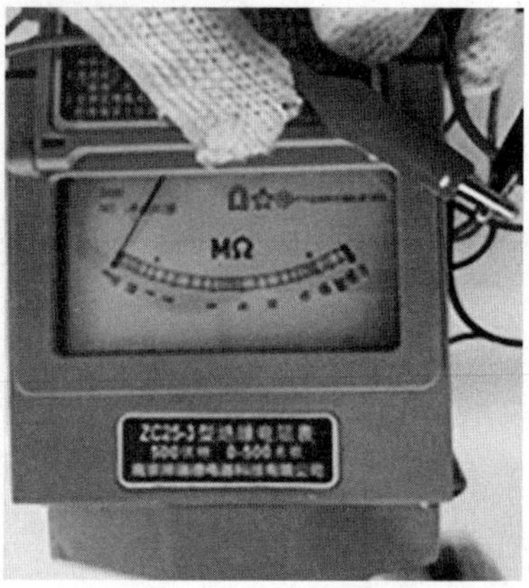

图 1-56 短路验表

步骤二 停电、验电。在进行检测之前,应先查看电源是否全部断开,应断开被测电动机电源开关,进行停电。停电后,要对被测电动机进行验电,在电源断开处验明三相无电压(图 1-57)。检查工作结束后,应挂上警示牌——“禁止合闸,有人工作”,如图 1-58 所示。

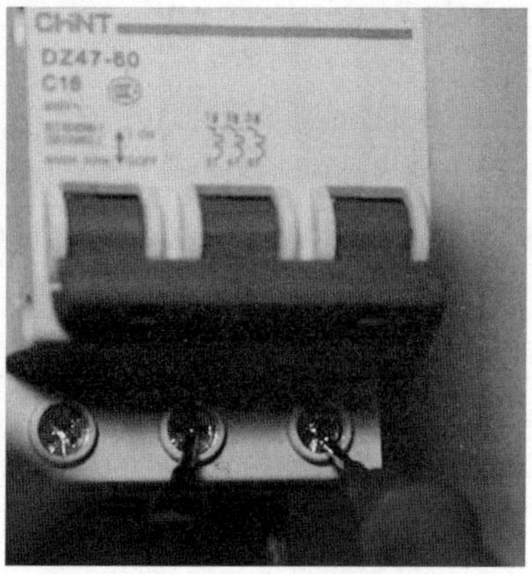

图 1-57 验明三相无电压

图 1-58 设置警示牌

步骤三 放电。绕组对地及相间进行放电，如图 1-59 所示。

步骤四 测绕组对外壳的绝缘电阻。

(1)拆引入线。拆开电动机接线盒处电源引入线，如图 1-60 所示。

图 1-59 绕组对地及相间进行放电

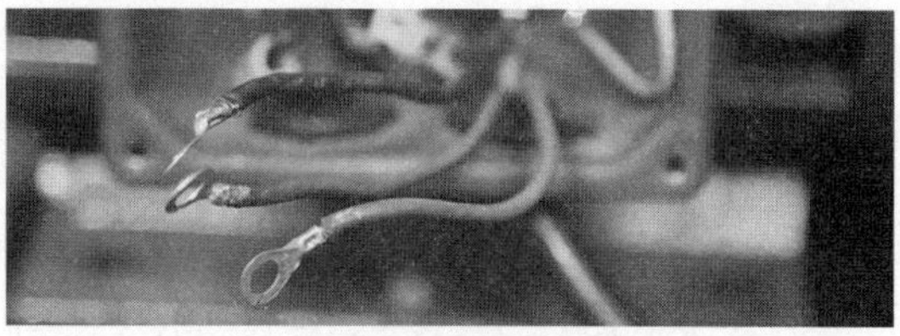

图 1-60 拆引入线

(2)测量。L 端待接绕组，E 端接电动机外壳。先摇动手柄至 120 r/min，再搭 L 线。表针稳定后读数。读数后，先撤 L 线再停摇表。放电。如图 1-61 所示。

步骤五 测绕组之间的绝缘电阻。在测绕组之间的绝缘电阻之前，要先拆开绕组连接片，如图 1-62 所示。然后再进行绕组之间的绝缘电阻测量。测量时，L 线、E 线分别接不同相绕组，如图 1-63 所示。先摇动手柄至 120 r/min 再搭 L 线，如图 1-64 所示。表针稳定后读数。先撤 L 线再停摇表。

图 1-61 摇表测量

图 1-62 拆开连接片

图 1-63 接 E 线

图 1-64 搭 L 线

步骤六 测量完毕后放电(图 1-65)。应对设备充分放电，否则容易引起触电事故。兆欧表未停止转动之前，不要用手触碰设备的测量部分或兆欧表接线桩。拆线时不可触及引线的裸露部分。

图 1-65 测量完毕后放电

【验收标准】

第 1 项为决定项，选表错误则实操失败。

序号	验收项目	验收内容
1	选择仪表	500 V 兆欧表
2	查表外观	完好、无破损
3	检查表线	完好、无破损
4	开路验表	E 线、L 线分开，摇动手柄，逐渐加速至指针向无穷大
5	短路验表	E 线、L 线短接，慢慢摇动手柄，使指针指向“0”
6	停电	断开电动机电源开关
7	验电	在电源断开处验明三相无电压
8	挂警示牌	挂“禁止合闸，有人工作”警示牌
9	放电	绕组对地及相间
10	拆引入线	拆开电动机接线盒处电源引入线
11	测绕组对外壳	L 端待接绕组，E 端接电动机外壳。先摇动手柄至 120 r/min，再搭 L 线。表针稳定后读数。先撤 L 线再停摇表。摇后放电。此步备考生辅助搭线
12	绕组分开	拆开绕组连接片
13	测绕组	L 线、E 线分接不同相绕组。先摇动手柄至 120 r/min，再搭 L 线。表针稳定后读数。先撤 L 线再停摇表。摇后放电。此步备考生辅助搭线
14	合格标准	≥ 0.5 MΩ

三、运行异常低压电力电容器绝缘电阻检测

【任务目的】

通过本任务的学习，掌握用兆欧表测量运行异常时的低压电力电容器的绝缘电阻检测方法。

【任务准备】

(1)各个类型的兆欧表若干，低压电力电容器

(2)宽敞、安全、无杂物的场地。

(3)正规工作服。

(4)操作人员的手保持干净，不潮湿。

(5)操作人员熟悉兆欧表的结构、工作原理、选用原则和使用要求。

【任务实施】

步骤一 根据任务需要，选择 1 000 V/2 000 MΩ 兆欧表，并进行使用前检查。

(1)外观检查。仪表应无缺陷，指针摆动灵活，摇把无卡阻，表线完好无破损。

(2)开路试验(图 1-66)。L 线与 E 线分开，逐渐加速摇动手柄至 120 r/min，指针应指向“∞”。

(3)短路试验(图 1-67)。L 线与 E 线短接，摇动手柄，慢摇至指针偏转至“0”，短路试验即结束。短路试验的时间不宜过长，否则有可能造成兆欧表内部发电机的损坏。

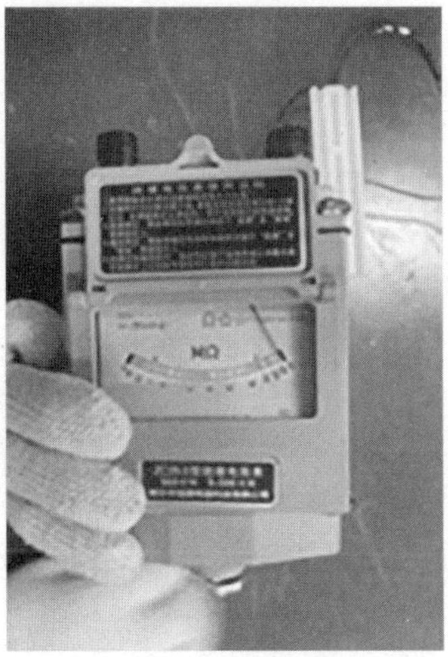

图 1-66　开路试验

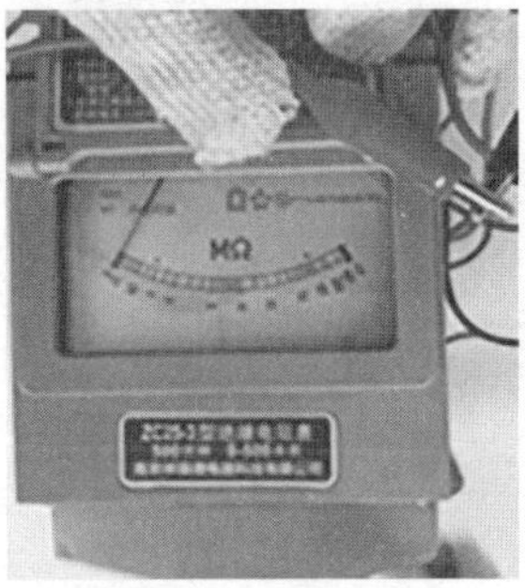

图 1-67　短路试验

步骤二　停电、验电。在进行检测之前，应先查看电源是否全部断开，然后断开被测电容器电源开关进行停电。停电后，要在电源断开处验明三相无电压(图 1-68)。检查工作结束后，应挂上警示牌——“禁止合闸，有人工作”(图 1-69)。

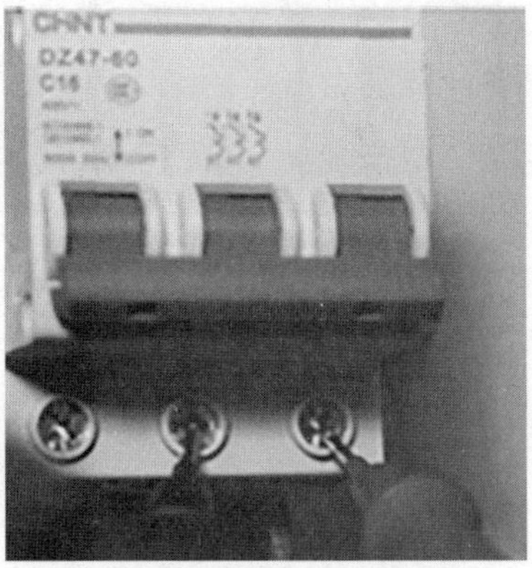

图 1-68　验明三相无电压

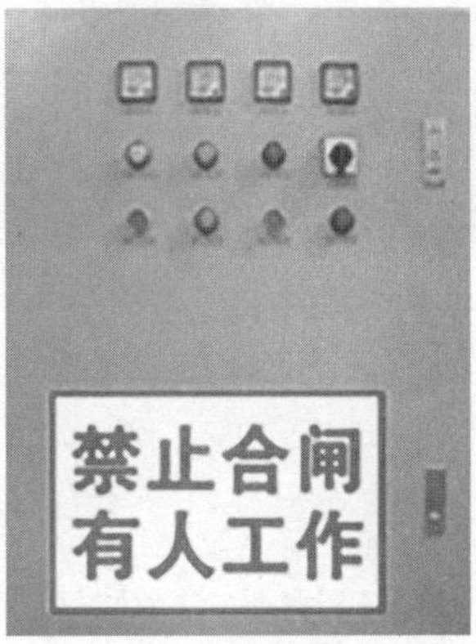

图 1-69　设置警示牌

步骤三　放电。应对电容器各相对地及相间进行放电。

步骤四　拆除接线、封短接线。先拆开电容器接线桩头三相引接线，然后用跨接线夹短接电容器三相接线桩头，如图 1-70、图 1-71 所示。

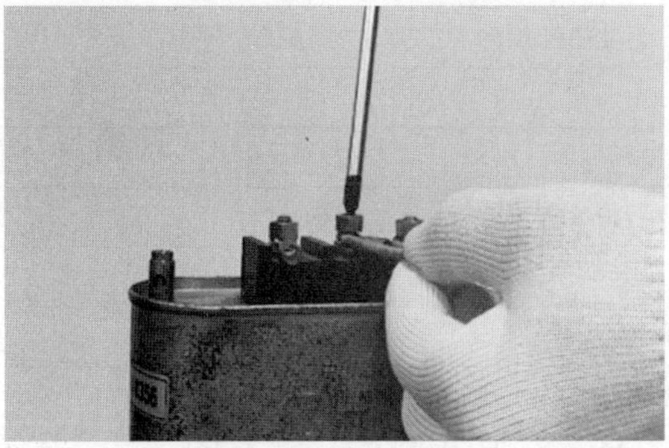

图 1-70　用跨接线夹短接电容器三相接线桩头

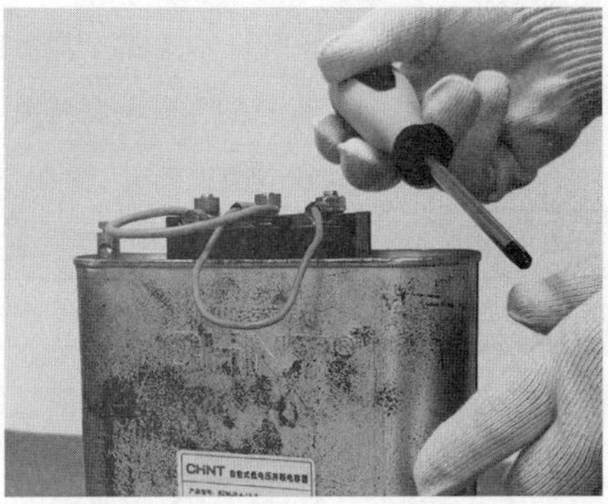

图 1-71　封短接线

步骤五 接线测量。L端待接电容器接线桩头(图1-72),E端接电容器外壳(图1-73)。然后,先摇动手柄至120 r/min,再搭L线。表针稳定(图1-74)后读数。先撤L线再停摇表。

图1-72 接L端

图1-73 接E端

步骤六 测量完毕后放电(图1-75)。应对设备充分放电,否则容易引起触电事故。兆欧表未停止转动之前,不要用手碰触设备的测量部分或兆欧表接线桩。拆线时不可触及引线的裸露部分。

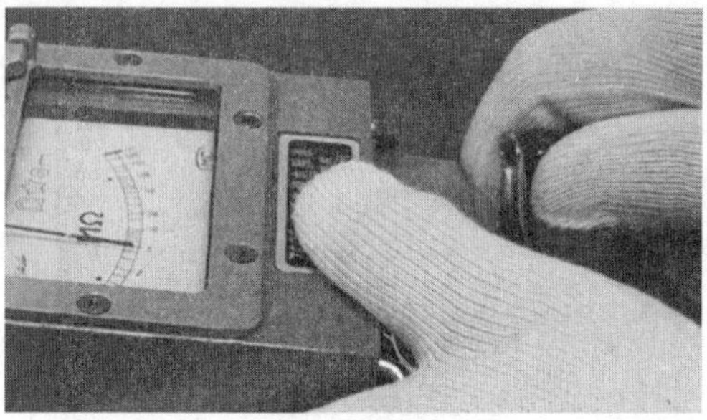

图1-74 表针稳定

图1-75 放电

【验收标准】

第1项为决定项,选表错误则实操失败。

序号	验收项目	验收内容
1	选仪表	兆欧表1 000 V/2 000 MΩ
2	查表外观	完好、无破损
3	检查表线	完好、无破损
4	开路验表	E线、L线分开,摇动手柄,逐渐加速至指针指向“∞”
5	短路验表	E线、L线短接,缓慢摇动手柄至指针指向“0”
6	停电	断开电容器电源开关
7	验电	在电源处断开,验明三相无电压
8	挂警示牌	挂“禁止合闸,有人工作”警示牌
9	放电	电容器各相对地及相间
10	拆除接线	拆开电容器接线,桩头三相引接线
11	封短接线	用跨接线夹短接电容器三相接线桩头
12	仪表接线	L端待接电容器接线桩头,E端接电容器外壳

续表

序号	验收项目	验收内容
13	实际测量	先摇动手柄至 120 r/min,再搭 L 线。表针稳定后读数。先撤 L 线再停摇表,放电。此步备考生辅助搭线
14	合格标准	≥ 1 000 MΩ

任务三　钳形电流表的使用

【任务目的】

通过本任务的学习,掌握钳形电流表的结构、工作原理及使用方法。

【任务准备】

(1)钳形电流表若干,个人防护用品。
(2)一般场地即可,要求周围无强磁场干扰。
(3)操作人员的手干净,不潮湿。
(4)操作人员精神状态良好。
(5)操作人员熟悉钳形电流表的结构、工作原理和操作要求。

【任务实施】

步骤一　安全防护到位,要求戴绝缘手套、戴安全帽、穿绝缘鞋,如图 1-76 所示。

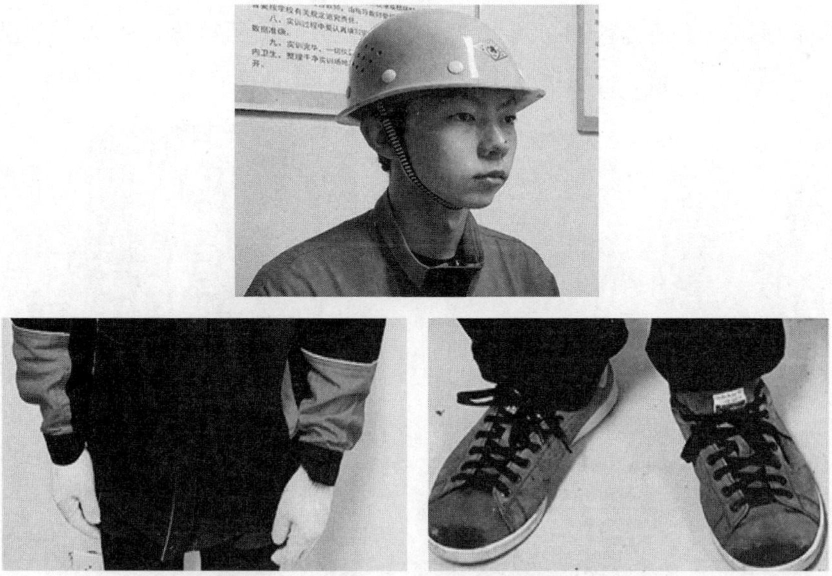

图 1-76　个人安全防护

步骤二　选择测量用钳形电流表,并进行使用前检查。
检查内容包括:
(1)仪表外观完好、无破损,如图 1-77 所示。

(2)钳把完好并开启灵活，如图 1-78 所示。

(3)钳口可动部分应开合自如，两边钳口结合面接触紧密、干净，如钳口上有污物和锈蚀，应擦拭干净，否则会影响测量精度，如图 1-79 所示。

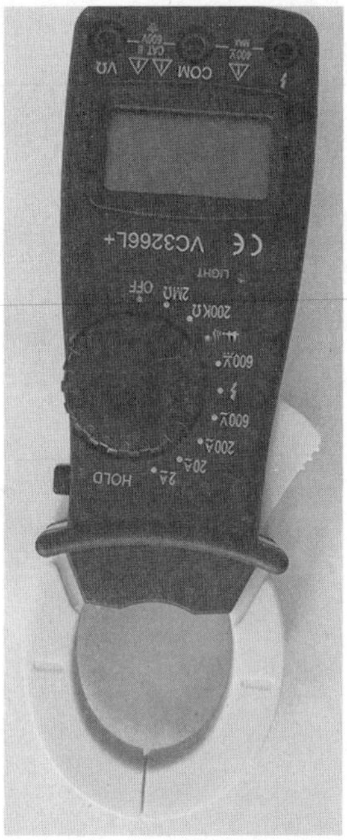

图 1-77　外观完好、无破损

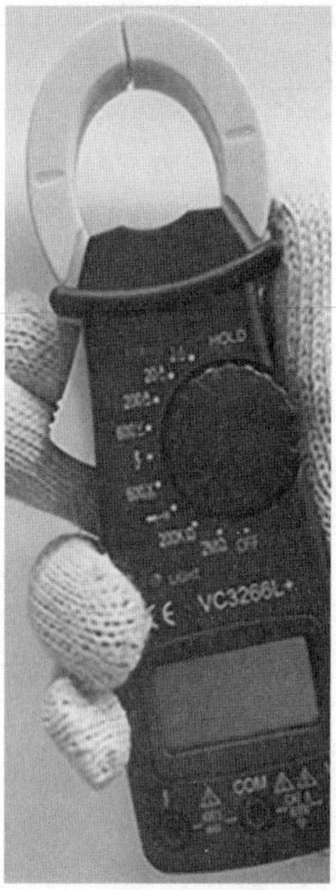

图 1-78　钳把完好并开启灵活

此外，有些指针式钳形电流表需要检查电流表指针是否指向机械零位，如果不是，可用小螺丝刀进行机械调零。

步骤三　预置量程挡位。根据被测电流的大小选择合适的量程挡位。先选大量程，后选小量程，如图 1-80 所示。

图 1-79　擦拭钳口

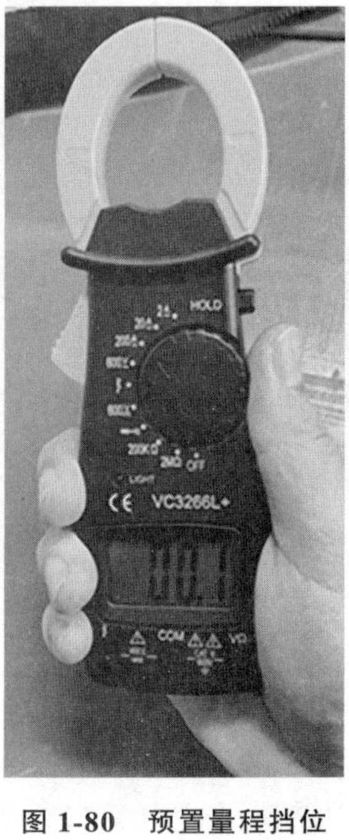

图 1-80　预置量程挡位

步骤四　测量。测量前，按动扳手，打开钳口，使被测单根导线垂直置于中央位置，以减少测量误差，钳口闭合紧密，如图 1-81 所示。

步骤五　读取数值（图 1-82）。注意，在测量中不得变换挡位。

图 1-81　测量交流电流

图 1-82　读取数值

步骤六　恢复挡位。测量完毕后，应将选择开关旋至最高量程处，即电流最高挡或电压最高挡，以免下次使用时不慎损坏仪表。

【验收标准】

第 1 项为决定项，选表错误则实操失败。

序号	验收项目	验收内容
1	安全防护	戴绝缘手套、戴安全帽、穿绝缘鞋
2	选择仪表	钳形电流表
3	查表外观	完好、无破损
4	检查钳把	开启灵活
5	检查钳口	铁芯无锈蚀且闭合严密
6	查表针零位	会调整机械调零旋钮，使指针在“0”位
7	选择挡位	与指定测量值相符
8	实际测量	被测导线位于钳口中央位置
9	读取数值	应与考核电源所装电流表指示值相符
10	恢复挡位	交流电压最高挡或 OFF 挡

任务四　接地电阻测量仪的使用

【任务目的】

通过本任务的学习，掌握接地电阻测量仪的结构、工作原理和使用方法。

【任务准备】

（1）接地电阻测量仪若干，车间接地装置若干。

(2)模拟车间。

(3)正规工作服。

(4)操作人员熟悉接地电阻测量仪的结构、工作原理和使用要求。

【任务实施】

步骤一 正确选择接地电阻测量仪,并进行使用前检查。检查内容包括:

(1)外观检查,测量仪外观应无缺陷,如图 1-83 所示。

(2)测量仪的附件齐全、外观无破损,即钎子 2 根齐全、表线 3 根无破损,如图 1-84 所示。

图 1-83 外观检查

图 1-84 测量仪外观无破损

(3)将仪器水平放置,检查检流计的指针是否指在零位上,如果有偏差可调节零位调整螺丝,使检流计指针与中心线对准,如图 1-85 所示。

(4)短路验表,仪表端子短接,在摇动中调整标度盘使检流计指针能与中心线重合,如图 1-86 所示。

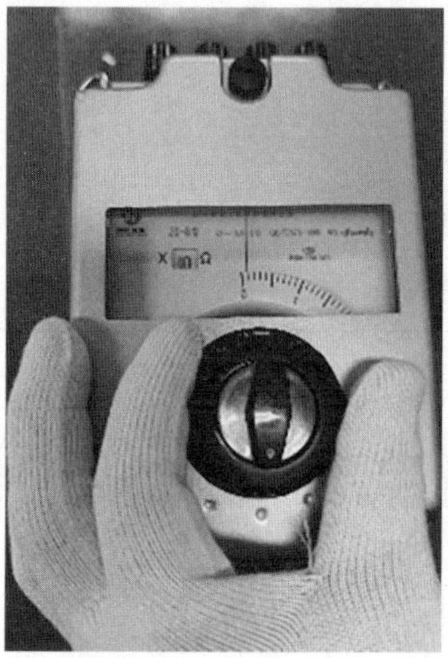

图 1-85 指针零位

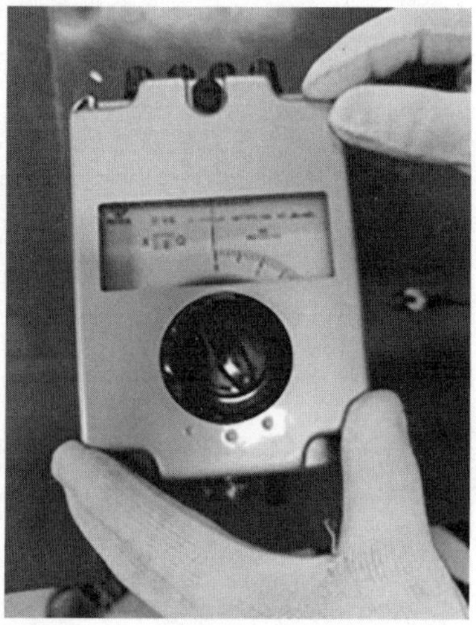

图 1-86 检流计指针与中心线重合

步骤二 连接专用线,两金属探针与接地装置呈一直线并彼此相差 20 m,如图 1-87 所示。

(1)将接地电阻测量仪平放于接地体附近,并进行接线。

(2) 40 m 长的专用线(图中黄色线)将离接地体 40 m 远的测量探针与测量仪的 C 接线钮相连。

(3) 20 m 长的专用线(图中红色线)将离接地体 20 m 远的测量探针与测量仪的 P 接线钮相连。

(4) 5 m 长的专用线(图中黑色线)将接地体与接地电阻测量仪的 E 接线钮相连。

步骤三 实际测量。将“倍率标度”(粗调旋钮)置于最大倍数(也可以选 $R\times1$ 挡),如图 1-88 所示,并慢慢地摇动发电机转柄(指针开始偏移),同时旋动“测量标度盘”(细调旋钮)使检流计指针趋向中心线。当指针接近中心线时,加快摇动转柄,使其转速在 120 r/min 以上,再调整“测量标度盘”,使指针完全回到中心线,待稳定后停表,如图 1-89 所示。

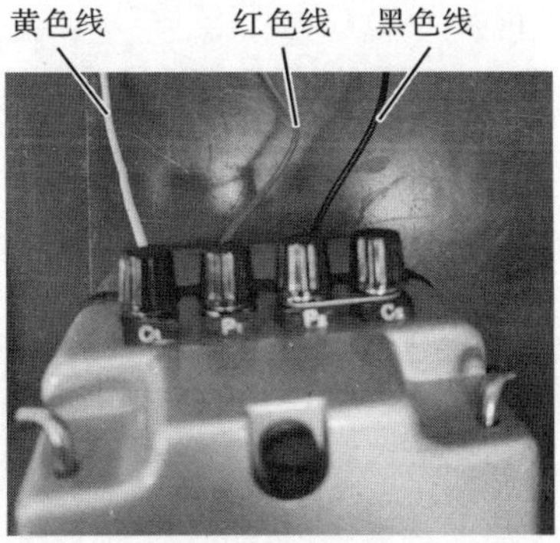

图 1-87 连接专用线

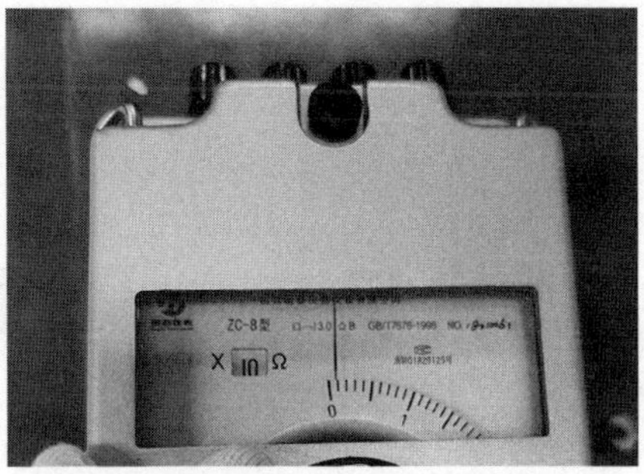

图 1-88 选择合适倍率

步骤四 读取数值。此时指针所指刻度盘的数位值乘以倍率即接地装置的接地电阻值,接地电阻=倍率 × 测量标度盘数值。注意,如果“测量标度盘”的数值小于 1,则应将倍率挡位置于较小的挡位,并重新调整“测量标度盘”以得到正确的读数,如图 1-90 所示。

图 1-89 指针稳定后停表

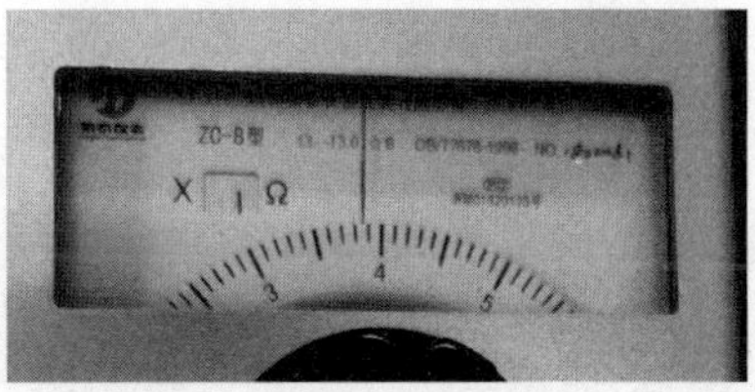

图 1-90 读取数值

【验收标准】

序号	验收项目	验收内容
1	选择仪表	接地电阻测量仪
2	查表外观	完好、无破损
3	查表附件	钎子 2 根齐全、表线 3 根无破损
4	查表针零位	会调整机械调零旋钮,使检流计指针与中心线重合

续表

序号	验收项目	验收内容
5	选择倍率	可选 $R\times1$ 挡
6	短路验表	仪表端子短接，在摇动中调整标度盘使检流计指针能与中心线重合
7	连线	沿被测接地极 E，使接线钮 P 和接线钮 C 依线相距 20 m
8	实际测量	在摇动中调整标度盘使检流计指针对准中心线，稳定后停表
9	测量结果	测量标度盘的数值 × 倍率
10	合格标准	保护接地≤ 4 Ω；重复接地≤ 10 Ω

项目二　登杆作业安全用具

项目描述

在大棚或温室输配电过程中，经常会进行登杆作业，本项目学习登杆作业的相关知识。

项目目标

掌握登杆作业安全用具的检查方法，会使用登杆作业安全用具，树立特殊工种必须持证上岗的意识，培养职业精神，为从事相关工作打下基础。

教学方法

项目教学、任务驱动、现场演示、启发引导、分组讨论。

实施地点

智能温室实训室。

设备与工具

常用电工工具与仪表。

学时

4 学时。

【相关知识链接】

登杆作业安全用具包括梯子、高凳、脚扣、登高板、安全腰带等，一般为专用用具。

梯子和高凳应坚固、可靠，应能承受工作人员及其所携带工具的总重量。梯子分人字梯和靠梯 2 种，为了防滑，在光滑地面上使用梯子时，梯脚应加绝缘套或橡胶垫；在泥土地面或冰面上使用梯子时，梯脚应加铁尖。

脚扣是登杆用具，其主要部分用钢材制成。水泥杆用脚扣的半圆环和根部装有橡胶套或橡胶垫，起防滑作用；木杆用脚扣的半圆环和圆环根部有凸出的小齿，能刺入木杆，起防滑作用。

登高板也是登杆作业安全用具，主要由坚硬的木板和结实、柔软的绳子组成。

安全腰带用皮革、帆布或化纤材料制成。安全腰带有2根带子，长的绕在电杆或其他牢固的构件上，起防止坠落的作用；短的系在腰部偏下部位，起固定人体的作用。安全腰带的宽度不应小于60 mm，单根绕电杆带所能承受的拉力不应小于2 206 N。

任务一　登杆作业安全用具的检查

【任务目的】

通过本任务的学习，掌握登杆作业安全用具的检查。

【任务准备】

(1)登杆作业安全用具，如安全帽、安全带、脚扣等若干。
(2)登杆场所。
(3)操作人员做好个人防护。
(4)操作人员精神集中、思维清晰，严禁喝酒。
(5)操作人员熟练掌握高安全用具的检查及相关的安全要求。

【任务实施】

步骤一　登杆作业安全用具的选择。在准备进行登杆作业前，应先准备好安全用具，包括安全帽(图1-91)、安全带(图1-92)、脚扣(图1-93)等。

图1-91　安全帽

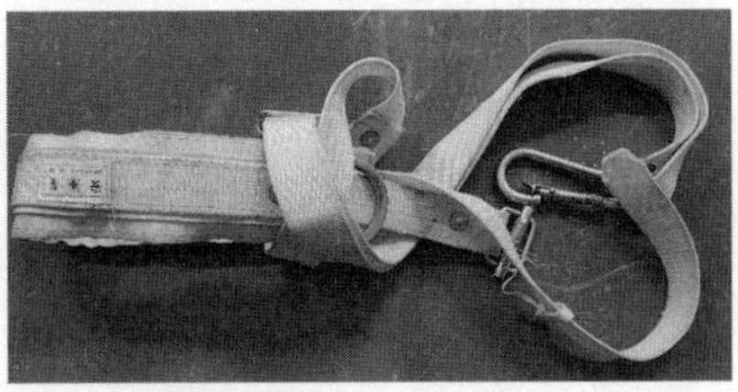

图1-92　安全带

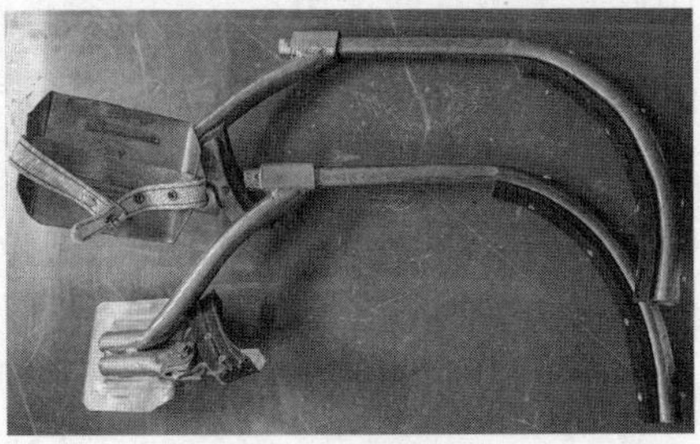

图1-93　脚扣

步骤二　作业前检查。检查内容包括：

(1)安全用具的检查。检查安全帽、安全带、脚扣等的外观及各部分是否完好、无破损，是否有合格标识，是否在有效使用期限内，如图1-94、图1-95所示。

(2)检查杆基。登杆前应检查杆基是否牢固，杆身是否倾斜或破损，拉线是否牢固，无松弛、断股，杆基有无因地面受到冲刷、挖土而松弛，检查杆上有无障碍。

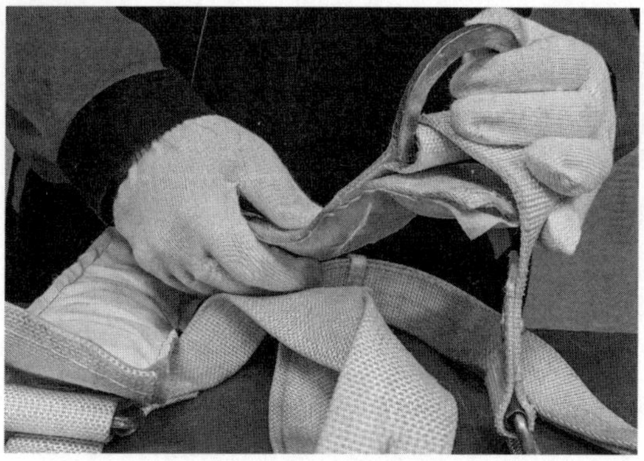

图 1-94　检查安全带外观

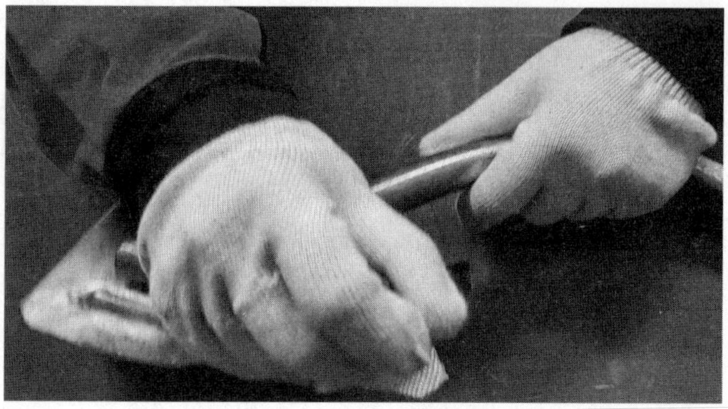

图 1-95　检查脚扣外观

【验收标准】

第 5 项为决定项,安全防护未做到位则实操失败。

序号	验收项目	验收内容
1	查安全帽	有合格标识且在规定使用期内,各部分完好、无损伤
2	查安全带	有合格标识且在规定使用期内,各部分完好、无损伤
3	检查脚扣	各部分完好、无损伤
4	检查杆基	杆基牢固;杆体无脱皮、断筋;拉线无松弛、断股
5	安全防护	系好安全带,戴好安全帽,穿好脚扣,登杆过程中脚扣无脱落

任务二 | 登杆作业安全用具的使用

【任务目的】

通过本任务的学习,掌握登杆作业安全用具的使用。

【任务准备】

(1)登杆作业安全用具,如安全帽、安全带、脚扣等若干。
(2)登杆场所。
(3)操作人员做好个人防护。
(4)操作人员精神集中、思维清晰,严禁喝酒。
(5)操作人员熟练掌握登杆作业及安全要求。

【任务实施】

步骤一　做好安全防护。戴好安全帽,穿好脚扣,确认无问题。
步骤二　开始登杆,登杆过程中脚扣不得有脱落,如图 1-96、图 1-97、图 1-98 所示。

图 1-96　登杆(一)

图 1-97　登杆(二)

图 1-98　登杆(三)

【验收标准】

第 1 项为否决项,安全防护未做到位则实操失败。

序号	验收项目	验收内容
1	安全防护	系好安全带,戴好安全帽,穿好脚扣
2	登杆	登杆过程中脚扣无脱落

项目三　电工绝缘手套

项目描述

绝缘手套是大棚或温室电力运行维护、检修试验中常用的安全器具和重要的绝缘防护装备,本项目学习电工绝缘手套及其他绝缘装备的相关知识。

项目目标

掌握电工绝缘手套的检查方法,能进行电工绝缘手套的穿戴演示,树立特殊工种必须持证上岗的意识,培养职业精神,为从事相关工作打下基础。

教学方法

项目教学、任务驱动、现场演示、启发引导、分组讨论。

实施地点

智能温室实训室。

设备与工具

常用电工工具与仪表。

学时

1 学时。

【相关知识链接】

一、绝缘手套

如图 1-99 所示，绝缘手套是用天然橡胶制成的，是用绝缘橡胶或乳胶经压片、模压、硫化或浸模成型的五指手套，主要用于电工作业。绝缘手套是电力运行维护、检修试验中常用的安全工具和重要的绝缘防护装备。

图 1-99　绝缘手套

绝缘手套可以使人的两手与带电体绝缘，防止人手触及同一电位带电体或同时触及不同电位带电体而触电，按所用的原料可分为橡胶绝缘手套和乳胶绝缘手套两大类。

绝缘手套的规格有 12 kV 和 5 kV 两种。12 kV 绝缘手套，在 1 kV 以下电压区作业时，可用作基本安全用具，即戴手套后，可以接触 1 kV 以下的有电设备(人身其他部分除外)。5 kV 绝缘手套，适用于电力工业、工矿企业和农村中一般低压电气设备，在 1 kV 以下的电压区作业时，用作辅助安全用具；在对地电压 250 V 以下电压区作业时，可作为基本安全用具。

注意事项：要把绝缘手套存放在通风、干燥的地方；不要将其与带有腐蚀性的物品放在一起；将其放在阳光直射不到的地方；将其放在专用的支架上面，同时上面不能堆放任何其他的物品。

二、绝缘靴(鞋)

绝缘靴(鞋)为辅助安全用具。绝缘靴(鞋)的作用是使人体与地面绝缘，防止人体与大地之间构成通路，电流通过对人体造成电击伤害，把触电时的危险降低到最低程度，因为触电时电流是经接触点通过人体流入地面的。绝缘靴(鞋)还可以防止试验电压范围内的跨步电压对人体造成危害。

绝缘靴(鞋)有 20 kV 长筒绝缘靴(图 1-100)、6 kV 矿用长筒绝缘靴和 5 kV 绝缘鞋(图 1-101)，20 kV 长筒绝缘靴的绝缘性能强，但不能作为基本安全用具，穿靴后仍不能用手触及带电体。6 kV 矿用长筒绝缘靴适用于井下采矿作业，在操作 380 V 及以下电压的电气设备时，可作为辅助安全用具，特别是在低压电缆交错复杂、作业面潮湿或有积水、电气设备容易漏电的情况下，可用矿用长筒绝缘靴防止脚下意外触电事故。5 kV 绝缘鞋也称电工鞋，单鞋有高腰式(同农田鞋)和低腰式(同解放鞋)2 种；棉鞋有胶鞋式和活帮式 2 种。5 kV 绝缘鞋适用于电工穿用，在电压 1 kV 以下为辅助安全用具，1 kV 以上高压操作禁止使用(应使用绝缘靴)。在 5 kV 以下的户外变电所，绝缘靴可用于防止跨步电压，即当电气设备“碰壳”或电路一相接地时，人的两脚站立处之间呈现的电位差对人体的危害。

图 1-100　20 kV 长筒绝缘靴

图 1-101　5 kV 绝缘鞋

三、绝缘垫

绝缘垫又称为绝缘毯、绝缘胶垫、绝缘橡胶板、绝缘胶板、绝缘橡胶垫、绝缘地胶、绝缘胶皮、绝缘垫片等，具有较大体积和电阻率，耐电击穿，用于配电等工作场合的台面或铺地绝缘材料。绝缘垫是一种辅助安全用具。

四、绝缘台

绝缘台是一种辅助安全用具，可用来代替绝缘垫或绝缘靴。绝缘台可用于室内、室外的一切电气设备。

任务一　电工绝缘手套的检查

【任务目的】

通过本任务的学习，掌握绝缘手套的检查方法。

【任务准备】

(1)绝缘手套若干。
(2)绝缘手套的检查内容。

【任务实施】

步骤一　首先检查每只绝缘手套是否贴有耐压试验合格证，是否在有效期内，如图 1-102 所示。

步骤二　检查外观，要求无破损、脏污，如图 1-103 所示。

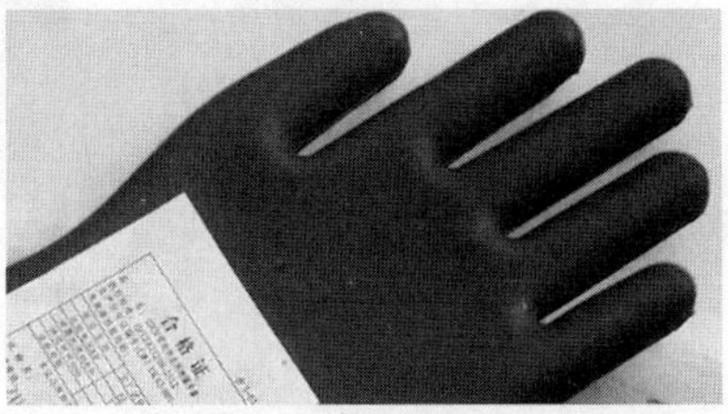

图 1-102　绝缘手套合格证

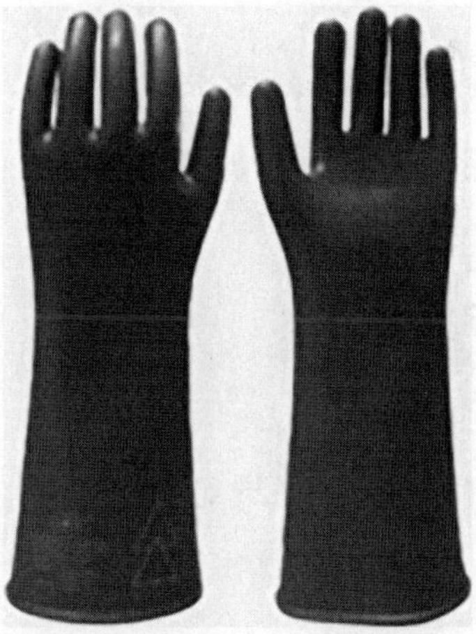

图 1-103　检查绝缘手套外观

步骤三　采用压气法检验(图 1-104)是否漏气。将手套从伸入处，手背、手心分开兜进风后，马上对叠，再用力卷起，使手指内部的空气不能外溢。当卷到一定程度时，内部空气因体积减小，压力增大，手指鼓起(图 1-105)。如图 1-106 所示，此时，一只手攥住卷口，另一只手捏挤每个手指，并配合耳朵听，查找是否有漏气声音。若发现有漏气现象，说明绝缘手套有砂眼、裂缝，不能使用。注意，2 只手套一定要都检查，不能只检查 1 只，且穿戴时必须是 1 双。

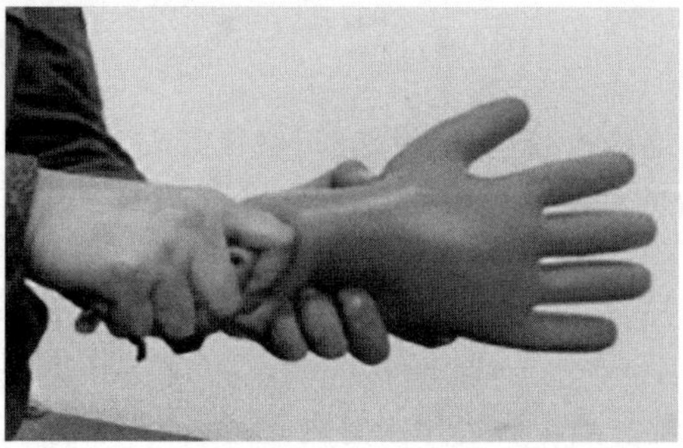

图 1-104　压气法检验

图 1-105　手指鼓起

图 1-106　查找是否有漏气声音

【验收标准】

第 1 项为决定项，未检查合格标识则实操失败。

序号	验收项目	验收内容
1	检查合格标识	有试验合格标识
2	检查有效期	有效期在 6 个月内
3	检查外观	无破损、脏污
4	检查漏气	采用压气法检验

任务二　电工绝缘手套的使用

【任务目的】

通过本任务的学习，掌握绝缘手套的使用方法。

【任务准备】

(1)绝缘手套若干。
(2)绝缘手套的使用。

【任务实施】

将工作服袖口系好，也穿进绝缘手套中，这样才能起到保护作用，如图 1-107 所示。

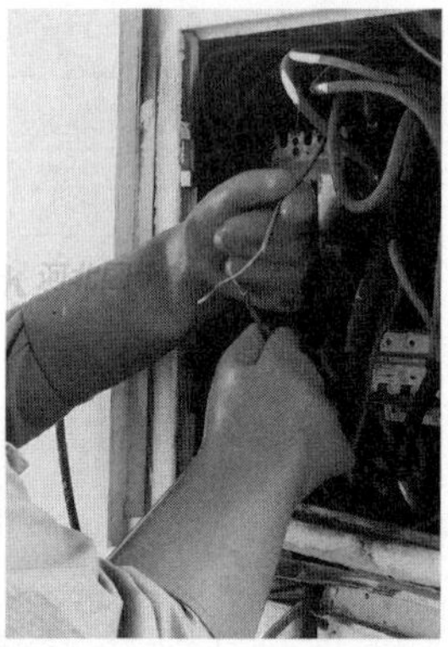

图 1-107　穿戴好绝缘手套

【验收标准】

验收项目	验收内容
正确使用	将衣服袖口穿进绝缘手套中

项目四　低压验电笔

项目描述

验电笔，俗称电笔，是一种常用的电工工具，可以用来判断电路中的零线和火线，也可以用来判断电器是否存在漏电现象，是大棚或温室电力运行维护和检修试验中常用的电工工具。本项目学习低压验电笔及其他验电装备的相关知识。

项目目标

掌握低压验电笔的检查方法，能进行低压验电笔的实际使用，树立特殊工种必须持证上岗的意识，培养职业精神，为从事相关工作打下基础。

教学方法

项目教学、任务驱动、现场演示、启发引导、分组讨论。

实施地点

智能温室实训室。

设备与工具

常用电工工具与仪表。

学时

1学时。

【相关知识链接】

一、验电器

验电器是用来测定物体是否带电的一种电工常用工具。按照可测量的电压高低分为低压验电器和高压验电器。

（一）低压验电器

低压验电器又称试电笔、测电笔，简称电笔，生活中一般称之为验电笔，它是用来检查低压导体和电气设备的金属外壳是否带电的一种常用工具。验电笔具有体积小、重量轻、携带方便、检验简单等优点，是电工必备的工具之一。

验电笔常被做成钢笔式结构，有的也被做成小型螺丝刀结构，前端是金属探头，后部塑料外壳内装配有氖管、电阻和弹簧，上方有金属端盖或钢笔式挂鼻，使用时作为手触及的金属部分。验电笔的结构与外形如图1-108所示，验电笔的使用方法如图1-109所示。

普通验电笔的电压测试范围在60～500 V，低于60 V时验电笔的氖管可能不会发光，高于500 V的电压严禁用普通验电笔来测试，以免造成触电事故。

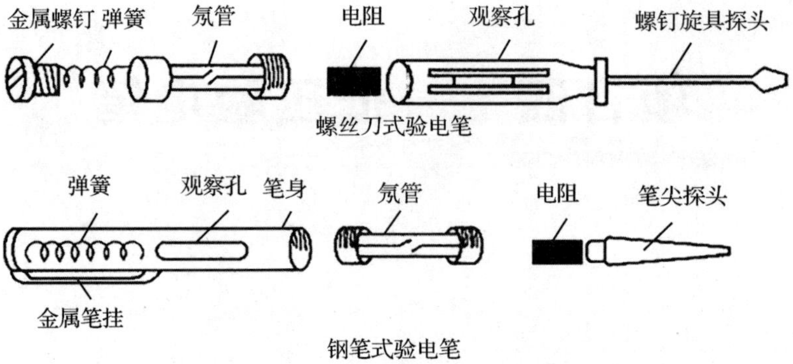

图 1-108　验电笔的结构与外形

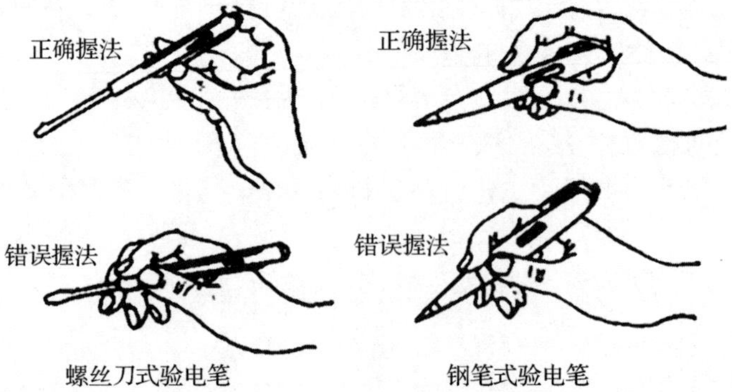

图 1-109　验电笔的使用方法

当用验电笔测试带电体时，带电体上的电压经笔尖(金属体)、电阻、氖管、弹簧、笔尾端的金属体，再经过人体接入大地，形成回路。带电体与大地之间的电压超过 60 V 后，氖管便会发光，指示被测带电体有电。

在使用验电笔时要注意以下安全事项：

(1) 在使用验电笔之前，首先要检查验电笔内有无安全电阻，然后检查验电笔是否损坏，有无受潮或进水现象，检查合格后方可使用。

(2) 在使用验电笔正式测试电气设备是否带电之前，先要将验电笔在有电源的部位检查一下，看氖管是否能正常发光，能正常发光，方可使用。

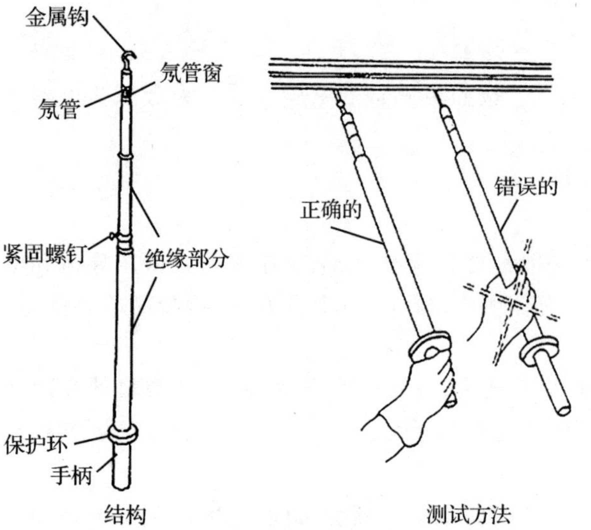

图 1-110　高压验电器的结构与测试方法

(3) 在明亮的光线下或阳光下测试带电体时，应当注意避光，以防光线太强不易观察到氖管是否发光，造成误判。

(4) 大多数验电笔前面的金属探头都被制成小螺丝刀形状，在用它拧螺钉时，用力要轻，扭矩不可过大，以防损坏。

(5) 在使用完毕后要保持验电笔清洁，并放置干燥处，严防摔碰。

(二) 高压验电器

高压验电器又称高压测电器，检测电压范围为 1 000 kV 以上。高压验电器由金属钩、氖管、氖管窗、紧固螺钉、保护环和手柄等组成，其结构与测试方法如图 1-110 所示。

在使用高压验电器时应注意以下事项：

（1）手握部位不能超过保护环。

（2）在使用前应检查高压验电器是否绝缘，绝缘合格方可使用。

（3）使用时应逐渐靠近被测体，直至氖管发光。若逐渐靠近被测体，但氖管一直不发光，则说明被测体不带电。

（4）若在室外使用高压验电器，必须在气候良好的情况下进行。

（5）用高压验电器测试时必须穿戴耐压强度符合要求并在有效期内检验合格的绝缘手套。测试时人应站在高压绝缘垫上。

（6）测试时，一人测试一人监护；防止发生相间或对地短路事故；人与带电体应保持足够的安全距离（10 kV 高压的安全距离在 0.7 m 以上）。

二、螺丝刀

螺丝刀又称改锥、起子，按照其头部形状可分为十字形螺丝刀和一字形螺丝刀，其手柄材料分木柄和塑料柄 2 种。

（一）十字形螺丝刀

十字形螺丝刀又称梅花改锥，一般分为 4 种型号，Ⅰ号适用于直径为 2 ～ 2.5 mm 的螺钉；Ⅱ、Ⅲ、Ⅳ号分别适用于 3 ～ 5 mm、6 ～ 8 mm、10 ～ 12 mm 的螺钉。十字形螺丝刀的外形如图 1-111 所示。

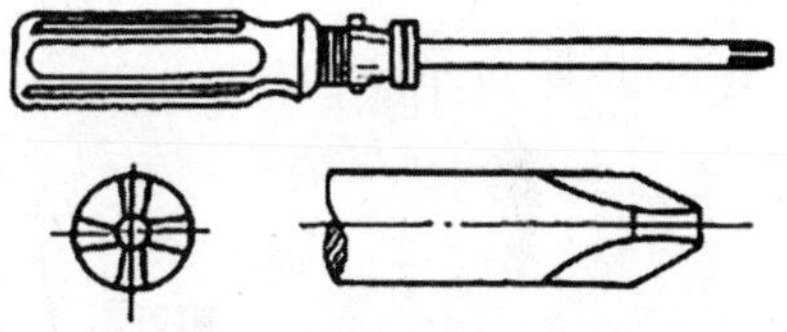

图 1-111　十字形螺丝刀的外形

（二）一字形螺丝刀

一字形螺丝刀的规格用柄部以外的长度表示，常用的规格有 100 mm、150 mm、200 mm、300 mm、400 mm 等。一字形螺丝刀的外形如图 1-112 所示。

图 1-112　一字形螺丝刀的外形

（三）多用组合式螺丝刀

近年来，还出现了多用组合式螺丝刀，它是由不同规格的螺丝刀、锥、钻、凿、锯、挫和锤组成的，柄部和刀体可以拆卸，柄部内还装有氖管、电阻、弹簧，可当作验电笔使用。

螺丝刀的使用方法如图 1-113 所示。

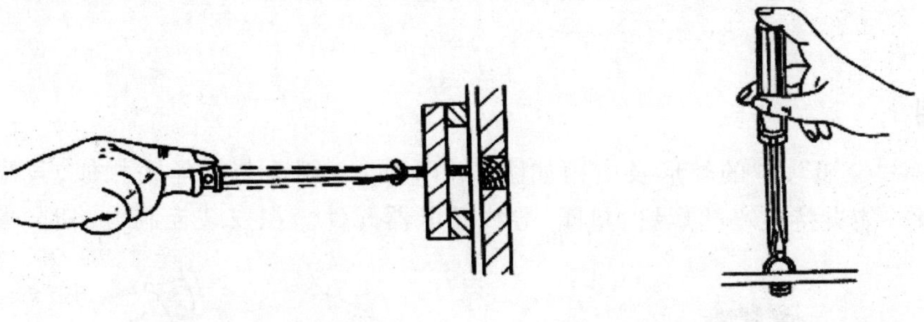

大螺丝刀拧大螺钉的方法　　小螺丝刀拧小螺钉的方法

图 1-113　螺丝刀的使用方法

在使用螺丝刀时要注意以下几个问题：

（1）螺丝刀手柄要保持干燥、清洁，以防带电操作时发生漏电。

(2)在使用小头较尖的螺丝刀拧螺钉时，要特别注意用力均匀，避免因手滑而触及其他带电体或者刺伤另一只手。

(3)切勿将螺丝刀当作凿子使用，以免损坏螺丝刀。

(4)使用螺丝刀紧固或拆卸带电的螺钉时，手不得触及它的金属部分，以免发生触电事故。

(5)为了避免螺丝刀的金属杆触及皮肤或触及邻近带电体，应在金属杆上穿套绝缘管。

三、电工钳

常用电工钳有钢丝钳、尖嘴钳、断线钳和剥线钳等。

(一)钢丝钳

钢丝钳是一种夹持或折断金属薄片、切断金属丝的工具。电工用钢丝钳的柄部套有绝缘管(耐压500 V)，其规格用钢丝钳全长的毫米数表示，常用的规格有150 mm、175 mm、200 mm等。钢丝钳的外形及应用如图1-114所示。钢丝钳的不同部位有不同的用途：钳口用来弯绞或钳夹导线线头；齿口用来紧固或松动螺母；刀口用来剪切导线或剥削导线绝缘层；铡口用来铡切导线线芯、钢丝等较硬的金属。在使用钢丝钳之前，必须查看其柄部绝缘管是否完好，以防触电。在带电作业时，不得用刀口同时剪切相线和零线，以防短路。

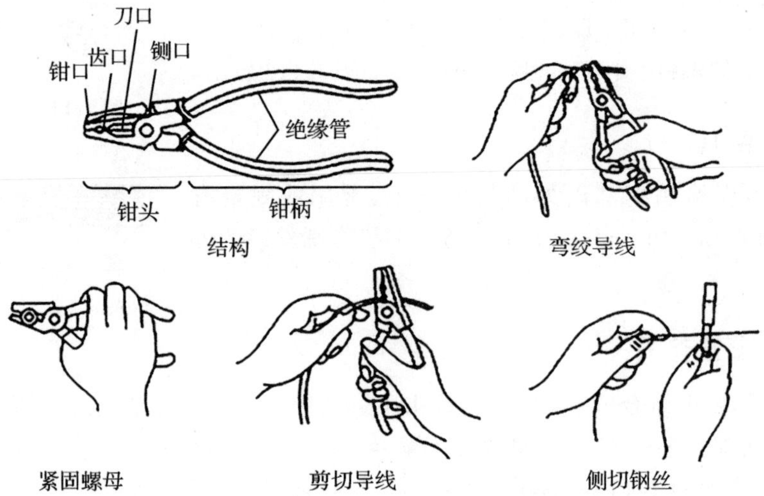

图1-114　钢丝钳的外形及应用

(二)尖嘴钳

尖嘴钳的头部“尖细”，它的外形及应用如图1-115所示，用法与钢丝钳相似，其特点是适用于在狭小的工作空间操作，能夹持较小的螺钉、垫圈、导线及电器元件。在安装控制电路时，尖嘴钳能将单股导

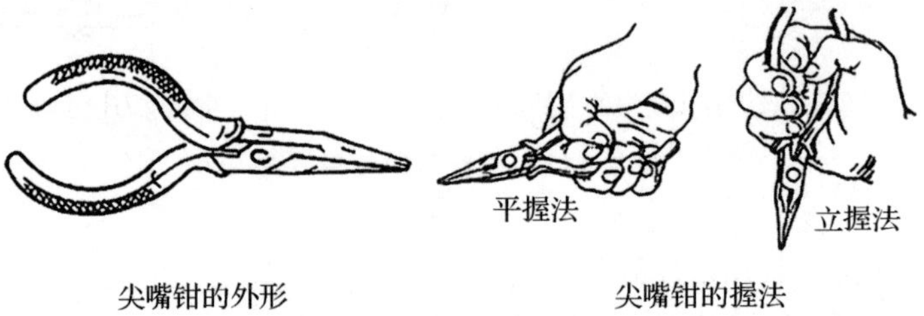

图1-115　尖嘴钳的外形及应用

线弯成接线端子(线鼻子),有刀口的尖嘴钳还可剪断导线、剥削绝缘层。尖嘴钳的规格以其全长的毫米数表示,有 130 mm、160 mm、180 mm 等。它的柄部套有绝缘管,耐压 500 V。

(三)断线钳

断线钳的头部"扁斜",因此又叫斜口钳、扁嘴钳或剪线钳,它的外形如图 1-116 所示,专供剪断较粗的金属丝、线材及导线、电缆等使用。它的柄部有铁柄、管柄、绝缘柄之分,绝缘柄耐压 1 000 V。

(四)剥线钳

剥线钳是用来剥落小直径导线绝缘层的专用工具,它的外形如图 1-117 所示。剥线钳的钳口部分设有几个咬口,用以剥落不同线径的导线绝缘层。它的柄部都是绝缘的,耐压 500 V。

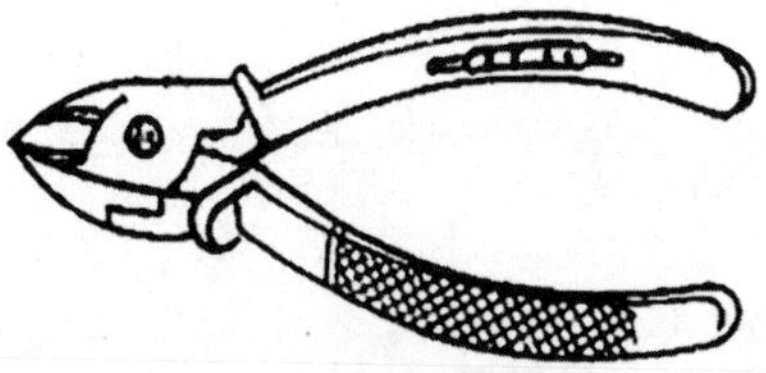

图 1-116　断线钳的外形

图 1-117　剥线钳的外形

在使用电工钳时要注意以下几个问题:

(1)切勿损坏绝缘手柄,注意防潮。

(2)钳轴要经常加油,防止生锈。

(3)保持清洁,在带电操作时,手离金属部分的距离要大于 2 cm。

四、电工刀

电工刀是用来剥切导线、电缆的绝缘层,切割木台缺口,削制木枕的专用工具。如图 1-118,使用时,刀口朝外剥削,剥削导线绝缘层时,应使刀面与导线小于 45°,以免割伤导线。

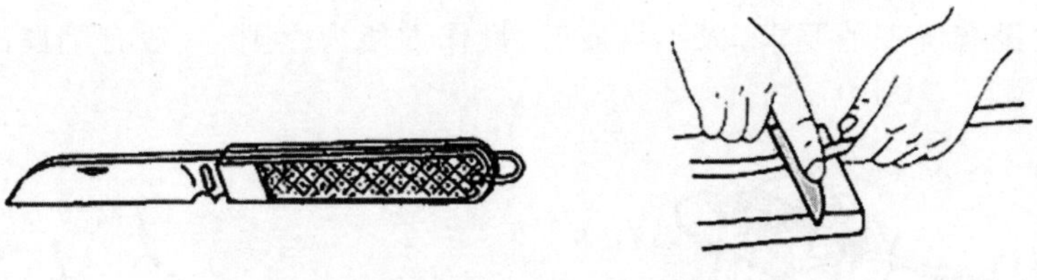

图 1-118　电工刀的外形及使用方法

在使用电工刀时要注意以下几个问题:

(1)在使用电工刀时应注意避免伤手。

(2)电工刀用毕后,要将刀身折进刀柄。

(3)电工刀刀柄是无绝缘保护的,不能在带电导线或器材上剥削,以免触电。

五、活络扳手

活络扳手用于旋动螺杆、螺母,它的卡口可在规格所定范围内任意调整大小。目前,活络扳手规格较多,电工常用的规格有 150 mm×19 mm、200 mm×24 mm、250 mm×30 mm、300 mm×36 mm 等。在扳动较大螺母时，所用力矩大，手应握在手柄尾部；在扳动较小螺母时，为防止卡口处打滑，手可握在接近头部的位置，且用拇指调节和稳定螺杆。活络扳手的外形及使用方法如图 1-119 所示。

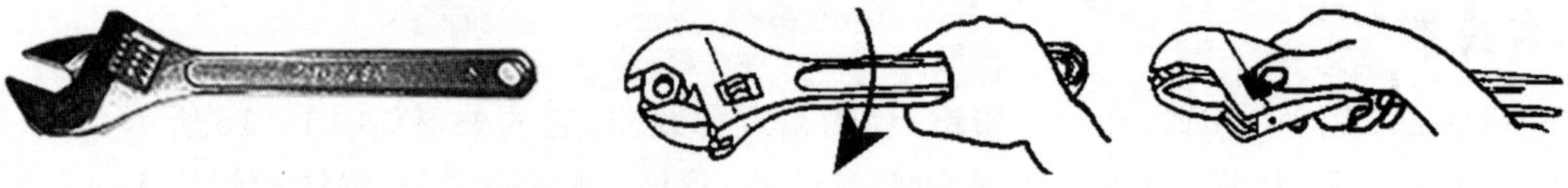

图 1-119　活络扳手的外形及使用方法

在使用活络扳手时要注意以下几个问题：

(1) 不能反方向用力，否则容易扳裂活动扳唇。

(2) 尽量不要把钢管套在手柄上当作加力杆使用，更不能撬重物或当作手捶敲打。

(3) 在旋动螺杆、螺母时，必须把工件的两侧面夹牢，以免损坏螺杆或螺母的棱角。

六、电烙铁

电烙铁是用来焊接导体的工具，其结构如图 1-120 所示。

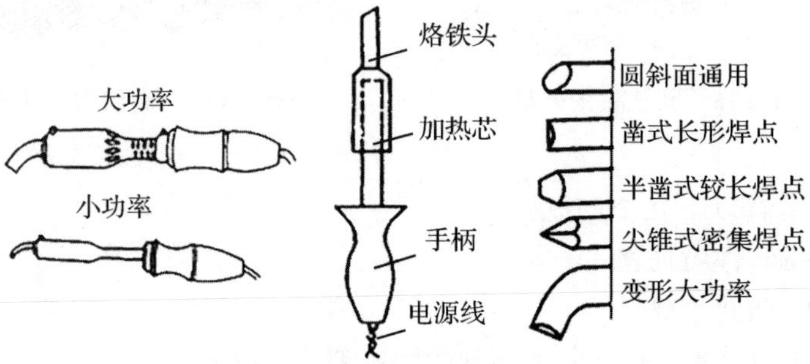

图 1-120　电烙铁的结构

电烙铁的使用方法和要求如下。

(1) 焊接前，一般要把焊头的氧化层除去，并用焊剂进行上锡处理，使焊头的前端经常保持一层薄锡，以防止氧化、减少能耗、导热良好。

(2)电烙铁的握法没有统一的要求，以不易疲劳、操作方便为原则，一般有笔握法和拳握法 2 种，如图 1-121 所示。

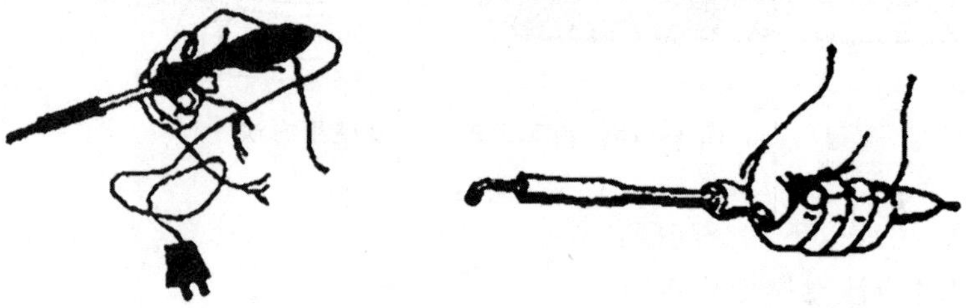

图 1-121　电烙铁的握法

(3) 用电烙铁焊接导线时，必须使用焊料和焊剂，焊料一般为丝状焊锡或纯锡。常见的焊剂有松香、焊膏等。

(4) 对焊接的基本要求是：焊点必须牢固，锡液必须充分渗透，焊点表面光滑，应防止出现“虚焊”

“夹生焊”。产生“虚焊”的原因是焊件表面未清除干净或焊剂太少，使焊锡不能充分流动，造成焊件表面挂锡太少，焊件之间未能充分固定；造成“夹生焊”的原因是烙铁温度低或焊接时烙铁停留时间太短，焊锡未能充分熔化。

七、电钻和射钉枪

（一）手电钻

手电钻的作用是在工件上钻孔，手电钻主要由电动机、钻夹头、钻头、手柄等组成，分为手提式、手枪式 2 种，其外形如图 1-122 所示。

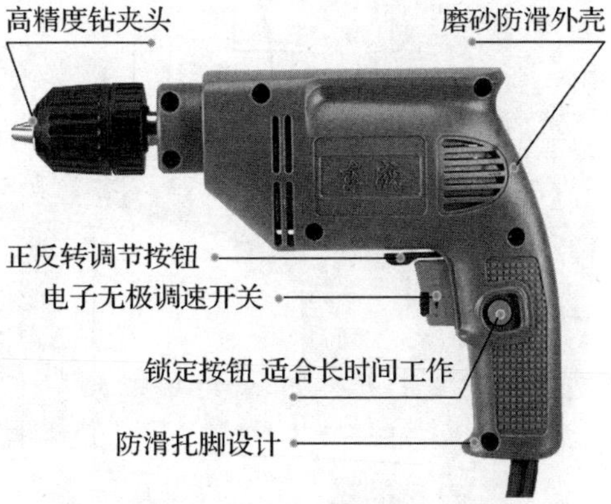

图 1-122　手电钻的外形

（二）冲击电钻

冲击电钻(简称冲击钻)的作用是在砌块和砖墙上冲打孔眼，其外形与手电钻相似，如图 1-123 所示。钻上有“锤、钻”调节开关，可当作普通电钻或电锤使用。

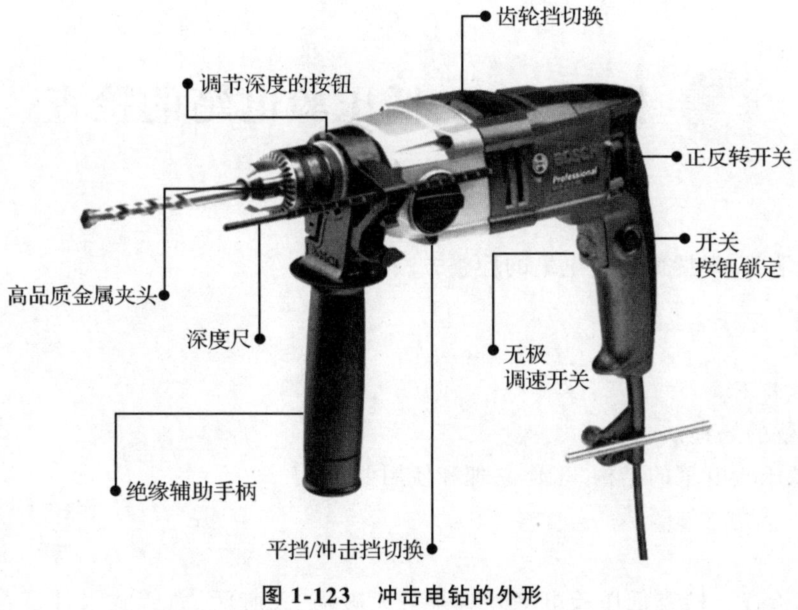

图 1-123　冲击电钻的外形

（三）射钉枪

射钉枪又称射钉工具枪或射钉器，其外形如图 1-124 所示，是一种比较先进的安装工具。它是利用火药、燃气或压缩空气作为动力，将尾部带有螺纹或其他形状的射钉射入钢板、混凝土和砖墙内，使之起固定和悬挂作用的。

图 1-124　射钉枪的外形

任务一　低压验电笔的检查

【任务目的】

通过本任务的学习，掌握低压验电笔的检查方法。

【任务准备】

（1）低压验电笔若干。
（2）宽敞、无杂物的场地。
（3）熟练掌握低压验电笔的结构、工作原理和使用要求。

【任务实施】

步骤一　外观检查。检查低压验电笔外观是否无破损、无脏污，氖管式附件是否齐全，如图 1-125 所示。

步骤二 验电笔测试。必须在有电源处对验电笔进行测试，证明该验电笔良好后方可使用。应注意的是持笔部位，即手握笔帽端金属挂钩，笔尖接触测试部位，如图 1-126 所示。

图 1-125 验电笔外观检查

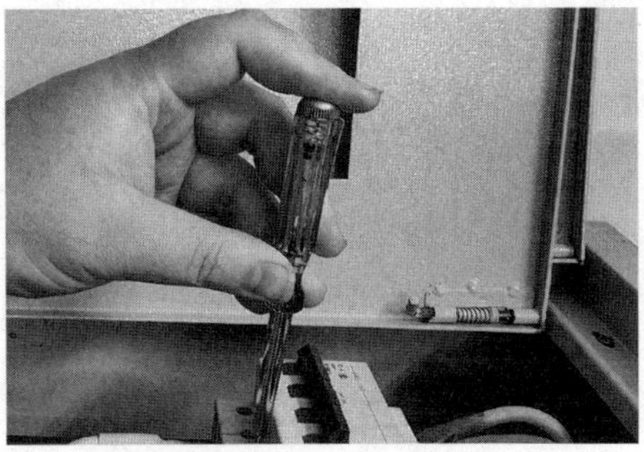

图 1-126 验电笔测试

【验收标准】

第 1 项为决定项，未检查电笔外观是否完好则实操失败。

序号	验收项目	验收内容
1	查验电笔外观	无破损、无脏污，氖管式附件齐全
2	持验电笔部位	手握笔帽端金属挂钩，笔尖接触测试部位
3	检验验电笔	进行测试，显示完好

任务二 | 低压验电笔的使用

【任务目的】

通过本任务的学习，掌握低压验电笔的使用方法。

【任务准备】

(1)低压验电笔若干。
(2)宽敞、无杂物的场地。
(3)熟练掌握低压验电笔的结构、工作原理和使用要求。

【任务实施】

步骤一 进行测试。单相 L、N 逐次测试或三相逐相测试，如图 1-127 所示。验电时应注意：

图 1-127 逐相测试

(1)手指必须触及笔尾的金属体,否则带电体也会误判为非带电体。

(2)要防止手指触及笔尖的金属部分,以免造成触电事故。

步骤二 判断测试结果。氖管亮则有电压,不亮则无电压。

【验收标准】

序号	验收项目	验收内容
1	实际测试	单相 L、N 逐次测试,三相逐相测试
2	测试结果	有/无电压

项目五 停电检修作业

项目描述

停电检修作业是大棚或温室的一项常规性工作,主要目的是对设备进行日常检修运维,确保其用电安全、可靠运行。本项目学习停电检修的相关知识。

项目目标

掌握设备检修、线路检修的方法,树立特殊工种必须持证上岗的意识,培养职业精神,为从事相关工作打下基础。

教学方法

项目教学、任务驱动、现场演示、启发引导、分组讨论。

实施地点

智能温室实训室。

设备与工具

常用电工工具与仪表。

学时

1 学时。

【相关知识链接】

一、安全色

安全色是表达安全信息含义的颜色,表示禁止、警告、指令、提示等。国家规定的安全色有红、蓝、黄、绿4种颜色。红色表示禁止、停止;蓝色表示指令、必须遵守的规定;黄色表示警告、注意;绿色表示指示、安全状态、通行。

为使安全色更加醒目的反衬色叫作对比色。国家规定的对比色是黑、白 2 种颜色，安全色与其对应的对比色是：红—白、黄—黑、蓝—白、绿—白。

黑色用于安全标志的文字、图形符号和警告标志的几何图形。白色作为安全标志红、蓝、绿的背景色，也可用于安全标志的文字和图形符号。

二、安全标志

安全标志是提醒工作人员注意或按标志上注明的要求去执行，保障人身和设施安全的重要提示。安全标志一般设置在光线充足、醒目、稍高于视线的地方。对于隐蔽工程（如埋地电缆等），地面上要有标志桩或者依靠永久性建筑挂标志牌，以注明工程位置。对于容易被人忽视的电气部位，如封闭的架线槽、设备上的电气盒等，要用红漆画上电气箭头。另外，在电气工作中还常用标志牌，以提醒工作人员不得接近带电部分、不得随意改变刀闸的位置等。移动使用的标志牌要用硬质绝缘材料制成，上面要有明显标志，均应根据规定使用。

任务一　|　停电设备检修作业

【任务目的】

通过本任务的学习，掌握停电设备检修作业安全标示牌的类型及使用要求。

【任务准备】

(1) 安全标示牌若干。

(2) 虚拟停电检修场景。

(3) 熟悉安全标示牌的类型和使用要求。

【任务实施】

在设备检修时，应选择“禁止合闸，有人工作”安全标示牌，挂在一经合闸即可送电到施工设备的开关和刀闸操作手柄上。

【验收标准】

挂牌出现错误则实操失败。

序号	验收项目	验收内容
1	设备检修	应选择“禁止合闸，有人工作”安全标示牌

任务二　|　停电线路检修作业

【任务目的】

通过本任务的学习，掌握停电线路检修作业安全标示牌的类型及使用要求。

【任务准备】

(1)安全标示牌若干。

(2)虚拟停电检修场景。

(3)熟悉安全标示牌的类型和使用要求。

【任务实施】

步骤一 在线路检修时,应选择"禁止合闸,线路有人工作"安全标示牌(图 1-128)挂在一经合闸即可送电到施工线路的线路开关和刀闸操作手柄上。

步骤二 已挂地线。此时,应选择"已接地"安全标示牌(图 1-129)挂在看不到接地线的设备上。

图 1-128 安全标示牌(步骤一)

图 1-129 安全标示牌(步骤二)

【验收标准】

任一项挂牌出现错误则实操失败。

序号	验收项目	验收内容
1	线路检修	应选择"禁止合闸,线路有人工作"安全标示牌
2	已挂地线	应选择"已接地"安全标示牌

模块二　安全操作技术

本模块的学习目标为掌握三相异步电动机的接线操作、计量接线、补光灯接线、漏电断路器配插座接线、运行电路停电检修、刀闸开关和配电室操作等，提升相关理论知识水平和实际操作能力。

项目一　三相异步电动机接线操作

项目描述

在温室控制系统装调技术中，三相异步电动机单向运行和三相异步电动机正反转运行电路是最基本的动力电路。本项目学习这 2 种电路的相关知识。

项目目标

掌握三相异步电动机 2 种常用运行方式的接线方法，学会电路的调试，树立特殊工种必须持证上岗的意识，培养职业精神，为从事相关工作打下基础。

教学方法

项目教学、任务驱动、现场演示、启发引导、分组讨论。

实施地点

智能温室实训室。

设备与工具

常用电工工具与仪表。

学时

4 学时。

【相关知识链接】

一、常用低压电器

(一)低压电器的基本知识

低压电器通常是指在交流电压小于 1 200 V、直流电压小于 1 500 V 的电路中起接通、断开、保护和调节作用的电气设备。低压电器是电力拖动自动控制系统的基本组成元器件,控制系统的优劣和所用低压电器的性能有直接关系。作为电气工程技术人员,必须熟悉常用电器设备的结构、原理,掌握其使用与维护等方面的知识和技能。

1. 低压电器的分类

常用的低压电器主要有:接触器、热继电器、熔断器、低压断路器、控制按钮等。低压电器种类繁多,功能各异,分类的方法很多,例如:

(1)按用途和控制对象分类。

①低压配电电器。主要用于低压配电系统中,要求系统发生故障时准确动作,在规定的条件下具有稳定性,使电器不会损坏,如刀开关、转换开关、熔断器等。

②低压控制电器。主要用于电气传动系统中,要求寿命长、体积小、体重轻且动作迅速、准确、可靠,如接触器、继电器、启动器、主令电器等。

(2)按动作方式分类。

①自动切换电器。依靠自身参数的变化或外来信号的作用,自动完成接通和断开等动作,如接触器、继电器等。

②非自动切换电器。靠外力(如人力)直接操作进行切换的电器,如刀开关、转换开关、按钮等。

(3)按有无触点分类。

①有触点电器。利用触点的接通和断开来切换电路,如接触器、刀开关、按钮等。

②无触点电器。无可分离的触点,主要利用电子元器件的开关效应,即导通和截止来实现电路的通、断控制,如接近开关、霍尔开关、电子式时间继电器等。

(4)按工作原理分类。

①电磁式电器。根据电磁感应原理来动作的电器,如接触器、电磁式继电器、电磁铁等。

②非电量控制电器。依靠外力或非电量信号(速度、压力、温度等)的变化而动作的电器,如转换开关、行程开关、速度继电器、压力继电器等。

2. 低压电器的基本结构

(1)电磁机构。

电磁机构是电磁式电器的主要组成部分之一,它将电磁能转换成机械能,带动触点动作,使电路接通或断开。其工作原理是:当线圈中有电流通过时,产生电磁吸力,电磁吸力克服弹簧的反作用力,使衔铁与铁心闭合,衔铁带动连接机构运动,从而带动相应触点动作,实现电路的通、断控制。电磁机构由吸引线圈、铁心和衔铁 3 个基本部分组成。常用电磁机构如图 2-1 所示。

(2)触头。

触头是有触点电器的执行部分,通过触头的动作控制电路的通、断。触头通常由动、静触点组合而成。触点的接触形式有点接触(球面对球面、球面对平面等)、面接触(平面对平面等)和线接触(圆柱对平面等)3 种。在常用的继电器和接触器中,触头的结构形式主要有双断点桥式和单断点指形 2 种,如图 2-2 所示。

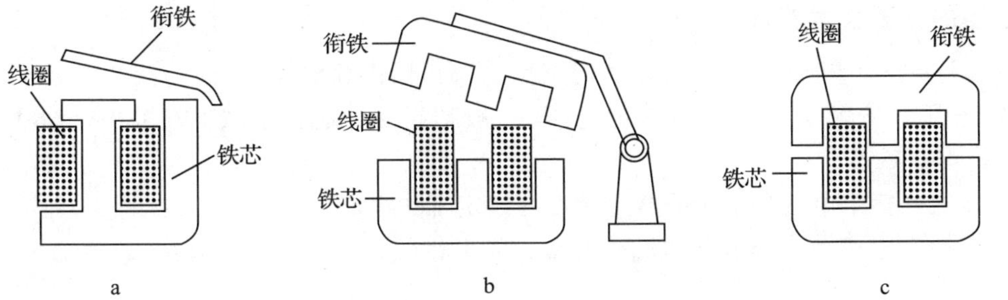

a. 衔铁绕棱角转动的拍合式；b. 衔铁绕轴转动的拍合式；c. 衔铁沿直线运动的螺管式

图 2-1　常用电磁机构

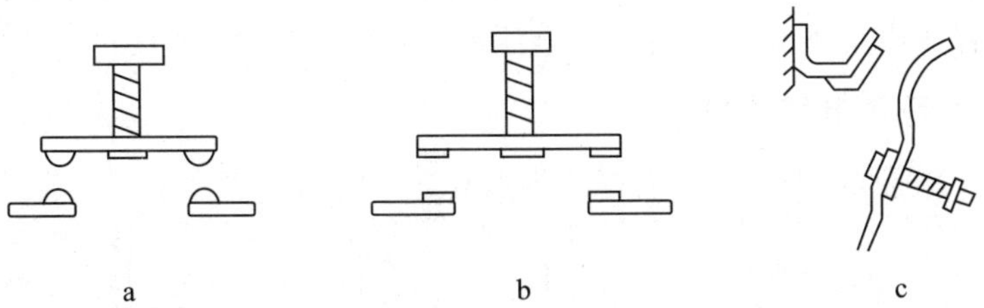

a. 点接触桥式触头；b. 面接触桥式触头；c. 线接触指形触头

图 2-2　常用触头的结构形式

3. 低压电器的主要技术参数

由于电路的工作电压或电流等级不同，通、断频繁程度不同，负载的性质不同等原因，必须对电器提出不同的技术参数，以保证电器能可靠地接通和断开电路。

(1) 额定电压和额定电流。

额定电压是指在规定的条件下，能保证电器正常工作的电压值，一般指触点额定电压值。电磁式电器还规定了电磁线圈的额定电压。

额定电流是指根据电器的具体使用条件确定的电流值，它和额定电压、电网频率、额定工作环境、使用类别、触点寿命及防护参数等因素有关，同一个开关电器使用条件不同，额定电流值也不同。

(2) 通断能力。

通断能力以控制规定的非正常负载时所能接通和断开的电流值来衡量，接通能力是指开关闭合时不会造成触电熔焊的能力；断开能力是指开关断开时可靠灭弧的能力。

(3) 寿命。

低压电器的寿命包括机械寿命和电寿命，机械寿命是指电器在无电流情况下能操作的次数；电寿命是指在规定使用条件下，不需要修理或更换零部件的负载操作次数。

(二) 接触器

接触器是指用于远距离频繁地接通和断开交、直流主电路及大容量控制电路的一种自动切换电器。其主要控制对象是电动机，也可以控制其他负载。接触器具有操作频率高、使用寿命长、工作可靠、性能稳定、维护方便等优点，同时还具有低电压释放保护功能，在电力拖动自动控制系统中被广泛应用。接触器可分为交流接触器和直流接触器。常用交流接触器的外形如图 2-3 所示。

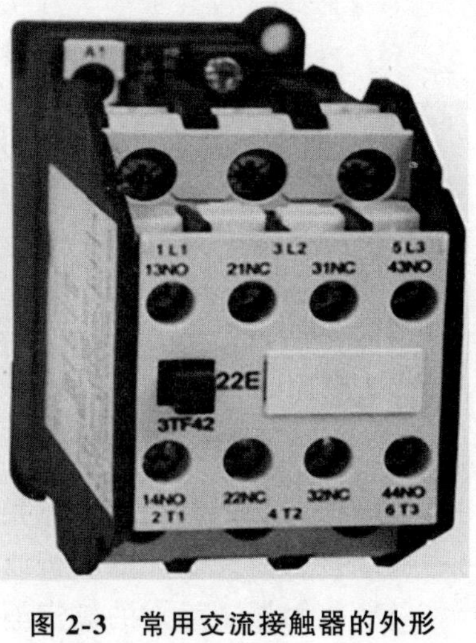

图 2-3　常用交流接触器的外形

1. 接触器的主要技术参数

接触器的主要技术参数有额定电压、额定电流、寿命、操作频率等。

(1) 额定电压。接触器主触点的额定电压，一般情况下，交流有 220 V、380 V、660 V 等；直流有 110 V、220 V、440 V 等。

(2) 额定电流。额定电流是指接触器主触点的额定工作电流。

(3) 机械寿命和电寿命。接触器的机械寿命一般可达数百万次至一千万次；电寿命一般是机械寿命的 5% ~ 20%。

(4)额定操作频率。接触器的额定操作频率是指每小时允许的操作次数，一般为 300 次 /h、600 次 /h、1 200 次 /h。

(5) 动作值。动作值是指接触器的吸合电压和释放电压。规定接触器在吸合电压大于线圈额定电压 85% 时应可靠吸合。释放电压不高于线圈额定电压的 70%。

2. 接触器的常用型号及电气符号

接触器的图形符号如图 2-4 所示，文字符号为 KM。

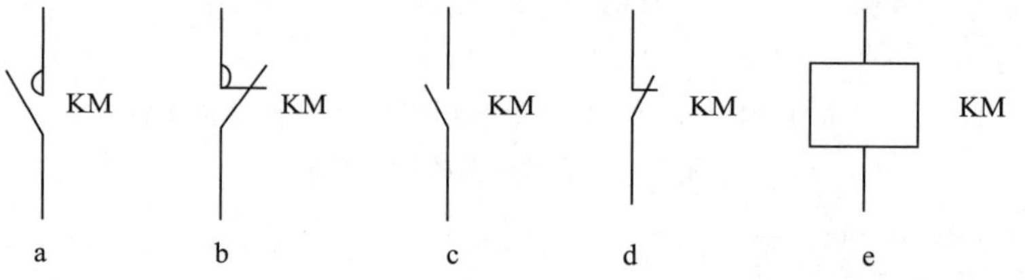

a. 常开主触点；b. 常闭主触点；c. 常开辅助触点；d. 常闭辅助触点；e. 线圈

图 2-4　接触器的图形符号

接触器的型号说明如图 2-5 所示。

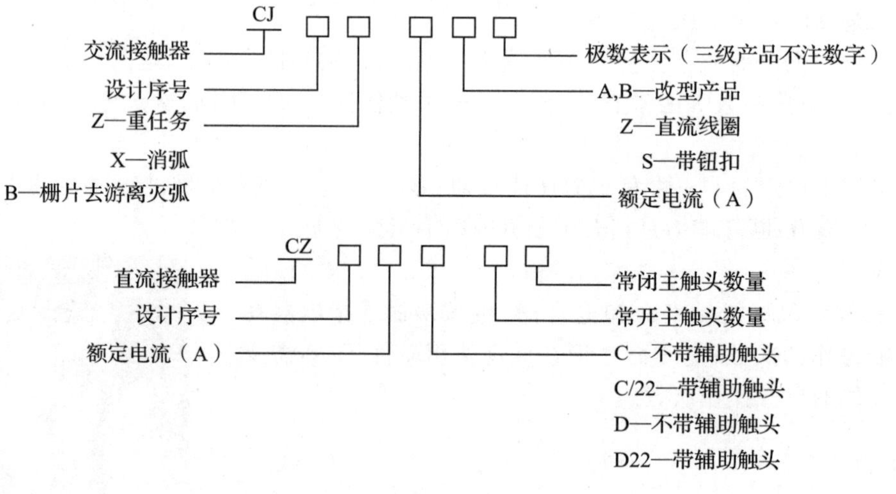

图 2-5　接触器的型号说明

3. 接触器的选用

在选用接触器时，应根据负荷的类型和工作参数合理选用，主要考虑以下几个方面。

(1)接触器控制的电动机或负载电流的类型。

(2) 接触器主触点的额定电压应不小于主电路工作电压。

（3）接触器主触点的额定电流应不小于被控电路的额定电流，对于电动机负载，还应根据其运行方式适当增减。

（4）接触器吸引线圈的额定电压和频率与所控电路的选用电压和频率一致。此外，在选用接触器时还要考虑接触器的触点数量、种类等是否满足控制电路的要求。

（三）热继电器

热继电器主要用于电力拖动自动控制系统中电动机负载的过载保护。常见热继电器的外形如图 2-6 所示。

1. 热继电器的结构及工作原理

热继电器主要由热元件、双金属片和触点组成，如图 2-7 所示，热元件是由发热电阻丝做成的。双金属片由 2 种热膨胀系数不同的金属制成，当双金属片受热时，会出现弯曲变形。使用时，把热元件串接于电动机的主电路中，而把常闭触点串接于电动机的控制电路中。

图 2-6 常见热继电器的外形

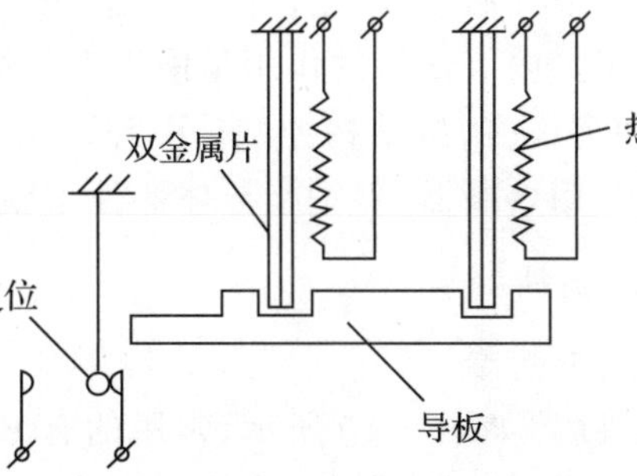

图 2-7 热继电器的结构

正常运行时，热元件产生的热量虽能使双金属片弯曲，但还不足以使热继电器的触点动作。当电动机过载时，双金属片弯曲位移增大，推动导板使常闭触点断开，从而切断电动机控制电路以起保护作用。热继电器动作后一般不能自动复位，要等双金属片冷却后按下复位按钮复位。热继电器动作电流的调节可以借助旋转凸轮来实现。

2. 热继电器的常用型号及电气符号

热继电器的常用型号及含义如图 2-8 所示，热继电器的电气符号如图 2-9 所示。

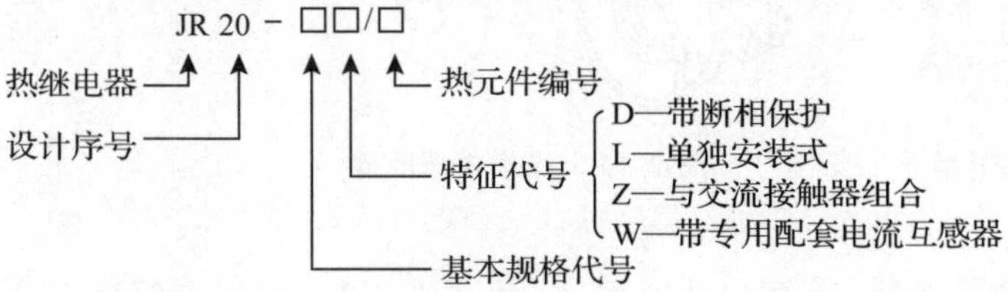

图 2-8 热继电器的常用型号及含义

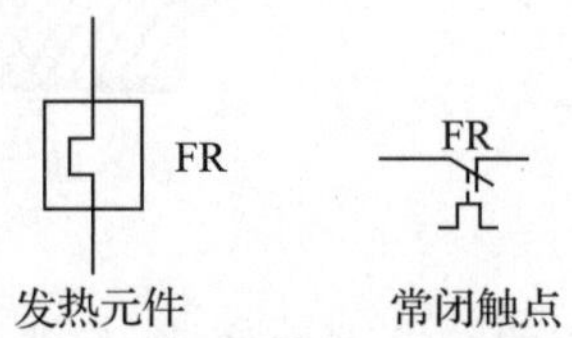

图 2-9 热继电器的电气符号

3. 热继电器的选择原则

（1）热继电器结构的选择：星形接法的电动机可选用两相或三相结构热继电器；三角形接法的电动机选用带断相保护装置的三相结构热继电器。

（2）根据被保护电动机的实际启动时间，选择 6 倍额定电流下具有相应可返回时间的热继电器。一般热继电器的返回时间为 6 倍额定电流下动作时间的 50% ～ 70%。

(3)热元件额定电流一般可按下式确定：

$$I_N = (0.95 \sim 1.05) I_{MN}$$

式中，I_N 为热元件额定电流；I_{MN} 为电动机的额定电流。选好热元件后，要根据电动机的额定电流来调整它的整定值。

(四)熔断器

熔断器是一种当电流超过额定电流值一定时间后，以它本身产生的热量使熔体熔化而断开电路的电器。它被广泛应用于低压配电系统、控制系统，并在用电设备中用作短路和过电流保护。

1. 熔断器的结构原理及分类

熔断器主要由熔体和安装熔体的熔管(或熔座)两部分组成。熔体是熔断器的主要组成部分，它既是感测元件又是执行元件。熔体由易熔金属材料铅、锡、锌、银、铜及其合金制成，通常被做成丝状、片状、带状或笼状，串联于被保护电路中。熔管一般是硬质纤维或瓷质绝缘材料制成的半封闭式或封闭式外壳，熔体被装于其内。熔管的作用是便于安装熔体和有利于熔体熔断时熄灭电弧。

熔断器种类很多，按结构分，有开启式、半封闭式和封闭式；按有无填料分，有填料式、无填料式；按用途分，有工业用熔断器、保护半导体器件熔断器及自复式熔断器等。

2. 常用的熔断器

(1)插入式熔断器。

插入式熔断器如图 2-10 所示，常用的有 RC1 A 系列，主要用于低压分支路及中小容量控制系统的短路保护，也可用于民用照明电路的短路保护。

RC1 A 系列结构简单，由瓷座、触点、熔体等组成，价格低，熔体方便更换，但是断开能力低。

(2)螺旋式熔断器。

螺旋式熔断器如图 2-11 所示，有 RL1、RL2、RL6、RL7 等系列，常在配电电路及机床控制电路中用作短路保护。

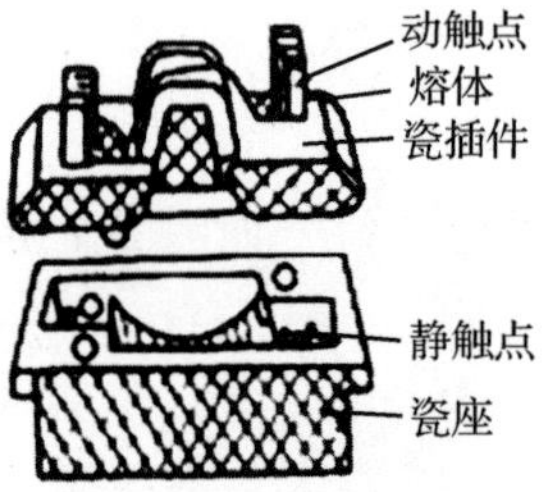

图 2-10　插入式熔断器

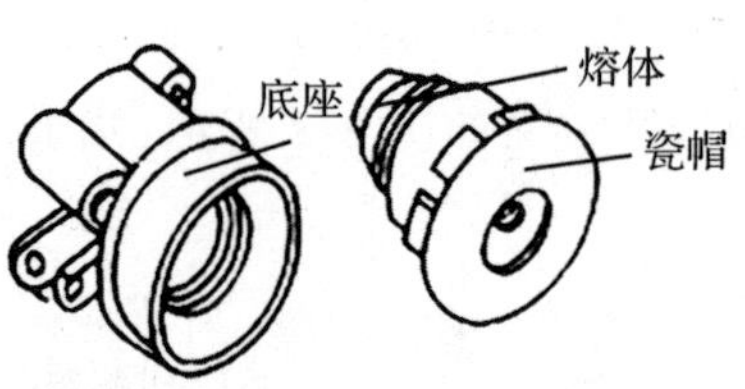

图 2-11　螺旋式熔断器

螺旋式熔断器由底座、熔管、瓷帽等组成。瓷管内装有熔体，并装满石英砂，将熔管置于底座内，旋紧瓷帽，电路就被接通。螺旋式熔断器具有较高的断开能力，限流性好，有明显的熔断指示，可不用工具就能安全更换熔体，在温室控制系统中被广泛采用。

3. 熔断器的型号及电气符号

熔断器的型号及含义如图 2-12 所示，熔断器的电气符号如图 2-13 所示。

4. 熔断器的选择原则

熔断器的选择主要是熔断器的类型、额定电压、额定电流等的选择。

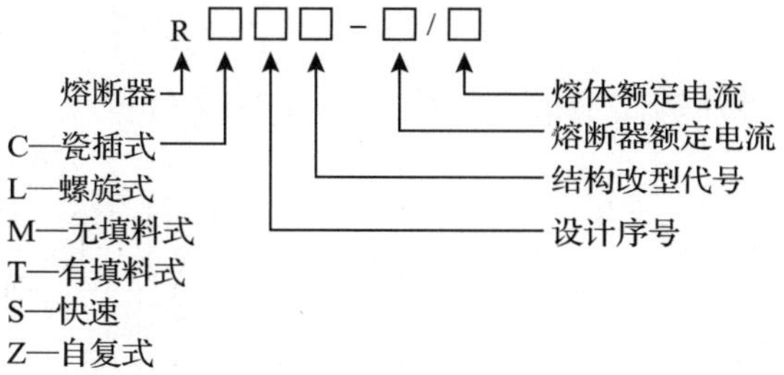

图 2-12　熔断器的型号及含义

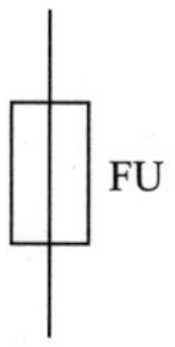

图 2-13　熔断器的电气符号

(1)类型的选择。根据负载的保护特性、短路电流大小、使用场合、安装条件和各类熔断器的适用范围来选择熔断器的类型。

(2)额定电压的选择。熔断器额定电压应大于或等于电路的工作电压。

(3)额定电流的选择。熔断器的额定电流应大于或等于熔体的额定电流。

(4)断开能力的选择。额定断开能力必须大于电路中可能出现的最大短路电流。

(五)低压断路器

低压断路器也称为自动空气开关,可用来接通和断开负载电路,也可用来控制不频繁启动的电动机。低压断路器功能相当于刀开关、过电流继电器、失压继电器、热继电器及漏电保护器等多种电器的组合,能实现过载、短路、失压、欠压等多种保护,是低压配电网中应用非常广泛的一种保护电器,其外形如图 2-14 所示。

1. 低压断路器结构和工作原理

低压断路器主要由主触头、自由脱扣机构和操作机构等部分组成,其结构如图 2-15 所示。主触点是靠手动或电动合闸操作的,主触点闭合后,自由脱扣机构将主触点锁在合闸位置上。过电流脱扣器的线圈和热脱扣器的热元件与主电路串联,欠电压脱扣器的线圈和电源并联。当电路发生短路或严重过载时,过电流脱扣器的衔铁吸合,使脱扣机构动作,主触点断开主电路。当电路过载时,热脱扣器的热元件发热使双金属片向上弯曲,推动自由脱扣机构动作。当电路欠电压时,欠电压脱扣器的衔铁释放,也使自由脱扣机构动作。分励脱扣器起远距离控制作用,在正常工作时,其线圈是断电的,在需要远距离控制时,按下按钮,使线圈通电,衔铁带动自由脱扣机构动作,使主触点断开。

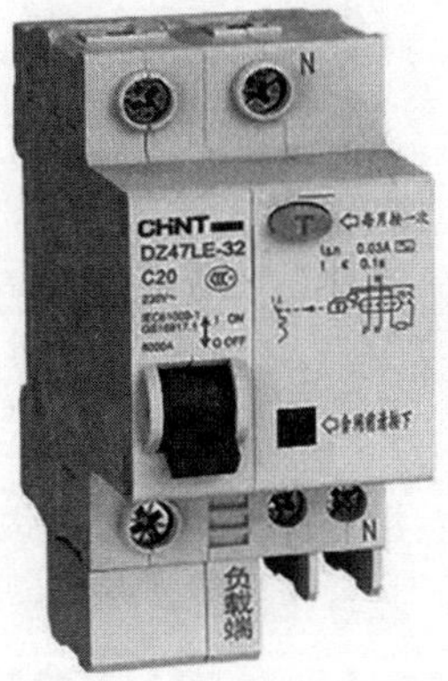

图 2-14　低压断路器的外形

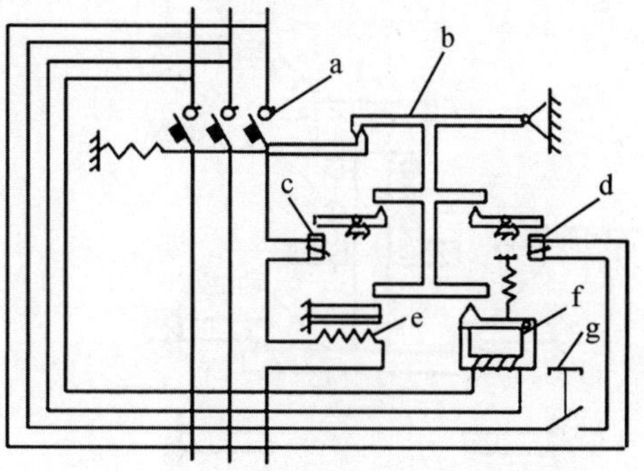

a. 主触头;b. 自由脱扣机构;c. 过电流脱扣器;
d. 分励脱扣器;e. 热脱扣器;f. 欠电压脱扣器;
g. 停止按钮

图 2-15　低压断路器的结构

2. 低压断路器的型号含义及电气符号

低压断路器的型号含义如图 2-16 所示，低压断路器的电气符号如图 2-17 所示。

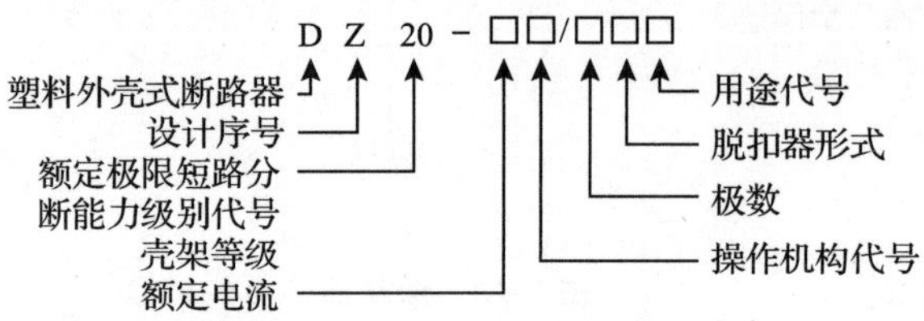

图 2-16　低压断路器的型号含义

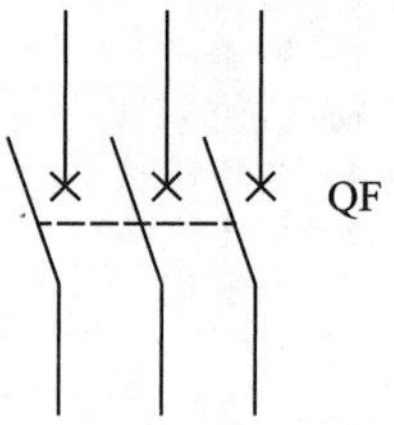

图 2-17　低压断路器的电气符号

3. 低压断路器的选择原则

在选择低压断路器时，主要从以下几个方面考虑。

(1) 低压断路器类型的选择。根据使用场合和保护要求来选择，例如，一般情况下选塑壳式；短路电流大的选限流式；额定电流比较大或有选择性保护要求的选框架式；控制和保护并含半导体器件的直流电路选直流快速断路器等。

(2) 低压断路器的额定电压和额定电流应大于或等于电路、设备的正常工作电压和工作电流。

(3) 低压断路器极限通断能力大于或等于电路最大短路电流。

(4) 欠电压脱扣器的额定电压等于电路的额定电压，过电流脱扣器的额定电流大于或等于电路的最大负载电流。

图 2-18　控制按钮的外形

（六）控制按钮

控制按钮是一种结构简单、使用广泛的手动电器，它可以配合继电器、接触器，对电动机实现远距离的自动控制，其外形如图 2-18 所示。

1. 控制按钮的结构

控制按钮由按钮帽、复位弹簧、触点和外壳等部分组成，通常被做成复合式，即具有常闭静触点和常开静触点，如图 2-19 所示。按下按钮时，常闭静触点先断开，常开静触点后闭合；按钮释放时，在复位弹簧的作用下，按钮触点按相反顺序自动复位。

2. 控制按钮的电气符号

控制按钮的电气符号如图 2-20 所示。

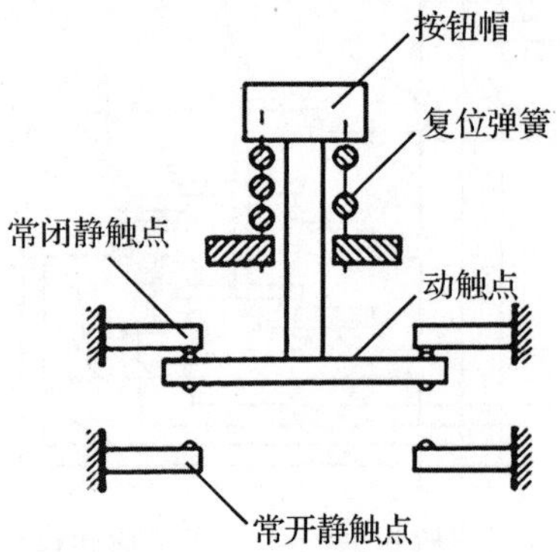

图 2-19　控制按钮的结构

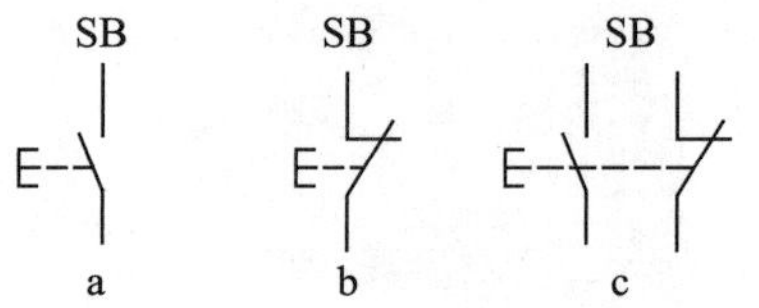

a. 常开按钮；b. 常闭按钮；c. 复合按钮

图 2-20　控制按钮的电气符号

3. 控制按钮的选择原则

(1)根据使用场合选择控制按钮的种类,如开启式、防水式等。

(2)根据用途选用合适的形式,如钥匙式、紧急式等。

(3)根据控制回路的需要确定不同的按钮数,如单钮、双钮、三钮等。

(4)根据工作状态指示和工作情况的需要,选择控制按钮及指示灯的颜色等。

二、三相鼠笼式异步电动机连续运转电路

三相鼠笼式异步电动机连续运转控制电路也称为具有自锁控制的电路,其原理如图 2-21 所示,图中左边部分为主电路,右边部分为控制电路。

主电路由刀开关 QF、熔断器 FU、接触器 KM1 的主触点、热继电器 FR1 的热元件等组成。由电路可知,当 QF 合上后,只有控制接触器 KM1 的触点合上或断开时,才能控制电动机接通或断开电源,从而启动运行或停止运行,即要求控制电路能控制 KM1 的主触点合上或断开。控制电路由按钮 SB1 和 SB2、热继电器 FR1 常闭触点及接触器 KM1 的线圈和常开辅助触点 KM1 组成。当 QF 合上后,控制电路两端有电压。初始状态时,接触器 KM1 的线圈失电,其主触点和辅助触点均为断开状态。当按下启动按钮 SB2 时,接触器 KM1 的线圈通电,其辅助触点自锁(松开按钮 SB2 使其复位后,接触器 KM1 的线圈能维持通电状态的一种控制方法),主触点合上,使电动机接通电源而运转;当按下停止按钮 SB1 后,接触器 KM1 的线圈失电,其主触点断开,使电动机脱离电网而停止运转。

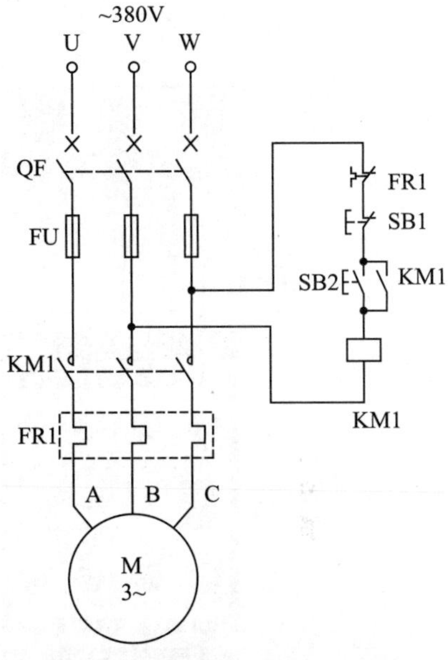

图 2-21 三相鼠笼式异步电动机连续运转控制电路原理

本控制电路具有短路、过载和欠压保护功能。

短路保护功能由熔断器(FU)实现。当主电路或控制电路短路时,短路电流使熔断器的熔体部分烧断,使主电路和控制电路都脱离电网而停止工作。

过载保护功能由热继电器(FR1)实现。FR1 的线圈部分串接在主电路中,用来检测电动机定子绕组的电流。当电动机工作在超载的情况下,过载电流会使 FR1 发热,线圈动作,串接在控制电路中的触点断开控制电路,接触器 KM1 的线圈失电,主触点断开,使电动机停止运转,从而保护电动机不被烧坏。

欠压保护功能。当电动机在运转时,电源突然停电,电动机停止运转,此时接触器 KM1 的线圈失电。但当电源突然来电时,由于接触器 KM1 的线圈不能通电,电动机不能自动启动运行,只有当按下启动按钮 SB2 时才能使电动机启动运行,即该电路具有欠压保护功能。三相鼠笼式异步电动机连续运转控制电路仿真实物如图 2-22 所示。

三、三相异步电动机正反转控制电路

在温室控制系统中,有的机械要求上下、左右、前后等相反方向的运动,这就要求电动机能够正向、反向运转。对于三相异步电动机来说,要实现正反转控制,只要改变接入电动机三相电源的相序即可。

(一)基本的正反转控制电路

(1)控制要求。

①能实现正反转控制。

②有短路和长期过载保护。

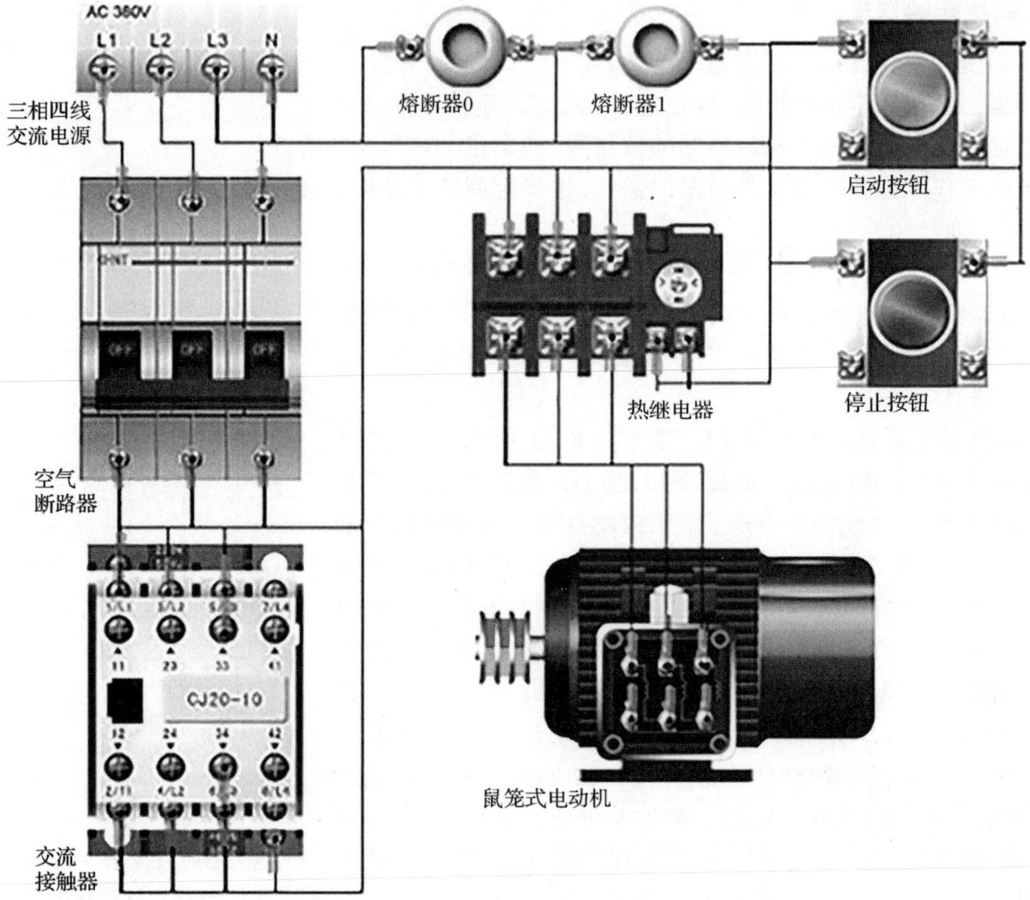

图 2-22　三相异步电动机连续运转控制电路仿真实物

(2)控制电路。

基本的正反转控制电路如图 2-23 所示。

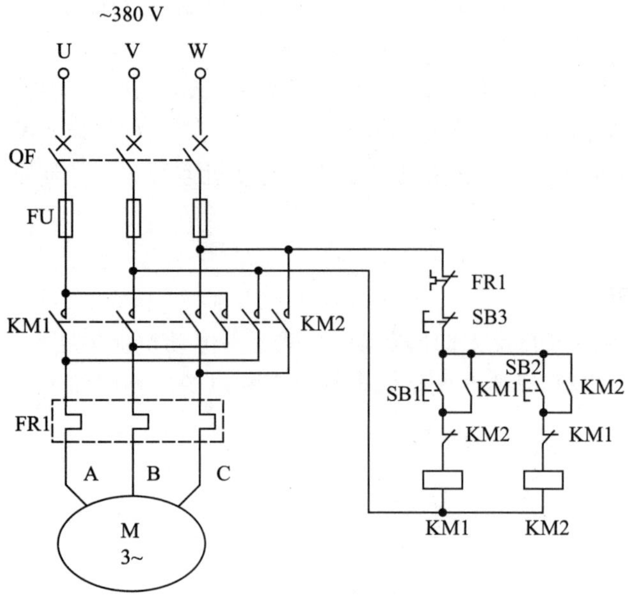

图 2-23　基本的正反转控制电路

(二)工作原理分析

(1)主电路。

当 KM1 的动合主触点闭合时,电动机为正转;当 KM2 的动合主触点闭合时,电动机为反转;当 KM1、KM2 同时闭合时,电源短路。因此,主电路要求:正转时,KM1 的线圈得电;反转时,KM2 的线圈得电;任何时候都必须保证 KM1、KM2 的线圈不能同时得电。

(2)控制电路。

当电路处于初始状态时,KM1、KM2 的线圈均失电,电动机脱离电网而静止;当先按下按钮 SB1 时,接触器 KM1 的线圈得电,其动合主触点闭合,电动机正向启动运行;当先按下按钮 SB2 时,接触器 KM2 的线圈得电,其主触点闭合,电动机反向启动运行。如果电动机已经在正转(或反转),要使电动机改为反转(或正转),就必须先按停止按钮 SB3,再按反转(或正转)按钮。

(3)保护。

①电流保护。FR1、FU,与三相异步电动机连续运转电路一致。

②零压(欠压)保护。与三相异步电动机连续运转电路一致。

③互锁保护。将接触器 KM1、KM2 的动断触点互相串联在对方线圈电路中,形成互相制约的关系,使 KM1、KM2 的线圈在任何时候都只能有一个得电。这种由接触器(或继电器)辅助动断触点构成的互锁称为电气互锁。

任务一 三相异步电动机单向运行主回路接线操作

【任务目的】

通过本任务的学习,掌握三相异步电动机单向运行时的主回路接线方法。

【任务准备】

(1)断路器(380 V,3 P,32 A)、接触器(AC 380 V,3 P,30 A)、热继电器(热元件≥ 25 A,整定值= 22 A)、导线(BV-4 mm^2),以及 380 V/11 kW 三相异步电动机。

(2)电工工作服。

(3)操作人员精神集中,思维清晰。

(4)操作人员熟悉电器的结构及动作原理,熟悉电动机的原理及单向运行时主回路的接线要求。

(5)三相异步电动机单向运行主回路电路原理如图 2-24 所示。

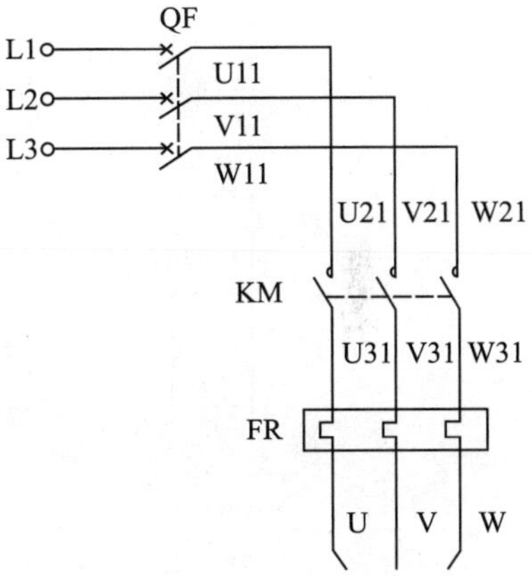

图 2-24 三相异步电动机单向运行主回路电路原理

【任务实施】

步骤一 主回路元器件选择。选择断路器,规格为 380 V,3 P,32 A;选择接触器,规格为 AC 380 V,3 P,30 A;选择热继电器,规格为热元件≥ 25 A,整定值= 22 A;选择导线,规格为 BV-4 mm^2;选择三相异步电动机,规格为 380 V/11 kW。

步骤二 实际接线。接线顺序为电源→断路器→接触器→热继电器→电动机,如图 2-25 所示。

图 2-25 接线完成

【验收标准】

第 3 项为决定项,热继电器整定值错误则实操失败。

序号	验收项目	验收内容
1	选择断路器	380 V,3 P,32 A
2	选择接触器	AC 380 V,3 P,30 A
3	选择热继电器	热元件≥ 25 A;整定值= 22 A

续表

序号	验收项目	验收内容
4	选择导线	BV-4 mm^2
5	实际接线	按电源→断路器→接触器→热继电器→电动机顺序接线。电动机外壳保护线颜色为黄 / 绿双色

任务二 三相异步电动机单向运行控制回路接线操作

【任务目的】

通过本任务的学习，掌握三相异步电动机单向运行时控制回路的接线方法。

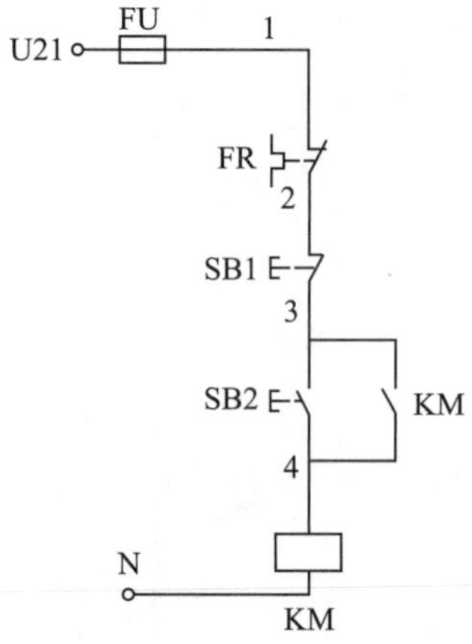

图 2-26 三相异步电动机单向运行控制回路电路原理

【任务准备】

(1) 熔断器(RT18-32,4 A)、接触器(AC 380 V,3 P,30 A,线圈电压 AC 380 V)、热继电器(热元件≥25 A,整定值=22 A)、导线(BVR-1.5 mm^2),以及380 V/11 kW 三相异步电动机等。

(2) 电工工作服。

(3) 操作人员精神集中,思维清晰。

(4) 操作人员熟悉电器的结构及动作原理,熟悉电动机的原理及单向运行时控制回路的接线要求。

(5) 三相异步电动机单向运行控制回路电路原理如图 2-26 所示。

(6) 整体电路参考图 2-24 和图 2-26。

【任务实施】

步骤一 控制回路的元器件选择。选择熔断器,规格为RT18-32,4 A;选择接触器,规格为AC 380 V,3 P,30 A,线圈电压 AC 380 V;选择热继电器,规格为热元件≥25 A,整定值=22 A;选择导线,规格为BVR-1.5 mm^2;选择三相异步电动机,规格为 380 V/11 kW;选择按钮,绿色、红色各 1 只。

步骤二 实际接线。热继电器二次常闭,与接触器线圈串联,如图 2-27 所示。

步骤三 通电检验。接触器能启动、保持、停止,如图 2-28 所示。

图 2-27 接线完成

图 2-28 通电检验

【验收标准】

第 7 项为决定项，通电检验出现错误则实操失败。

序号	验收项目	验收内容
1	选择熔断器	RT18-32，4 A
2	选择接触器	AC 380 V，3 P，30 A，线圈电压 AC 380 V
3	选择热继电器	热元件≥ 25 A，整定值＝ 22 A
4	选择按钮	绿色、红色各 1 只
5	选择导线	BVR-1.5 mm^2
6	实际接线	继电器二次常闭，与接触器线圈串联
7	通电检验	接触器能启动、保持、停止

任务三　三相异步电动机正反转运行主回路接线操作

【任务目的】

通过本任务的学习，掌握三相异步电动机正反转运行时主回路的接线方法。

【任务准备】

（1）断路器（380 V，3 P，16 A）、接触器（AC 380 V，25 A）、热继电器（热元件≥ 16 A，整定值＝ 11 A）、导线（BV-2.5 mm^2），以及 380 V/5.5 kW 三相异步电动机。

（2）电工工作服。

（3）操作人员精神集中，思维清晰。

（4）操作人员熟悉电器的结构及动作原理，熟悉电动机的原理及正反转运行时主回路的接线要求。

（5）三相异步电动机正反转运行主回路电路原理如图 2-29 所示。

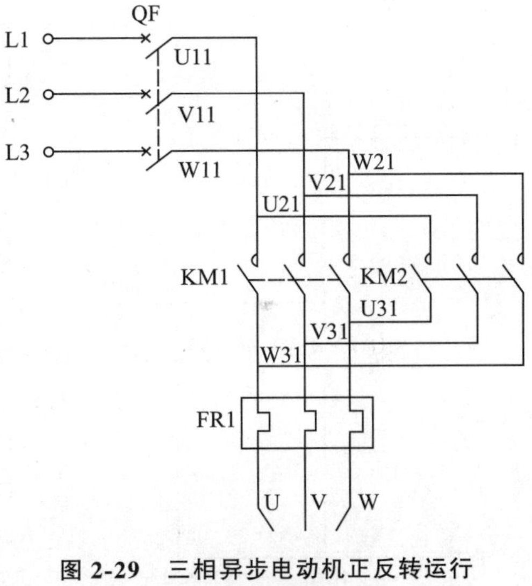

图 2-29　三相异步电动机正反转运行主回路电路原理

【任务实施】

步骤一　选择元器件。选择断路器，规格为 380 V，3 P，6 A；选择接触器，规格为 AC 380 V，25 A；选择热继电器，规格为热元件≥ 16 A，整定值＝ 11 A；选择导线，规格为 BV-2.5 mm^2；选择三相异步电动机，规格为 380 V/5.5 kW。

步骤二　实际接线。接线顺序为电源→断路器→接触器→热继电器→电动机，如图 2-30 所示。电动机外壳保护线的颜色为黄 / 绿双色。

图 2-30　接线完成

【验收标准】

第 1 项为决定项，断路器选错则实操失败。

序号	验收项目	验收内容
1	选择断路器	380 V，3 P，16 A
2	选择导线	BV-2.5 mm^2
3	选择接触器	AC 380 V，25 A
4	选择热继电器	热元件≥ 16 A，整定值＝ 11 A
5	实际接线	按电源→断路器→接触器→热继电器→电动机顺序接线，电动机外壳保护线颜色为黄 / 绿双色。2 台接触器接线能满足正反转运行要求

任务四 ｜ 三相异步电动机正反转运行控制回路接线操作

【任务目的】

通过本任务的学习，掌握三相异步电动机正反转运行时控制回路的接线方法。

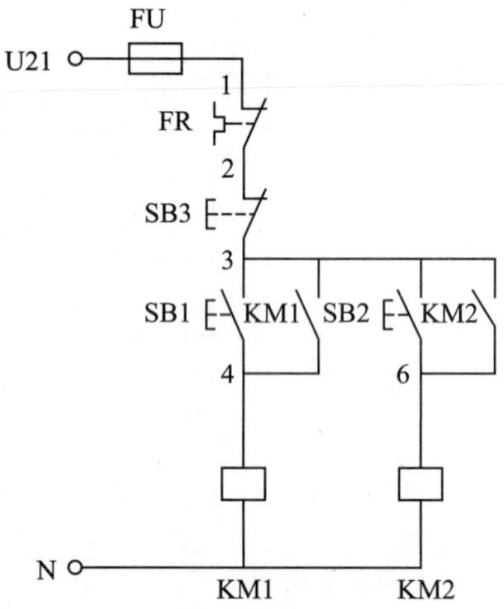

图 2-31 三相异步电动机正反转运行控制回路电路原理

【任务准备】

(1) 熔断器（RT18-32，4 A）、接触器（AC 380 V，25 A，线圈电压 AC 380 V）、热继电器（热元件≥ 16 A，整定值＝ 11 A）、导线（BVR-1.5 mm^2），以及 380 V/5.5 kW 三相异步电动机等。

(2) 电工工作服。

(3) 操作人员精神集中，思维清晰。

(4) 操作人员熟悉电器的结构及动作原理，熟悉电动机的原理及正反转运行时控制回路的接线要求。

(5) 三相异步电动机正反转运行控制回路电路原理如图 2-31 所示。

(6) 整体电路参考图 2-29 和图 2-31。

【任务实施】

步骤一 选择元器件。选择熔断器，规格为 RT18-32，4 A；选择接触器，规格为 AC 380 V，25 A，线圈电压 AC 380 V；选择热继电器，规格为热元件≥ 16 A，整定值＝ 11 A；选择导线，规格为 BVR-1.5 mm^2；选择三相异步电动机，规格为 380 V/5.5 kW；选择按钮，正、反、停各 1 个。

步骤二 实际接线。接线过程中应保证接触器、按钮双重互锁正确，接线完成后应保证接触器正反转运行能启动、保持、停止，如图 2-32、图 2-33 所示。

图 2-32　换线完成

图 2-33　通电检验

【验收标准】

第 7 项为决定项，通电检验出现错误则实操失败。

序号	验收项目	验收内容
1	选择熔断器	RT18-32，4 A
2	选择接触器	AC 380 V，25 A，线圈电压 AC 380 V
3	选择热继电器	热元件≥ 16 A，整定值= 11 A
4	选择按钮	正、反、停各 1 个
5	选择导线	BVR-1.5 mm^2
6	实际接线	接触器、按钮双重互锁正确
7	通电检验	接触器正反转运行能启动、保持、停止

项目二　计量接线

项目描述

在实际的温室控制系统中，计量电路是必不可少的电路，本项目学习 5 种计量电路的相关知识。

项目目标

掌握 5 种计量电路的接线方法，学会电路调试和读数，树立特殊工种必须持证上岗的意识，培养职业精神，为从事相关工作打下基础。

教学方法

项目教学、任务驱动、现场演示、启发引导、分组讨论。

实施地点

智能温室实训室。

设备与工具

常用电工工具与仪表。

学时

4 学时。

【相关知识链接】

一、单相有功电能表

单相有功电能表由电压元件、电流元件、铝盘、转轴、永久磁铁等组成，其外形如图 2-34 所示。

单相有功电能表的接线原理如图 2-35 所示。接线时，电压线圈与电源并联，电流线圈与负载串联，电压线圈与电流线圈的同名端应接电源的同一极性。常用单相有功电能表的型号有 DD862-4、DD862a-4 等。

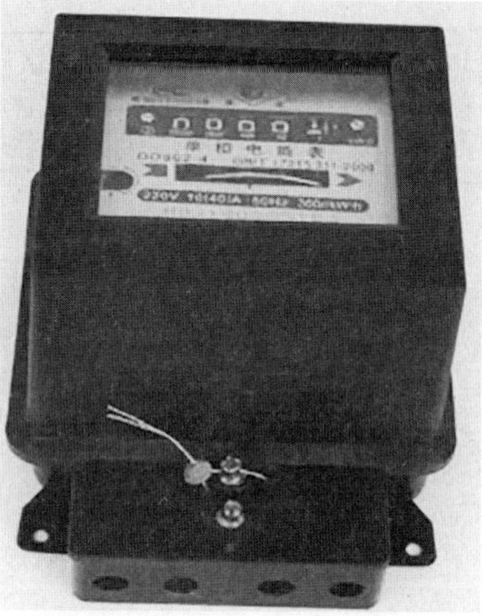

图 2-34　单相有功电能表外形

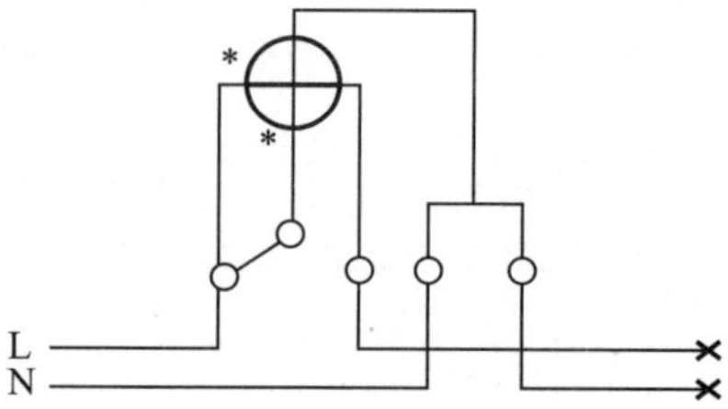

图 2-35　单相有功电能表的接线原理

二、三相有功电能表

三相有功电能表可分为三相三线有功电能表（其外形如图 2-36 所示）和三相四线有功电能表（其外形如图 2-37 所示），分别用来测量三相三线系统和三相四线系统电能。

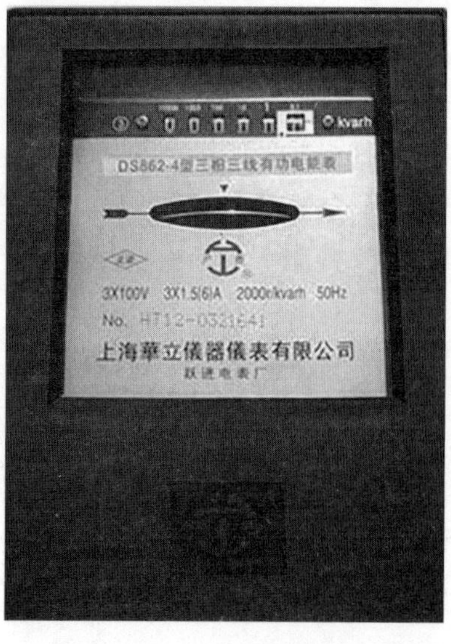

图 2-36　三相三线有功电能表外形

图 2-37　三相四线有功电能表外表

三相四线有功电能表有 3 组测量机构（其中 2 组测量机构共用 1 个铝盘），每组测量机构测量一相电能，可视为 3 个单相有功电能表在一个壳内。三相三线有功电能表有两组测量机构。三相三线有功电能表的接线如图 2-38 所示。三相四线有功电能表的接线如图 2-39。常用三相三线有功电能表的型号有 DS864-2、DS864-4 等，常用三相四线有功电能表的型号有 DT862-2、DT862-4 等。图 2-40 是三相四线有功电能表配电流互感器的接线。

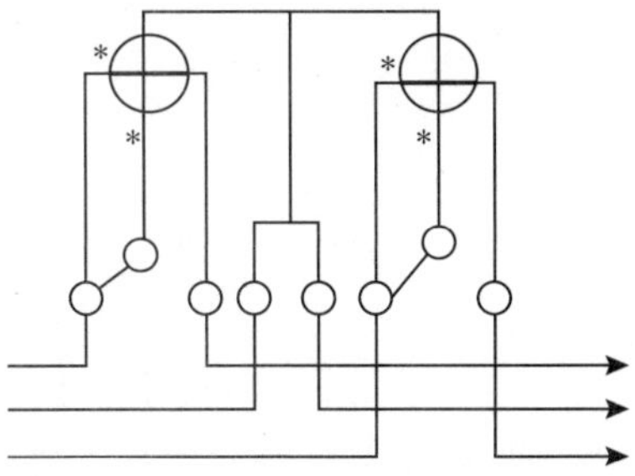

图 2-38　三相三线有功电能表的接线

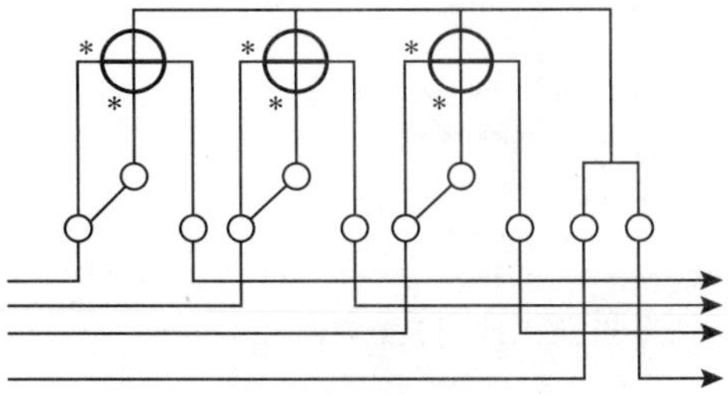

图 2-39　三相四线有功电能表的接线

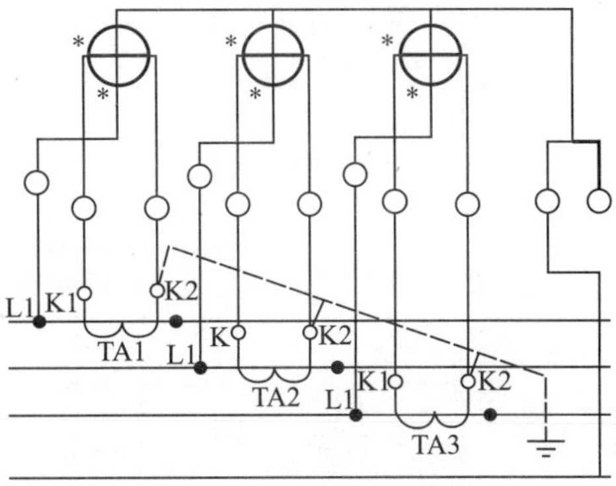

图 2-40　三相四线有功电能表配电流互感器的接线

三、智能电能表

与以往的电能表相比，智能电能表新增了计量信息管理、用电信息管理、电费记账、用电量监控等新功能，其外形如图 2-41 所示。智能电能表与管理中心计算机联网，计算机通过相应的智能电能表管理软件，可对电能表中的信息进行计算、统计、打印、参数设定及断送电等功能控制。如此，供电部门通过网络便可足不出户地对用户进行抄表、断送电等操作，实现高效率、现代化的用电管理。单相智能电能表的接线如图 2-42 所示，三相智能电能表的接线如图 2-43 所示。

图 2-41　智能电能表的外形

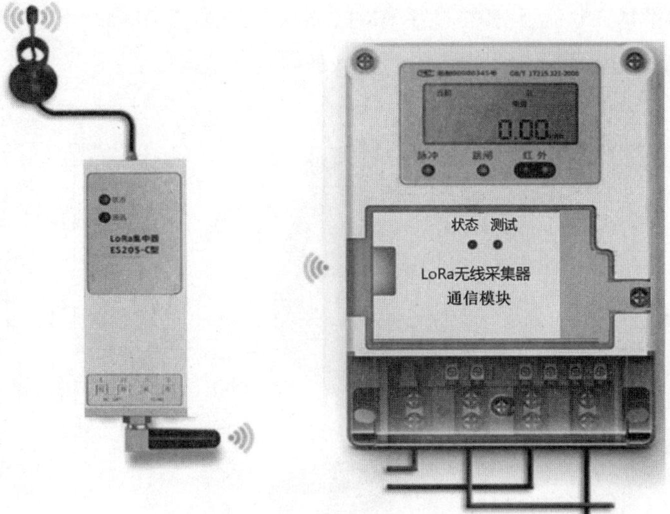

图 2-42　单相智能电能表的接线

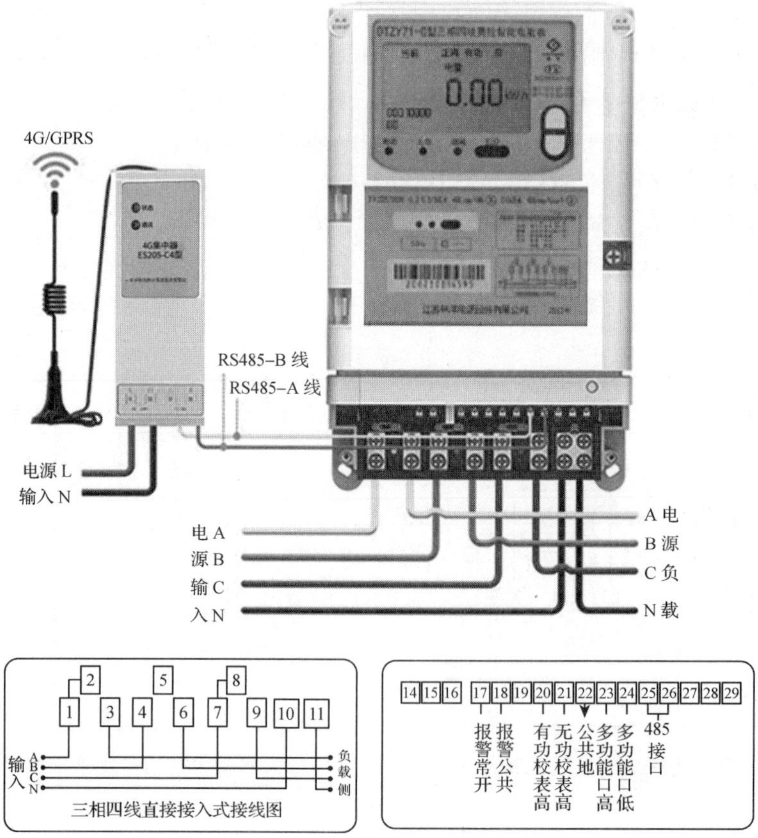

图 2-43　三相智能电能表的接线

四、电流互感器

在发电、变电、输电、配电和用电的电路中，电流大小悬殊，从几安到几万安都有，为便于测量、保护和控制，需要转换为比较统一的电流。另外，电路上的电压一般都比较高，如直接测量会非常危险，电流互感器就起到电流变换和电气隔离的作用。电流互感器是依据电磁感应原理，由闭合的铁心和绕组组成的，它的一次绕组匝数很少，串接在需要测量电流的电路中；二次绕组匝数比较多，串接在测量仪表和保护回路中。电流互感器在工作时，二次回路始终闭合。电流互感器的外形如图 2-44 所示，电流互感器与电流表的组合应用电路如图 2-45 所示。

图 2-44　电流互感器的外形

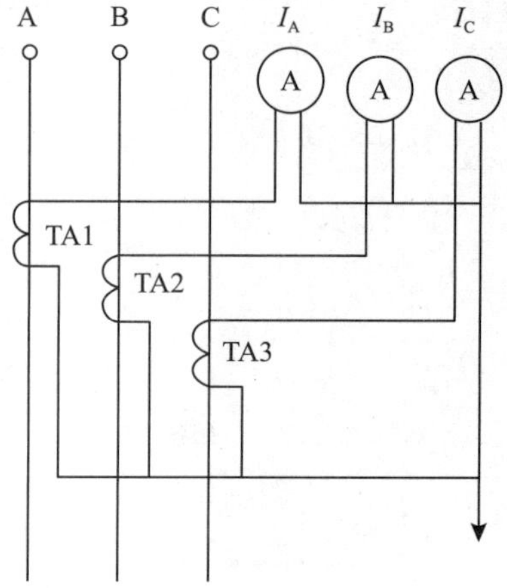

图 2-45　电流互感器与电流表的组合应用电路

任务一 | 补光灯计量接线

【任务目的】

通过本任务的学习，掌握补光灯计量接线方法。

【任务准备】

(1)直入式 220 V 单相有功电能表 1 个，规格为 BV-2.5 mm^2 的导线若干，单相断路器 1 个，220 V/100 W 补光灯 1 个。

(2)工位整洁。

(3)操作人员着装应干净、整洁，不拖沓。

(4)操作人员精神集中，思维清晰，注意力集中。

(5)操作人员熟悉单相有功电能表以及补光灯的安装及接线要求。

(6)补光灯计量接线电路原理如图 2-46 所示。

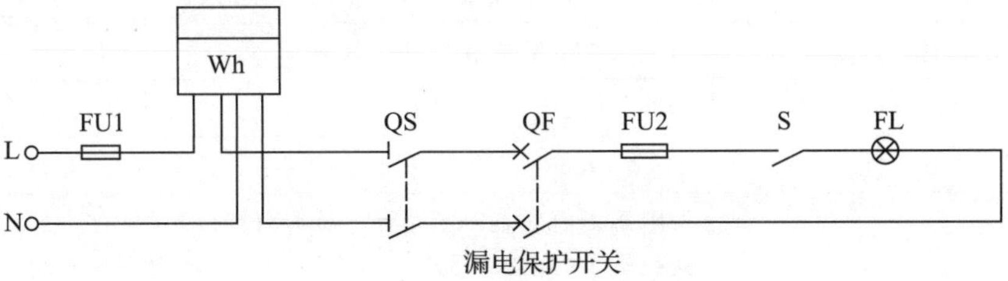

图 2-46 补光灯计量接线电路原理

【任务实施】

步骤一 直入式 220 V 单相有功电能表选好后，应对电能表进行使用前检查，主要检查电能表的外观是否完好、无破损，如图 2-47 所示。然后选择规格为 BV-2.5 mm^2 的导线。

步骤二 实际接线。接线顺序为电源→电能表→断路器→补光灯，且 L、N 进出表应与电能表接线端子的要求一致。接线完成后应确认导线入表处无外露裸线，如图 2-48 所示。

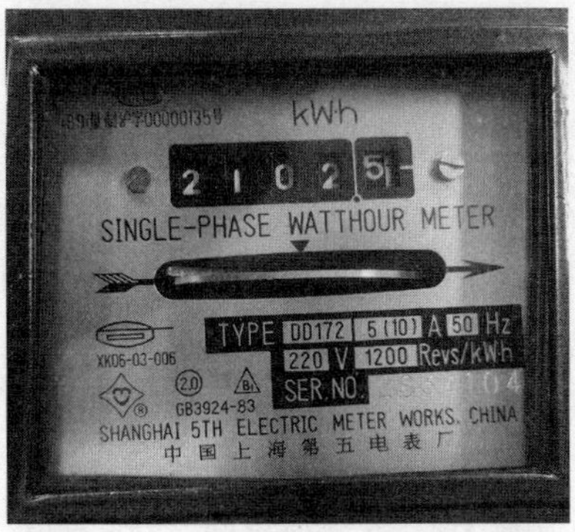

图 2-47 直入式 220 V 单相有功电能表

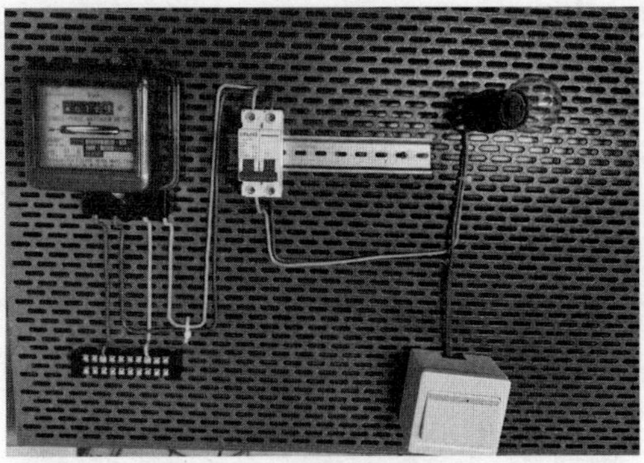

图 2-48 补光灯计量接线

步骤三 通电检验。以铝盘转动正常、灯亮为合格，如图 2-49、图 2-50 所示。

图 2-49　铝盘转动正常

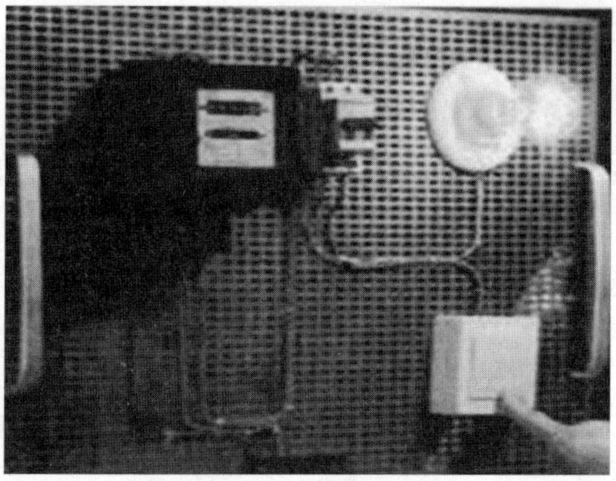

图 2-50　灯亮

【验收标准】

第 1 项为决定项，选表错误则实操失败。

序号	验收项目	验收内容
1	选择表计	直入式 220 V 单相有功电能表
2	查表外观	完好、无破损
3	选择导线	BV-2.5 mm^2
4	实际接线	按电源→电能表→断路器→补光灯顺序接线，且 L、N 进出表应与电能表接线端子的要求一致
5	质量检查	导线入表处无外露裸线
6	通电检验	灯亮，铝盘转动正常

任务二　电动机计量接线

【任务目的】

通过本任务的学习，掌握电动机计量接线方法。

【任务准备】

（1）直入式 380 V 三相三线有功电能表 1 个，规格为 BV-2.5 mm^2 的导线若干，三相三线断路器 1 个，380 V/3.0 kW 电动机 1 台。

（2）工位整洁。

（3）操作人员着装应干净、整洁，不拖沓。

（4）操作人员精神集中，思维清晰，注意力集中。

（5）操作人员熟悉直入式电能表以及电动机的计量接线要求。

（6）电动机计量接线电路原理如图 2-51 所示。

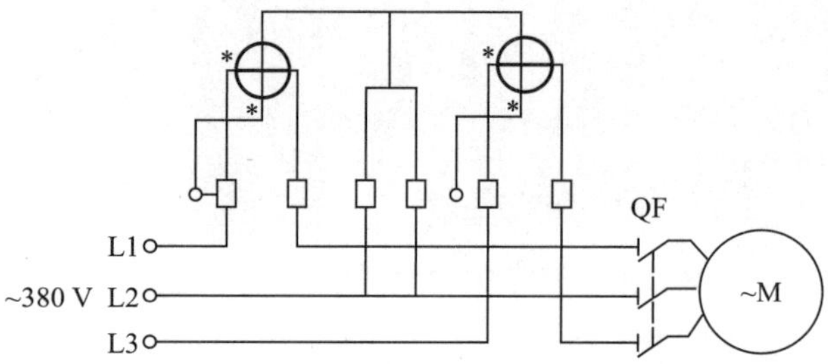

图 2-51　电动机计量接线电路原理

【任务实施】

步骤一　选用直入式 380 V 三相三线有功电能表。表选好后，应对表进行使用前检查，主要检查表的外观是否完好、无破损，如图 2-52 所示。然后选择规格为 BV-2.5 mm^2 的导线。

步骤二　实际接线。接线顺序为电源→电能表→断路器→电动机，且 L1、L2、L3 进出表，应与电能表接线端子图一致，如图 2-53 所示。接线完成后应确认导线入表处无外露裸线，电动机外壳保护线颜色为黄 / 绿双色。

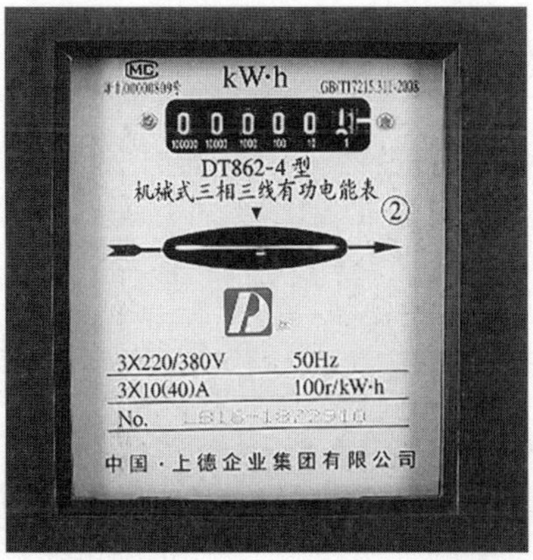

图 2-52　直入式 380 V 三相三线有功电能表

图 2-53　电动机计量接线

步骤三　通电检验。以电动机启动、铝盘转动正常为合格，如图 2-54、图 2-55 所示。

图 2-54　电动机启动

图 2-55　铝盘转动正常

【验收标准】

第 1 项为决定项，选表错误则实操失败。

序号	验收项目	验收内容
1	选择表计	直入式 380 V 三相三线有功电能表
2	查表外观	完好、无破损
3	选择导线	BV-2.5 mm^2
4	实际接线	按电源→电表→断路器→电动机顺序接线，L1、L2、L3 进出表，应与电能表接线端子图一致
5	质量检查	导线入表处无外露裸线，电动机外壳保护线颜色为黄 / 绿双色
6	通电检验	电动机启动，铝盘转动正常

任务三 | 动力和补光混合计量接线

【任务目的】

通过本任务的学习,掌握动力和补光混合计量接线方法。

【任务准备】

(1)直入式 220/380 V 三相四线有功电能表 1 个,规格为 BV-2.5 mm^2 的导线若干,三相四线断路器 1 个,380 V/3.0 kW 电动机 1 台,220 V/100 W 补光灯 1 个。

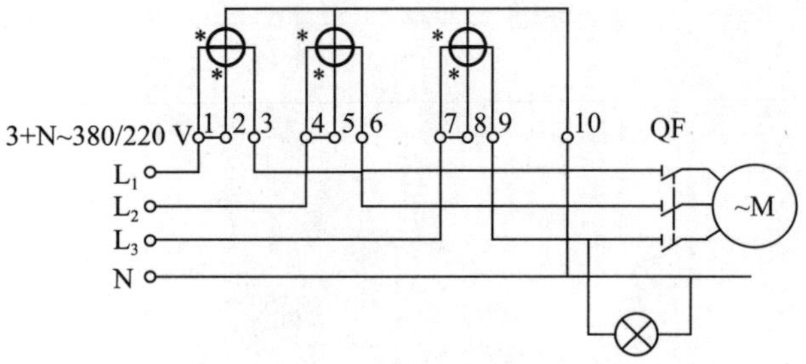

图 2-56 动力和补光混合计量接线电路原理

(2)工位整洁。

(3)操作人员着装应干净、整洁,不拖沓。

(4)操作人员精神集中,思维清晰,注意力集中。

(5)操作人员熟悉直入式电能表以及动力和补光混合计量接线要求。

(6)动力和补光混合计量接线电路原理如图 2-56 所示。

【任务实施】

步骤一 选用直入式 220/380 V 三相四线有功电能表。表选好后,应对表进行使用前检查,主要检查表的外观是否完好、无破损,如图 2-57 所示。然后选择规格为 BV-2.5 mm^2 的导线。

步骤二 实际接线。接线顺序为电源→电能表→断路器→电动机、补光灯,且 L1、L2 L3、N 进出,应与电能表接线端子图一致,如图 2-58 所示。接线完成后,应确认导线入表处无外露裸线,电动机外壳保护线颜色为黄 / 绿双色。

图 2-57 直入式 220/380 V 三相四线有功电能表

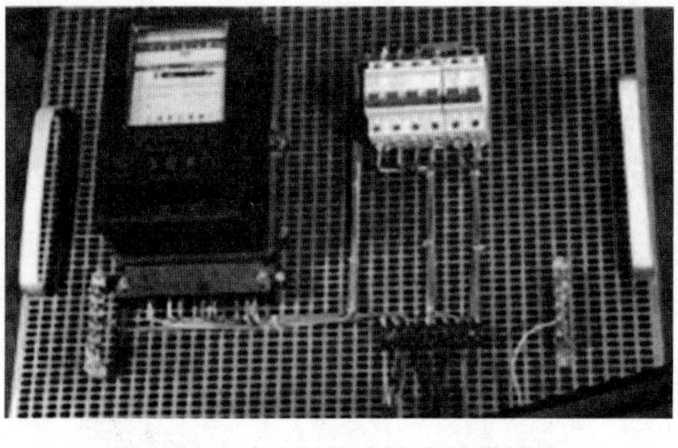

图 2-58 动力和补光混合计量接线

步骤三　通电检验。以电动机启动、补光灯亮、铝盘转动正常为合格,如图 2-59、图 2-60、图 2-61 所示。

图 2-59　电动机启动

图 2-60　补光灯亮

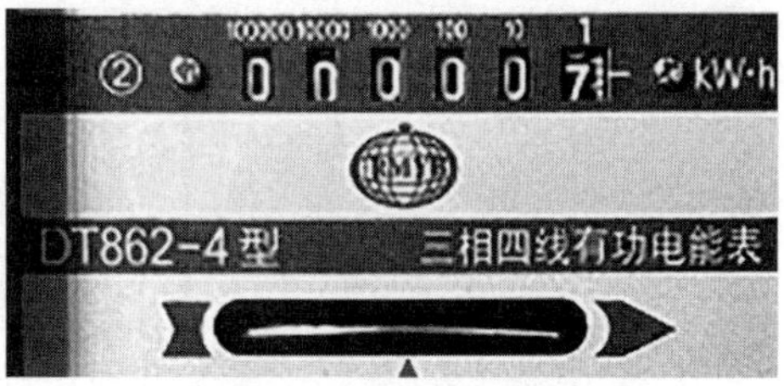

图 2-61　铝盘转动正常

【验收标准】

第 1 项为决定项,选表错误则实操失败。

序号	验收项目	验收内容
1	选择表计	直入式 220/380 V 三相四线有功电能表
2	查表外观	完好、无破损
3	选择导线	BV-2.5 mm^2
4	实际接线	按电源→电表→断路器→电动机、补光灯顺序接线。L1、L2、L3、N 进出表,应与电能表接线端子图一致
5	质量检查	导线入表处无外露裸线,电动机外壳保护线颜色为黄 / 绿双色
6	通电检验	电动机启动,补光灯亮,铝盘转动正常

任务四　|　互感器接入式电能表计量接线

【任务目的】

通过本任务的学习,掌握互感器接入式电能表计量接线方法。

【任务准备】

(1)互感器接入式三相四线电能表 1 个,规格为 BVR-2.5 mm^2 的二次导线若干,变比为 100/5 的互感器 3 个,380 V/30 kW 电动机 1 台,220 V/4 kW 补光灯 1 个。

(2)工位整洁。

(3)操作人员着装应干净、整洁,不拖沓。

(4)操作人员精神集中,思维清晰,注意力集中。

(5)操作人员熟悉互感器接入式电能表计量接线要求。

(6)互感器接入式电能表计量接线电路原理如图 2-62 所示。

【任务实施】

步骤一　选用互感器接入式三相四线电能表,且外观完好、无破损,如图 2-63 所示。然后选择规格为 BVR-2.5 mm^2 的二次导线。

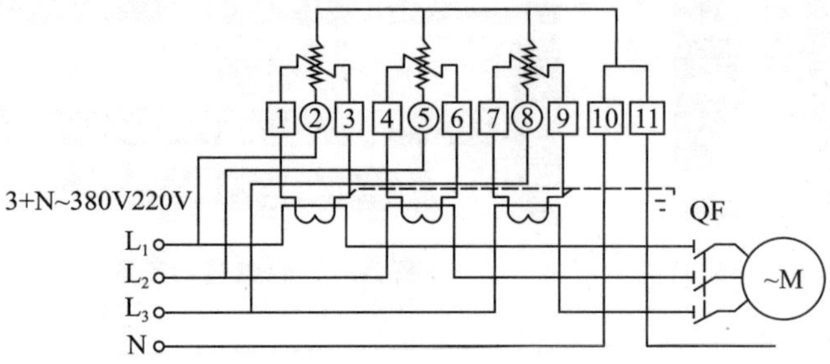

图 2-62　互感器接入式电能表计量接线电路原理

图 2-63　互感器接入式三相四线电能表

步骤二　选用变比为 100/5 的互感器，且外观完好、无破损，如图 2-64 所示。

步骤三　实际接线。互感器 P1、P2 方向安装正确，电源 L1、L2、L3、N 和互感器二次 S1、S2 入表与电能表接线端子图一致，如图 2-65 所示。

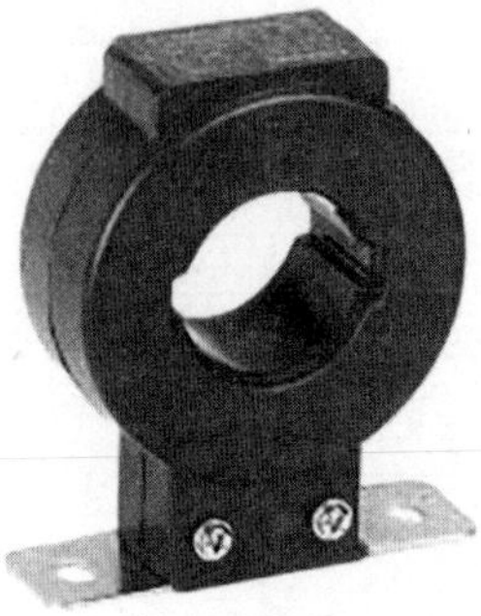

图 2-64　互感器

图 2-65　互感器接入式电能表计量接线

【验收标准】

第 1 项为决定项，选表错误则实操失败。

序号	验收项目	验收内容
1	选择表计	互感器接入式三相四线电能表
2	选择互感器变比	100/5
3	查表外观	完好、无破损
4	选择二次导线	BVR-2.5 mm^2
5	实际接线	互感器 P1、P2 方向安装正确，电源 L1、L2、L3、N 和互感器二次 S1、S2 入表与电能表接线端子图一致
6	质量检查	导线入表处无外露裸线

任务五 | 电动机与三相电流表计量接线

【任务目的】

通过本任务的学习，掌握电动机与三相电流表计量接线方法。

【任务准备】

（1）互感器接入式三相四线电能表 1 个，规格为 BVR-2.5 mm^2 的二次导线若干，变比为 150/5 的互感器、电流表各 3 个，380 V/45 kW 电动机 1 台。

（2）工位整洁。

（3）操作人员着装应干净、整洁，不拖沓。

（4）操作人员精神集中，思维清晰，注意力集中。

（5）操作人员熟悉监测 380 V/45 kW 电动机的三相电流、元件选择及接线要求。

（6）电动机与三相电流表的计量接线电路原理如图 2-66 所示。

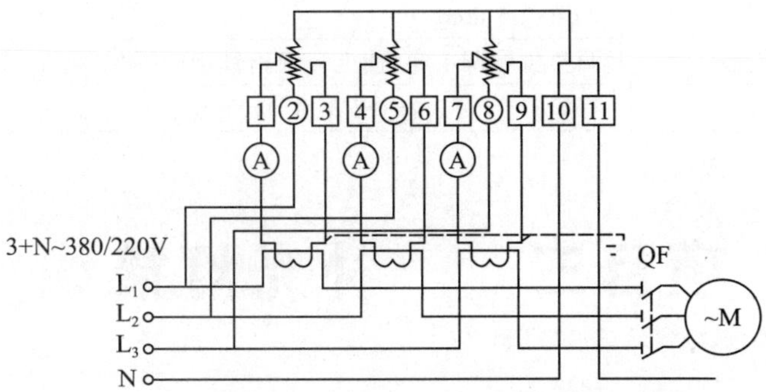

图 2-66 电动机与三相电流表的计量接线电路原理

【任务实施】

步骤一 选择所需元器件，包括变比为 150/5 的互感器（图 2-67）、电流表（图 2-68），规格为 BVR-2.5 mm^2 的二次导线。

图 2-67 变比为 150/5 的互感器

图 2-68 变比为 150/5 的电流表

步骤二 电流表机械调零。调整机械调零钮，使电流表指针指向零位，如图 2-69 所示。

步骤三 实际接线。互感器 P1、P2 方向安装正确，互感器两端子 S1、S2 经电流端子入电流表，如图 2-70 所示。

图 2-69　电流表机械调零

图 2-70　电动机与三相电流表接线

【验收标准】

第 1 项为决定项，互感器变比选错则实操失败。

序号	验收项目	验收内容
1	选择互感器变比	150/5
2	选择电流表变比	150/5
3	选择二次导线	BVR-2.5 mm^2
4	查表针位置	调整机械调零钮，使电流表指针指向零位
5	实际接线	互感器 P1、P2 方向安装正确，互感器两端子 S1、S2 经电流端子入电流表

项目三　补光灯接线

项目描述

在实际的温室控制系统中，补光灯电路是最基本的电路。本项目学习 3 种补光灯电路的相关知识。

项目目标

掌握 3 种电路的接线方法，学会进行电路调试，树立特殊工种必须持证上岗的意识，培养职业精神，为从事相关工作打下基础。

教学方法

项目教学、任务驱动、现场演示、启发引导、分组讨论。

实施地点

智能温室实训室。

设备与工具

常用电工工具与仪表。

学时

4 学时。

【相关知识链接】

一、日光灯的组成

日光灯是应用特别广泛的补光光源，寿命比白炽灯长 2 ～ 3 倍，发光效率比白炽灯高 4 倍。它主要由灯管、镇流器和启辉器等部分组成。

（一）灯管

灯管是一根直径为 15 ～ 40.5 mm 的玻璃管，灯管内壁上涂有荧光粉，灯管两端各有 1 根灯丝，固定在灯管两端的灯脚上。日光灯的工作电压，常用的有交流 50 Hz/110 V 和 50 Hz/220 V 2 种；功率常用的有 4 W、6 W、8 W、15 W、20 W、30 W、40 W、100 W 8 种。直管日光灯管的外形如图 2-71 所示。

图 2-71　直管日光灯管的外形

日光灯管不能单独使用，须与镇流器、启动器等配套使用。不同规格的日光灯管，须搭配相应规格的镇流器和启动器，不能随意混用。

（二）镇流器

镇流器是具有铁心的电感线圈，它有 2 个作用：在启动时与启辉器配合，产生瞬时高压点燃灯管；在工作时利用串联于电路中的高电抗限制灯管电流，延长灯管使用寿命。常用的电子式镇流器外形如图 2-72 所示，常用的电感式镇流器外形如图 2-73 所示。

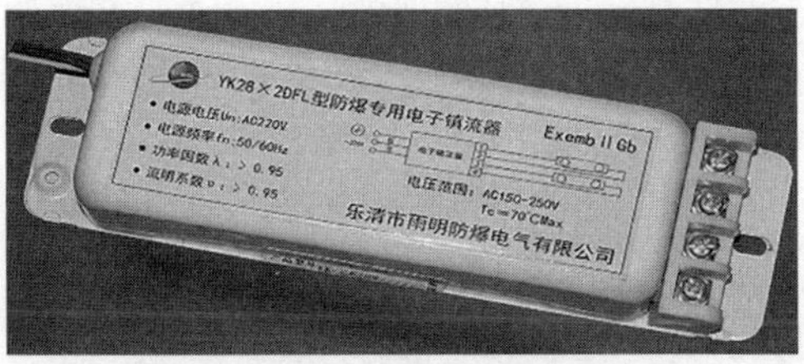

图 2-72　电子式镇流器外形

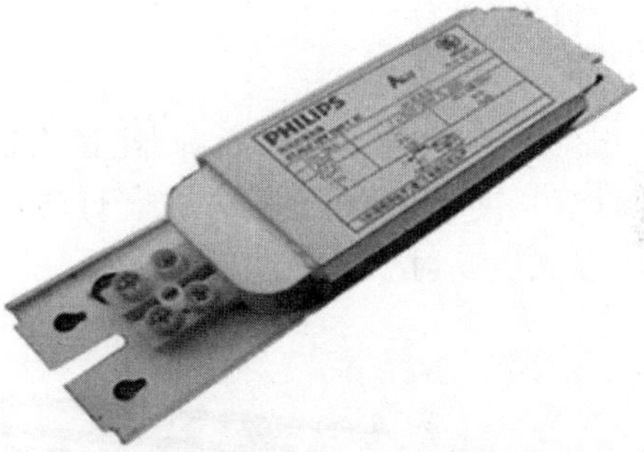

图 2-73　电感式镇流器外形

（三）启辉器

启辉器也称启动器，它的作用是使日光灯电路接通。启辉器外形如图 2-74 所示。启辉器结构与装配如图 2-75 所示。

图 2-74　启辉器外形

（四）灯座

一对绝缘灯座将日光灯管支承在灯架上，再用导线连接成日光灯的完整电路。灯座有开启式和插入式 2 种，如图 2-76 所示。开启式灯座还有大型和小型 2 种，如 6 W 、8 W 、12 W 、13 W 等功率的细灯管用小型灯座，功率在 15 W 以上的灯管用大型灯座。

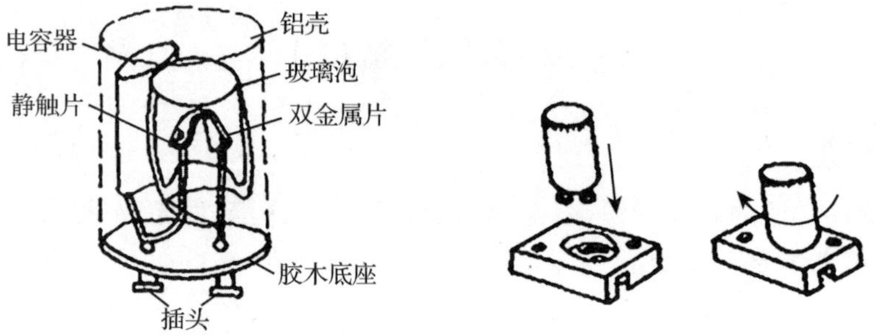

a　　　　b

a. 结构；b. 装配

图 2-75　启辉器结构与装配

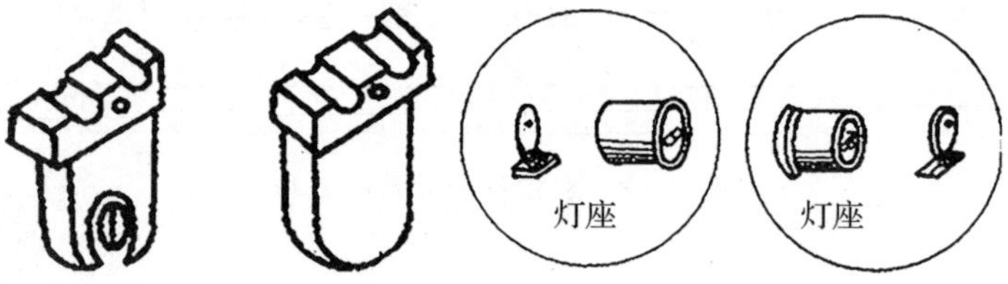

a　　　　b

a. 开启式灯座；b. 插入式灯座

图 2-76　灯座

在灯座上安装灯管时，对于开启式灯座，先将灯管两端的灯脚同时卡入灯座的开缝中，再用手握住灯管两端灯头旋转约 1/4 圈，灯管的 2 个引脚即被弹簧片卡紧使电路接通；对于插入式灯座，先将灯管一端的灯脚插入带弹簧的灯座，稍用力使弹簧灯座活动部分向外退出一小段距离，另一端趁势插入不带弹簧的灯座中。

（五）灯架

灯架是用来装置灯座、灯管、启辉器、镇流器等日光灯零部件的，有木制、铁皮制、铝皮制等几种，其规格应配合灯管长度、数量和光照方向。灯架长度应比灯管稍长，如图 2-77 所示，反光面应涂白色或银色油漆，以增强光线反射。

图 2-77　日光灯架

二、日光灯电路的检修

与白炽灯相比，日光灯线路较为复杂，使用中出现的故障次数也相应较多。下面根据日光灯的故障现象，分析其产生原因与检修方法。

（一）接通电源，灯管完全不发光

(1) 日光灯供电电路开路或附件接触不良时，首先检查各接线端接线是否牢固。然后，若电路有电，在接通开关后，用测电笔检查灯管接线桩，正常时，一边接线桩带电，另一边接线桩无电。如果 2 个接线桩都无电，就是火线开路，应检查开关、熔断器等的进、出线桩头是否有电，从而判断它们是否接触不良或熔丝熔断。若开关、熔断器正常，应在电路上检查开路点，首先怀疑的是电路接头处，应从灯管接线桩起逆着电流方向逐点解开接头处的绝缘带，如果查第 1 点无电，第 2 点有电，那么开路点必定在有电点与无电点之间。

另外，可在日光灯进线端接一灯泡，如果测电笔测出灯头 2 个接线桩上都有电，是灯头前面的零线开路，仍用测电笔沿着电路逆着电流方向逐点检查，其故障点仍在有电点与无电点之间，那么导致电路开路、故障的原因可能是：小截面导线被老鼠咬断；受外力撞击、勾拉造成机械断裂；绝缘导线受张力和多次拆弯使芯线断裂（有时绝缘皮未断）；电流过大被烧断；活动部位连接线因机械疲劳、压接螺钉松动或用力过量而断裂等。

(2) 启辉器损坏或启辉器与底座接触不良时，拔下启辉器，用短路导线接通启辉器底座的 2 个触头，如果这时灯管两端发红，取掉短路导线时，灯管即启辉（有时 1 次不行，需要几次），则可证明是启辉器损坏或与底座接触不良。这时可以检查启辉器与底座接触部分是否有较厚的氧化层、脏物或接触点弹簧片弹性不足。如果接触不良故障消除后，灯管仍不亮，则说明是启辉器损坏，需更换。

(3) 对于新装的日光灯，可能是接线错误，应对照电路图，仔细检查，若是接线错误，应改正。

(4) 灯丝断开或灯管漏气时，判断灯丝是否断开。可取下灯管，用万用表电阻挡分别检测两端灯丝，若指针不动，表明灯丝已断。如果灯管漏气，刚通电时管内就产生白雾，灯丝也会被立即烧断。

(5) 灯脚与灯座接触不良时，轻微扭动灯管，改变灯脚与灯座的接触状况，看灯光是否变化。否则取下灯管，除去灯脚与灯座接触面上的氧化物，然后再次插入通电试用。

(6) 镇流器内部线圈开路，接头松脱或与灯管不配套，可用 1 个在其他日光灯上能正常工作而又与该灯管配套的镇流器代替，如灯管正常工作，则证明镇流器有问题，应更换。

(7) 电源电压太低或电路压降太大时，可用万用表交流电压挡检查日光灯电源电压。如有条件时，可更换截面较大的导线或在电路上串联交流稳压器等。

（二）灯管两头发红但不能启辉

(1) 对于启辉器中纸介电容击穿或氖泡内动、静触片粘连这几种情况，均可用万用表 $R\times1\ \text{k}\Omega$ 挡检查启辉器 2 个接线引脚。若表针偏到 0 Ω，则是纸介电容击穿或氖泡内动、静触片粘连。后者可用肉眼直接判断后更换启辉器。若是纸介电容击穿，可将其剪除，启辉器仍可暂时使用。

(2) 电源电压太低或电路压降太大，可参照（一）中第 7 项进行处理。

(3) 气温太低，可给灯管加罩，不让冷风直吹灯管，必要时用热毛巾捂住灯管热敷，待灯管启辉后再拿开。

(4) 灯管陈旧，灯丝发射物质将尽时，灯管两端明显发黑，应更换灯管。

（三）启辉困难，灯管两端不断闪烁，中间不启辉

(1) 启辉器不配套时，应调换与灯管配套的启辉器。

(2) 电源电压太低时，可参照（一）中第 7 项进行处理。

(3) 环境温度太低时，参照（二）中第 3 项进行处理。

(4) 镇流器与灯管不配套，启辉电流较小时，应换用配套镇流器。

(5) 灯管陈旧，应换新灯管。

（四）灯管发光后立即熄灭

(1) 接线错误，烧断灯丝，应检查电路，改进接线，更换灯管。

(2) 镇流器内部短路，使灯管两端电压太高，将灯丝烧断，用万用表相应电阻挡或用电桥检测镇流器冷态直流电阻，如果电阻明显小于正常值，则有短路故障，应更换镇流器。

（五）灯管两头发黑或有黑斑

(1) 启辉器内纸介电容击穿或氖泡内动、静触片粘连，会使灯丝长期通过较大电流，导致灯丝发射物质加速蒸发并附着于管壁，应更换启辉器。

(2)灯管内水银凝结,这种现象在启辉后会自行蒸发消失。必要时可将灯管旋转 180° 使用,有可能改善使用效果。

(3)启辉器性能不好或与底座接触不良,会引起灯管长时间闪烁、加速灯丝发射物质蒸发,应更换启辉器或检修启辉器底座。

(4)镇流器不配套,用万用表检查灯管工作电压是否正常,若不正常,可认为镇流器不配套,应换上配套的镇流器。

(5)电路电压过高,加速灯丝发射物质蒸发,用万用表检查电路电压,若过高,则采用降压措施解决,如用交流稳压器等。

(6)灯管使用时间过长,两头发黑,这时应更换灯管。

(六)灯管亮度变低或色彩变差

(1)气温低会影响灯管内部水银气化、降低弧光放电能力,应加防护罩回避冷风。

(2)电源电压太低或电路电压损失较大时,参照(一)中第 7 项进行处理。

(3)灯管上积垢太多,应清洁灯管。

(4)灯管陈旧,发光性能下降,无法使用时应更换灯管。

(5)镇流器不配套或有故障,使电路工作电流太小,可换上与灯管配套的能正常工作的镇流器对比检查,如是镇流器问题,应更换镇流器。

(七)启辉后灯光在管内旋转

(1)新灯管的暂时现象,启动几次后即可消除。

(2)镇流器不配套,使电路工作电流偏大,可更换配套镇流器重试。

(3)灯管质量不好,应更换灯管。

(八)灯光闪烁

(1)新灯管暂时现象,启动几次后即可消除。

(2)启辉器损坏,氖泡内动,静触片不断交替通、断而引起闪烁,应更换启辉器。

(3)电路连接点接触不良,时通时断。检查电路,加固各连接点。

(4)电路故障,灯丝有一端因电路短路不发光,将灯管从灯座中取出,两端对调后重新插入灯座,若原来不发光的一端仍不发光,则能判断是灯丝断开;若原来发光的一端调过来就不发光了,则是后来不发光的一端所接电路短路,应检查电路,排除短路故障。

(九)灯管启辉后有嗡声和杂声

(1)镇流器硅钢片未插紧,如手边有同样规格的硅钢片,可将其插紧。但镇流器内部多用沥青或绝缘漆等封固,铁心拆卸相当困难,通常只能换新的镇流器。

(2)电源电压太高,可参照(五)中第 5 项进行处理。

(3)镇流器过载或内部短路,应检查镇流器过载的原因并排除故障。若镇流器内部短路应更换,是否短路仍可用万用表测线圈冷态直流电阻判断。

(4)启辉器不良,不断交替通、断引起杂声,应更换启辉器。

(5)镇流器温升过高,检查镇流器温升过高的原因,若是镇流器故障,应更换;若是电路故障,应检修。

(十)镇流器过热

(1)灯架内温度过高,应设法改善通风条件。

(2)电源电压过高或镇流器质量不好(内部匝间短路等),若是电源电压过高,有条件时可降低电源电压;若是镇流器质量不好,应更换镇流器。

(3)灯管闪烁时间或连续通电时间过长,按此前所述有关内容排除引起闪烁的故障,适当缩短每次灯管使用时间。

(十一)灯管寿命短

(1)镇流器不配套或质量差,会使灯管工作电压偏高。灯管工作电压可用万用表交流电压挡检查,若偏高,应更换镇流器。

(2)开关次数太多或启辉器故障引起长时间闪烁,可减少开关次数,若是启辉器故障,应更换。

(3)新装日光灯可能因接线错误,通电不久就使灯丝被烧断,应细心检查灯管接线情况,在确认接线完全正确后再换新灯管。

(4)灯管受强烈震动,可能会将灯丝震断,消除震动因素后再换新灯管。

(十二)断开电源,灯管仍发微光

(1)荧光粉有余辉的特性,短时有微光属正常现象。

(2)开关接在零线上,关断后灯丝仍与火线相连,可将开关改接至火线。

任务一　电子式单管日光灯的接线

【任务目的】

通过本任务的学习,掌握电子式单管日光灯的接线方法。

【任务准备】

(1)36 W 电子式单管镇流器若干,36 W 电子式单管日光灯若干,规格为 BV-1.5 mm^2 的导线若干,断路器(2 P,6 ～ 10 A)若干。

(2)工位整洁。

(3)操作人员着装应干净、整洁,不拖沓。

(4)操作人员精神集中,思维清晰,注意力集中。

(5)操作人员熟悉 36 W 电子式单管日光灯的接线要求。

(6)电子式单管日光灯电路原理如图 2-78 所示。

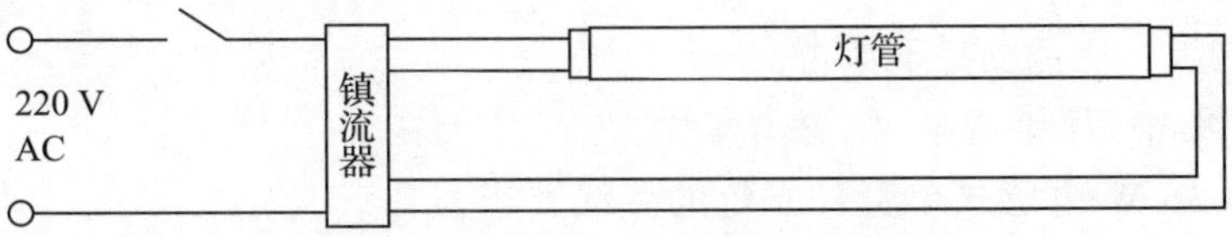

图 2-78　电子式单管日光灯电路原理

【任务实施】

步骤一　选择元件。选择 36 W 电子式单管镇流器、36 W 电子式单管日光灯断路器(2 P,6 ～ 10 A)、规格为 BV-1.5 mm^2 的导线。

步骤二　实际接线。镇流器进出接线应与镇流器接线要求一致,如图 2-79 所示。

步骤三 连接完毕后，应做到灯亮，无异常，如图 2-80 所示。

图 2-79 接线完成

图 2-80 灯亮，无异常

【验收标准】

第 5 项为决定项，镇流器进出线接错则实操失败。

序号	验收项目	验收内容
1	选择镇流器	36 W 电子式单管
2	选择灯具	36 W 电子式单管
3	选择导线	BV-1.5 mm^2
4	选择断路器	2 P，6 ～ 10 A
5	实际接线	镇流器进出接线应与镇流器接线要求一致
6	通电试灯	灯亮，无异常

任务二 | 电感式单管日光灯的接线

【任务目的】

通过本任务的学习，掌握电感式单管日光灯的接线方法。

【任务准备】

(1)36 W 电感式单管镇流器若干，36 W 电感式单管日光灯若干，规格为 BV-1.5 mm^2 的导线若干，断路器(2 P，6 ～ 10 A)若干。

(2)工位整洁。

(3)操作人员着装应干净、整洁，不拖沓。

(4)操作人员精神集中，思维清晰，注意力集中。

(5)操作人员熟悉 36 W 电感式单管日光灯的接线要求。

(6)电感式单管日光灯电路原理如图 2-81 所示。

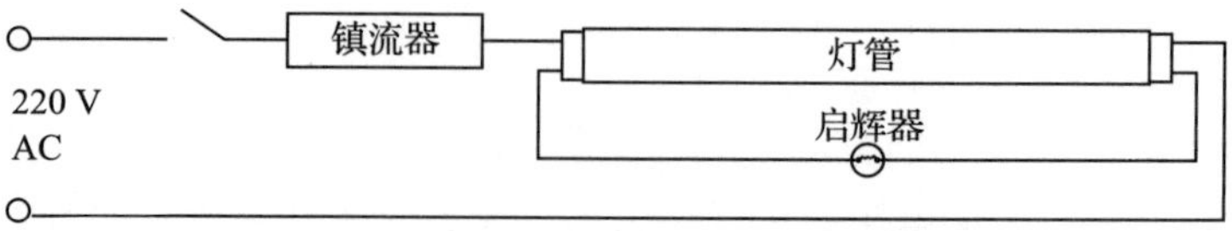

图 2-81 电感式单管日光灯电路原理

【任务实施】

步骤一　选择元件。选择 36 W 电感式单管镇流器、36 W 电感式单管日光灯、规格为 BV-1.5 mm^2 的导线、规格为 2 P、6 ～ 10 A 的断路器。

步骤二　实际接线。镇流器进出线应与镇流器接线要求一致，如图 2-82 所示。

步骤三　连接完毕后，应做到灯亮，无异常，如图 2-83 所示。

图 2-82　接线完成

图 2-83　灯亮，无异常

【验收标准】

第 5 项为决定项，相线未进镇流器则实操失败。

序号	验收项目	验收内容
1	选择镇流器	36 W 电感式单管
2	选择灯具	36 W 电感式单管
3	选择导线	BV-1.5 mm^2
4	选择断路器	2 P，6 ～ 10 A
5	实际接线	镇流器进出接线应与镇流器接线要求一致
6	通电试灯	灯亮，无异常

任务三　线吊式螺口照明灯的接线

【任务目的】

通过本任务的学习，掌握线吊式螺口照明灯的接线方法。

【任务准备】

(1)螺口吊灯座若干，220 V、18 W 线吊式螺口照明灯若干，RVV-2 芯 *1 mm^2 导线若干，断路器(2 P，6 ～ 10 A)若干。

(2)工位整洁。

(3)操作人员着装应干净、整洁，不拖沓。

(4)操作人员精神集中，思维清晰，注意力集中。

(5)操作人员熟悉线吊式螺口照明灯的接线要求。

【任务实施】

步骤一　元件选择。选择螺口吊灯座，220 V、18 W 线吊式螺口照明灯，规格为 RVV-2 芯 *1 mm^2

的导线，规格为 2 P、6 ～ 10 A 的断路器。

步骤二 实际接线。相线接灯座中心触点的端子，中性线接灯座螺纹的端子，灯座内结“电工扣”，如图 2-84、图 2-85 所示。

步骤三 连接完毕后，应做到灯亮，无异常，如图 2-86 所示。

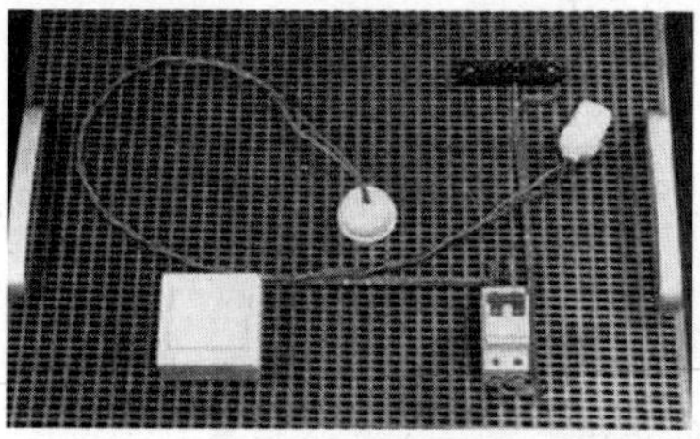

图 2-84 接线完成

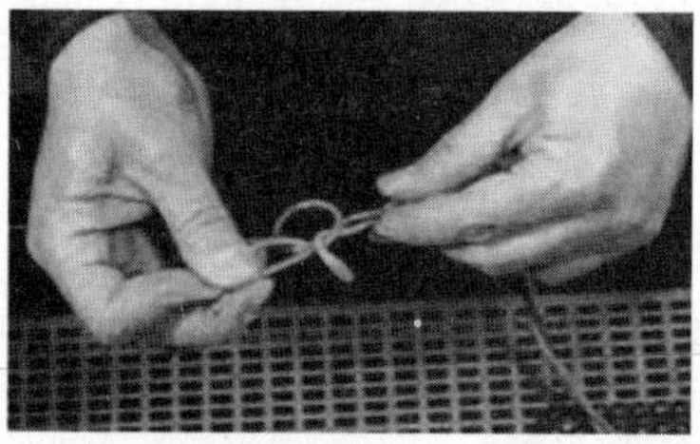

图 2-85 电工扣

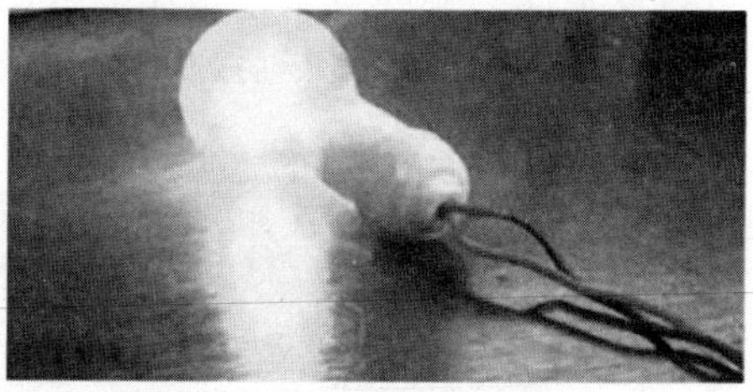

图 2-86 灯亮，无异常

【验收标准】

第 4 项为决定项，相线接灯座螺纹处则实际操作失败。

序号	验收项目	验收内容
1	选择灯座	螺口吊灯座
2	选择导线	RVV-2 芯 *1 mm^2
3	选择断路器	2 P，6 ～ 10 A
4	实际接线	相线接灯座中心触点的端子，中性线接灯座螺纹的端子，灯座内结“电工扣”
5	通电试灯	灯亮，无异常

项目四 漏电断路器配插座接线

项目描述

在实际的温室控制系统中，漏电断路器配插座接线是最基本的接线。本项目学习漏电断路器配插座接线的相关知识。

项目目标

掌握 2 种电路的接线方法，学会电路调试，树立特殊工种必须持证上岗的意识，培养职业精神，为从事相关工作打下基础。

教学方法

项目教学、任务驱动、现场演示、启发引导、分组讨论。

实施地点

智能温室实训室。

设备与工具

常用电工工具与仪表。

学时

2 学时。

【相关知识链接】

一、插座的类型

插座有单相 2 孔、3 孔式和三相 4 孔式;有一位式(1 个面板 1 只插座)和多位式(1 个面板 2 ～ 3 只插座);有圆孔、扁孔、圆孔和扁孔通用式;有普通型、防溅型等。常用的明装插座外形如图 2-87 所示,常用的暗装插座外形如图 2-88 所示。

图 2-87 常用的明装插座外形

图 2-88 常用的暗装插座外形

二、插座的选择

室内供电一般为 220 V 单相电源,应选择电压规格为 250 V 的插座。插座的额定电流一般按 2 倍负载(用电器)电流选择,以避免使用时间长后插座和插头过热损坏,甚至短路。

目前,电器用的插头大多是单相 2 极扁插头和单相 3 极扁插头,因此相应的有单相 2 孔扁插座和单相 3 孔扁插座。2 孔插座不带接地接线柱,用于不需要保护接地的电器;3 孔插座带接地接线柱,用于需要保护接地的电器。实行保护接地系统的楼房,对于电冰箱、消毒柜、微波炉、洗衣机、空调、电风扇等电器,应选用 3 孔插座,以保证用电安全;对于电视机、计算机、音响、灯具、排气扇等不需要保护接地的电器,选用 2 孔插座即可。

在电器较多的室内,可选用多联插座,以满足不同电器的需要。对安全性要求较高的场所,如儿童经常活动的场所,可选用带有保护门的安全插座,以防儿童用铁丝等金属物插入插孔而触电。卫生间最好选用有盖板的防溅插座。有火灾、爆炸危险的场所,不得选用普通插座。

对于需要调压的电器,可选用调压插座。使用时,只要旋转调压插座面板上的旋钮,即可连续改变电压,从而达到吊扇调速、电灯调光等目的。

三、插座安装的一般原则

(1)普通插座应安装在干燥、无尘的地方,且插座安装应牢固、可靠。

(2)插座应正确接线,单相 2 孔插座为面对插座的右极接电源火线(L),左极接电源零线(N);单相

3 孔及三相 4 孔插座的保护接地（接零）极均应接在上方（E），如图 2-89 所示。

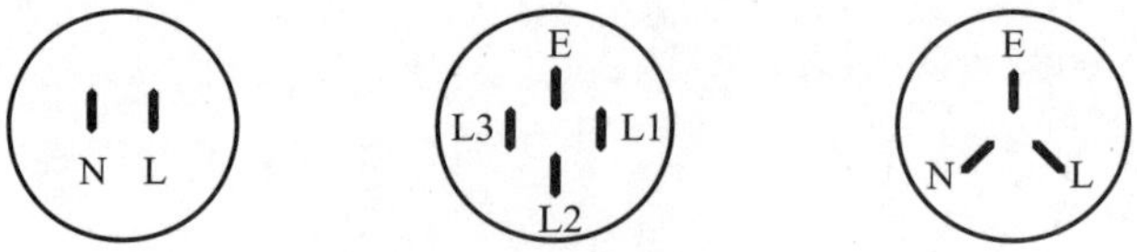

图 2-89　插座的接线方式

（3）当接插有触电危险电器的电源时，应选用能断开电源的带开关插座，开关可断开火线。

（4）潮湿场所应选用密封型并带保护地线触头的保护型插座，其安装高度不低于 1.5 m。

（5）当不选用安全型插座时，托儿所、幼儿园及小学等儿童活动场所的插座安装高度应不低于 1.8 m。

（6）车间及实验室的插座距地面应不小于 0.3 m，特殊场所的暗装插座距地面应不小于 0.15 m，同一室内插座安装高度应一致。

（7）暗装插座的面板应紧贴墙面，四周无缝隙，安装牢固，表面光滑、整洁，无碎裂、划伤，装饰帽齐全。地插座面板与地面应齐平或紧贴地面，盖板应牢固固定且密封良好。

任务一　漏电断路器配 3 孔插座的接线

【任务目的】

通过本任务的学习，掌握漏电断路器配 3 孔插座的接线方法。

【任务准备】

（1）规格为 230 V、16 A、30 mA/0.1s 的漏电断路器若干，规格为 BV-2.5 mm^2 的导线若干，规格为 220 V、3 孔、16 A 的插座若干。

（2）工位整洁。

（3）操作人员着装应干净、整洁，不拖沓。

（4）操作人员精神集中，思维清晰，注意力集中。

（5）操作人员熟悉漏电断路器配 3 孔插座控制 220 V、1.9 kW 落地式空调机的接线要求。

【任务实施】

步骤一　选用规格为 230 V、16 A、30 mA/0.1 s 的漏电断路器，如图 2-90 所示。选用规格为 BV-2.5 mm^2 的导线，规格为 220 V、3 孔、16 A 的插座。

步骤二　实际接线。正视插座面板，按左 N、右 L、上 PE 接线，且 PE 线颜色为黄 / 绿双色，如图 2-91、图 2-92 所示。

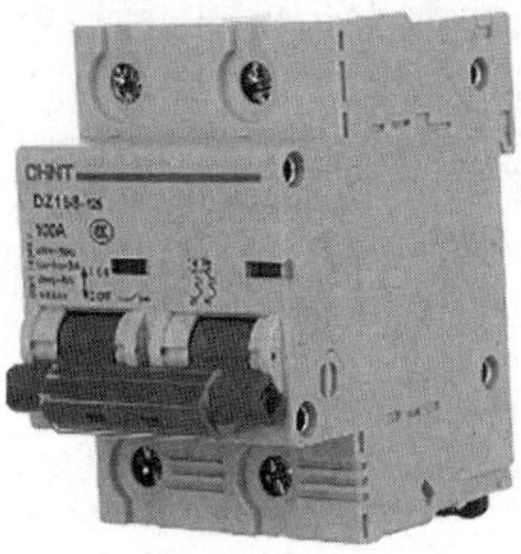

图 2-90　漏电断路器

图 2-91　接线完成

图 2-92　PE 线

【验收标准】

第 4 项为决定项,L、N、PE 任一接错则实操失败。

序号	验收项目	验收内容
1	选择断路器	230 V、16 A、30 mA/0.1 s
2	选择导线	BV-2.5 mm^2
3	选择插座	220 V、3 孔、16 A
4	实际接线	正视插座面板,按左 N、右 L、上 PE 接线,且 PE 线颜色为黄/绿双色

任务二 | 漏电断路器配 4 孔插座的接线

【任务目的】

通过本任务的学习,掌握漏电断路器配 4 孔插座的接线方法。

【任务准备】

(1)规格为 380 V、16 A、30 mA/0.1 s、三极三线的漏电断路器若干,规格为 BV-2.5 mm^2 的导线若干,规格为 380 V、4 孔、16 A 的插座若干。

(2)工位整洁。

(3)操作人员着装应干净、整洁。不拖沓。

(4)操作人员精神集中,思维清晰,注意力集中。

(5)操作人员熟悉漏电断路器配 4 孔插座控制 380 V、3.0 kW 水泵电动机的接线要求。

【任务实施】

步骤一 选用漏电断路器,规格为三极三线、380 V、16 A、30 mA/0.1 s,如图 2-93 所示。选用导线,规格为 BV-2.5 mm^2。选用插座,规格为 380 V、4 孔、16 A,如图 2-94 所示。

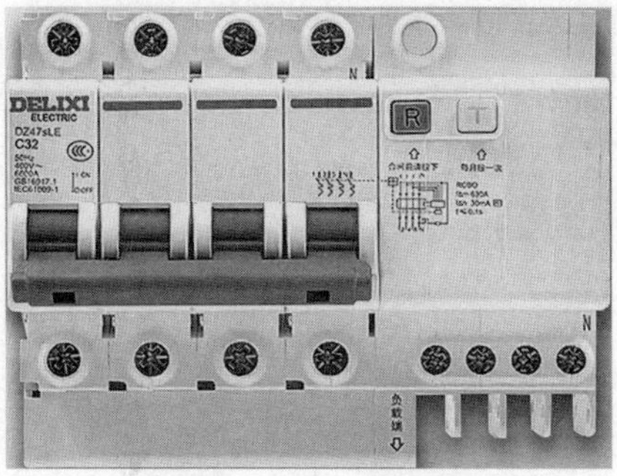

图 2-93 漏电断路器

图 2-94 4 孔插座

步骤二 实际接线。U、V、W、PE 线接入插座相别正确,PE 线颜色为黄/绿双色线,如图 2-95 所示。

步骤三 接线完成后,应做到漏电断路器合跳正常,如图 2-96 所示。

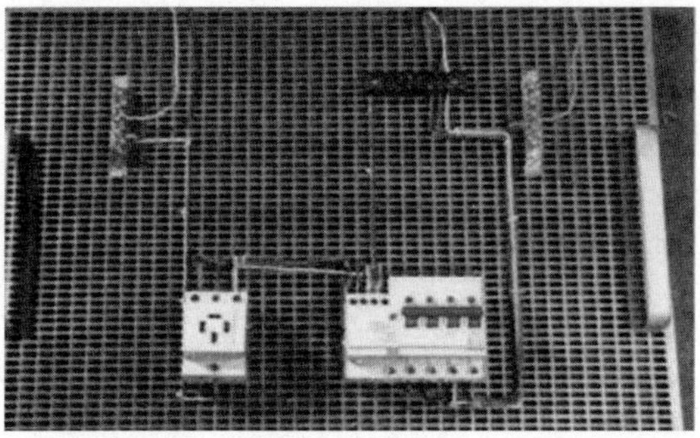

图 2-95　接线完成

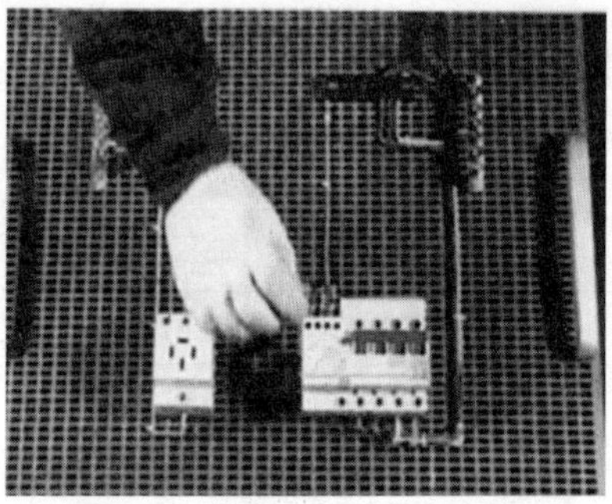

图 2-96　漏电断路器合跳正常

【验收标准】

第 1 项为决定项，漏电断路器选错则实操失败。

序号	验收项目	验收内容
1	选择断路器	380 V、16 A、30 mA/0.1 s、三极三线
2	选择导线	BV-2.5 mm^2
3	选择插座	380 V、4 孔、16 A
4	实际接线	U、V、W、PE 线接入插座相别正确；PE 线颜色为黄/绿双色
5	通电检验	漏电断路器合跳正常

项目五　运行电路停电检修

项目描述

在实际的温室控制系统中，经常会进行运行电路的停电检修。本项目学习运行电路停电检修的相关知识。

项目目标

掌握 2 种电路的停电检修方法，树立特殊工种必须持证上岗的意识，培养职业精神，为从事相关工作打下基础。

教学方法

项目教学、任务驱动、现场演示、启发引导、分组讨论。

实施地点

智能温室实训室。

设备与工具

常用电工工具与仪表。

学时

1 学时。

【相关知识链接】

接地装置,也称接地线,它是把电气设备或其他物件和地之间构成电气连接的设备。接地装置由接地极(板)、接地母线(户内、户外)、接地引下线(接地跨接线)、构架接地组成。一般情况下,接地线要接在外壳上,以防电器因内部绝缘破坏、外壳带电而引起触电事故。接地线的符号是PE,可分为供电地线、电路地线2种。按我国现行标准,接地线是黄、绿相间的导线。图2-97为户外接地。

图2-97　户外接地

任务　运行电路停电检修的操作

【任务目的】

通过本任务的学习,掌握运行电路停电检修的操作方法。

【任务准备】

(1)临时接地线若干,绝缘手套、安全帽、绝缘鞋若干,验电器若干,安全标示牌若干。
(2)全套运行电路或模拟场景。
(3)操作人员穿戴防护装备。
(4)操作人员精神集中,思维清晰,注意力集中。
(5)操作人员熟悉低压电气设备维护与检修技能。

【任务实施】

步骤一　准备接地线,并确保外观完好、无破损,如图2-98所示。做好安全防护,即戴好绝缘手套、安全帽,穿好绝缘鞋。

步骤二　将被检修的电气设备停电,即断开与检修电路相关的电源,如图2-99所示。

步骤三　对被检修设备进行验电,在拟挂接地线的部位逐相进行,确定其无电压,如图2-100所示。验电时,必须使用合格的验电笔。先在带电部位验电,证明验电笔有效。

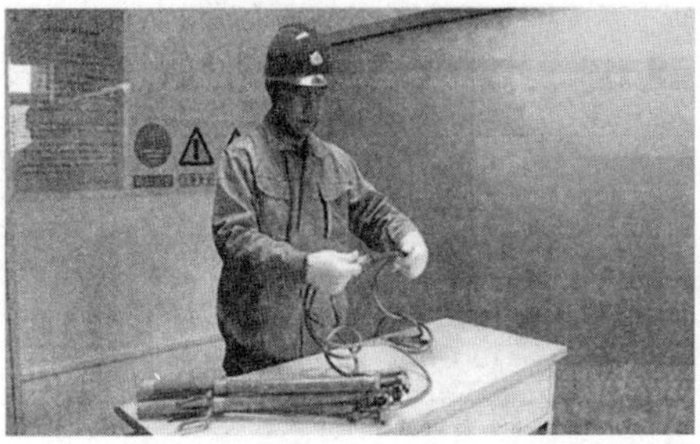

图 2-98　接地线外观完好

图 2-99　断开相关电源

步骤四　挂接临时接地线，先接接地端，后挂导体端，如图 2-101、图 2-102 所示。

步骤五　挂标示牌，挂“禁止合闸，有人工作”牌和“已接地”牌，如图 2-103 所示。

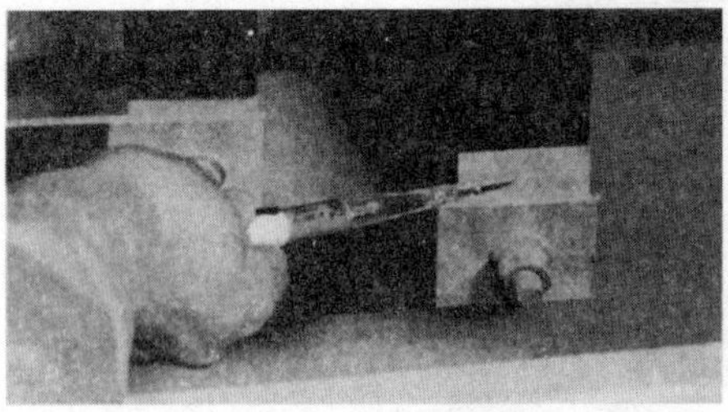

图 2-100　确定无电压

图 2-101　接接地端

图 2-102　挂导体端

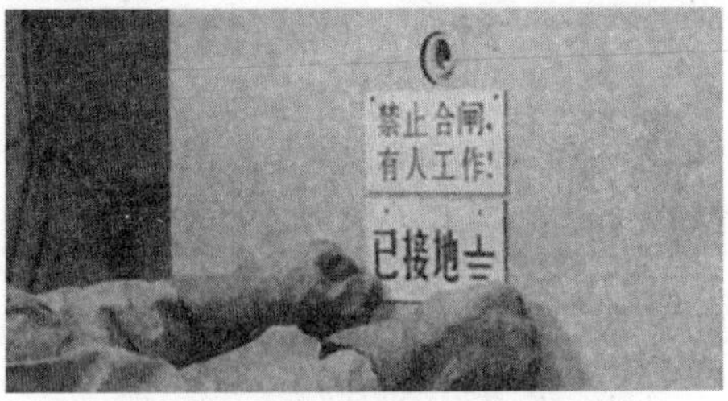

图 2-103　挂标示牌

【验收标准】

第 5 项为决定项，挂接地线顺序错误则实操失败。

序号	验收项目	验收内容
1	准备接地线	外观完好、可用
2	做操作防护	戴好绝缘手套、安全帽，穿好绝缘鞋
3	电路停电	断开与检修电路相关的电源
4	电路验电	在拟挂接地线的部位逐相进行
5	挂接地线	先接接地端，后挂导体端
6	挂标示牌	挂“禁止合闸，有人工作”牌和“已接地”牌
7	操作复查	“四措”操作到位

项目六　　刀闸开关和配电室操作

项目描述

在实际的大型温室控制系统中，有专用的刀闸开关和配电室。本项目学习刀闸开关和配电室操作的相关知识。

项目目标

掌握刀闸开关和配电室退出和投入运行的操作方法，树立特殊工种必须持证上岗的意识，培养职业精神，为从事相关工作打下基础。

教学方法

项目教学、任务驱动、现场演示、启发引导、分组讨论。

实施地点

智能温室实训室。

设备与工具

常用电工工具与仪表。

学时

4 学时。

【相关知识链接】

配电室工作人员安全规范

1. 值班人员必须熟悉电气设备，单独值班人员还应具有实际工作的经验。单人值班的不得单独从事修理工作。

2. 不论高压设备带电与否，值班人员不得移开和越过遮拦进行工作，若有必要移开遮拦时，必须要有监护人在场。

3. 停电拉闸操作，必须按照开关、负荷侧刀闸、母线侧刀闸顺序依次操作。送电合闸的顺序与此相反，严防带负荷拉刀闸。

4. 在停、送电和拉、合闸时一定要穿绝缘鞋、戴绝缘手套，并站在绝缘台上进行操作。

5. 停、送电一定要有专人联系，查明情况，留好记录，复查无误后方可进行操作。

6. 在停电的开关或刀闸的手把处，要悬挂“有人工作，禁止合闸”的标示牌。

7. 电气设备停电后，即使是事故停电，在未拉开有关刀闸、开关和做好安全措施之前，不得触及设备或进入遮拦，以防突然来电。

8. 在发生人身触电事故时，为了解救触电人，可不经许可就断开有关设备的电源，但事后必须报告上级领导。

9. 做好每班记录，准确抄、报各种报表。

10. 在擦拭各种设备时，一律禁止带电进行。
11. 非工作人员禁止进入配电室，配电室人员进出配电室要随手关门。
12. 搞好室内卫生，保持室内干净、整洁。

任务一 | 411 刀闸带 411-1、411-2 出线开关的退出运行操作

【任务目的】

通过本任务的学习，掌握 411 刀闸带 411-1、411-2 出线开关的退出运行操作方法。

【任务准备】

(1)绝缘手套、安全帽、绝缘鞋、验电笔。
(2)411 刀闸带 411-1、411-2 出线开关设备或模拟场景。
(3)操作人员穿戴防护装备。
(4)操作人员精神集中，思维清晰，注意力集中。
(5)操作人员掌握刀闸操作技术规定。

【任务实施】

步骤一 操作防护。戴好绝缘手套(图 2-104)、安全帽(图 2-105)，穿好绝缘鞋(图 2-106)。

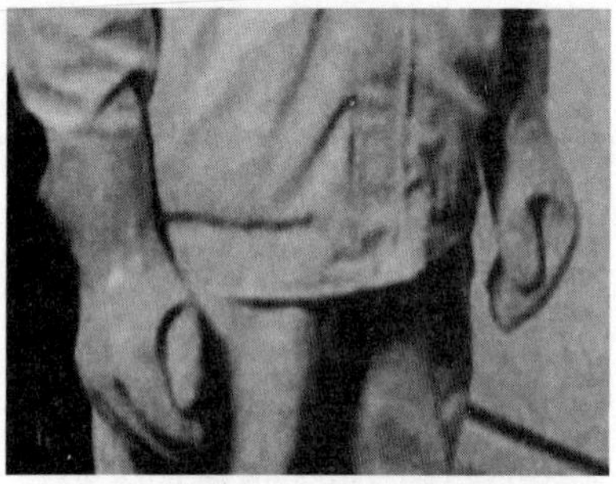

图 2-104 戴好绝缘手套

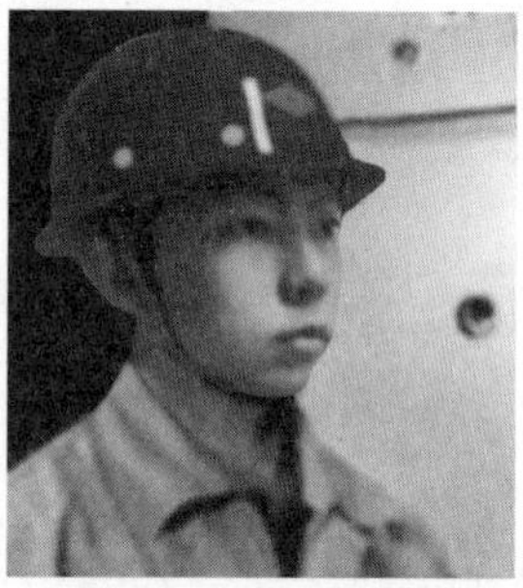

图 2-105 戴好安全帽

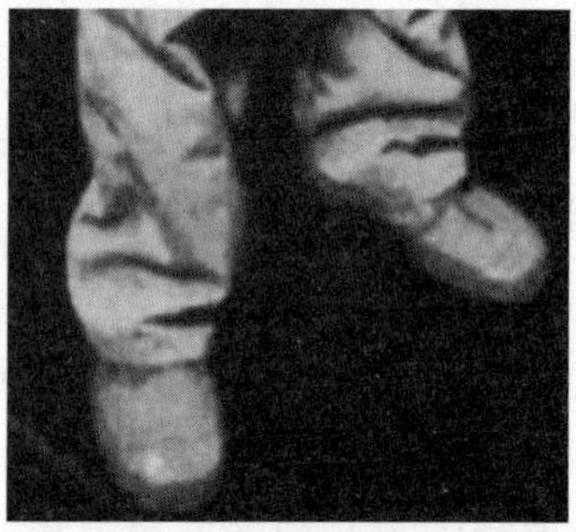

图 2-106 穿好绝缘鞋

步骤二 退出负荷。拉开 411-1 开关，如图 2-107 所示。
步骤三 退出负荷。拉开 411-2 开关，如图 2-108 所示。

图 2-107 拉开 411-1 开关

图 2-108 拉开 411-2 开关

步骤四　安全防护。关好开关柜门，如图 2-109 所示。

步骤五　拉开刀闸。沿逆时针方向拉开 411 刀闸，如图 2-110 所示。

步骤六　操作复查。用验电笔检测刀闸以下停电部位，确认已无电压，如图 2-111 所示。

图 2-109　关好开关柜门

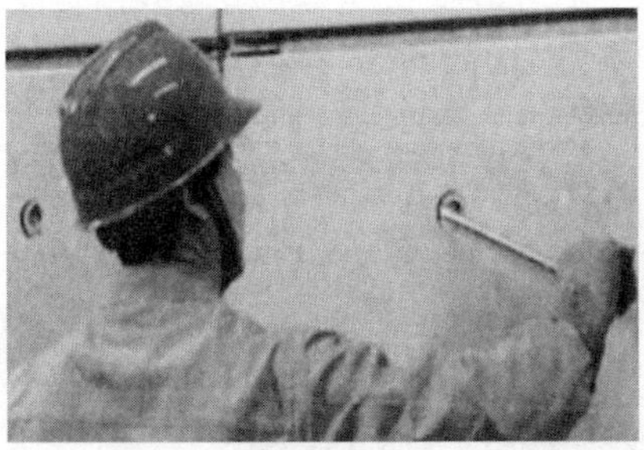

图 2-110　拉开 411 刀闸

图 2-111　停电部位无电压

【验收标准】

第 1 项为决定项，未做操作防护则实操失败。

序号	验收项目	验收内容
1	做操作防护	戴绝缘手套、安全帽，穿绝缘鞋
2	退出负荷	拉开 411-1 开关、拉开 411-2 开关
3	安全防护	关好开关柜门
4	拉开刀闸	逆时针方向拉开 411 刀闸
5	操作复查	用验电笔检测刀闸以下停电部位，确认已无电压

任务二　411 刀闸带 411-1、411-2 出线开关的投入运行操作

【任务目的】

通过本任务的学习，掌握 411 刀闸带 411-1、411-2 出线开关的投入运行操作方法。

【任务准备】

(1) 绝缘手套、安全帽、绝缘鞋、验电笔。

(2) 411 刀闸带 411-1、411-2 出线开关设备或模拟场景。

(3) 操作人员穿戴防护装备。

(4) 操作人员精神集中，思维清晰，注意力集中。

(5) 操作人员掌握刀闸操作技术规定。

【任务实施】

步骤一 操作防护。戴好绝缘手套、安全帽,穿好绝缘鞋。

步骤二 开关位置。检查 411-1、411-2 开关位置,应在开位,如图 2-112 所示。

步骤三 安全防护。关好开关柜门,如图 2-113 所示。

图 2-112 开关均在开位

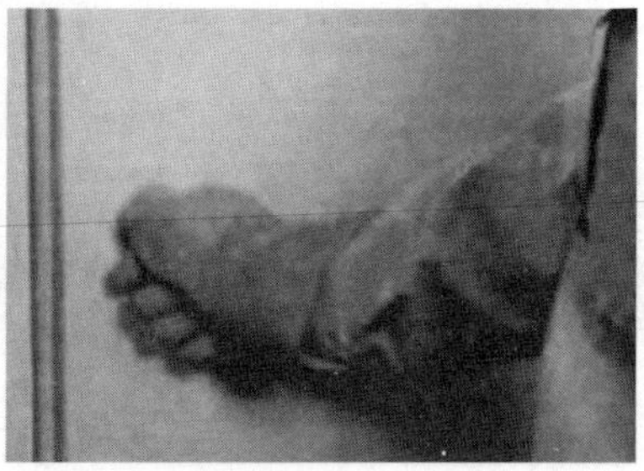

图 2-113 关好开关柜门

步骤四 合上刀闸。沿顺时针方向合上 411 刀闸,如图 2-114 所示。

步骤五 送出负荷。合上 411-1 开关,如图 2-115 所示。

图 2-114 合上刀闸

图 2-115 合上 411-1 开关

步骤六 送出负荷。合上 411-2 开关,如图 2-116 所示。

步骤七 操作复查。用验电笔检测开关以下送电部位,确认已有电压,如图 2-117 所示。

图 2-116 合上 411-2 开关

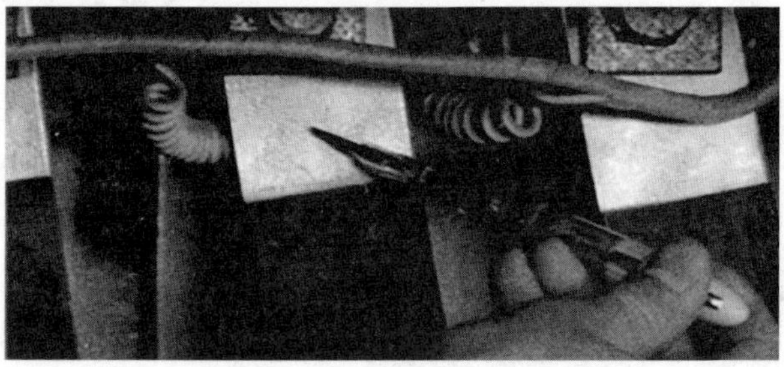

图 2-117 送电部位已有电压

【验收标准】

第 1 项为决定项,未做操作防护则实操失败。

序号	验收项目	验收内容
1	做操作防护	戴绝缘手套、安全帽，穿绝缘鞋
2	查开关位置	检查 411-1、411-2 开关位置，应在开位
3	过程防护	关好开关柜门
4	合上刀闸	沿顺时针方向合上 411 刀闸
5	送出负荷	合上 411-1 开关、合上 411-2 开关
6	操作复查	用验电笔检测开关以下送电部位，确认已有电压

任务三 | 配电室主进柜、出线柜及电容柜开关全部退出运行的操作

【任务目的】

通过本任务的学习，掌握配电室主进柜、出线柜及电容柜开关全部退出运行的操作方法。

【任务准备】

(1)绝缘手套、安全帽、绝缘鞋。
(2)配电室全套装备实景或模拟场景。
(3)操作人员穿戴防护装备。
(4)操作人员精神集中，思维清晰，注意力集中。
(5)操作人员掌握配电室开关退出运行的安全操作要求。

【任务实施】

步骤一　操作防护。戴好绝缘手套、安全帽，穿好绝缘鞋。
步骤二　退出电容。拉开 410 开关，如图 2-118 所示。
步骤三　退出负荷。拉开 411-1、411-2 开关，如图 2-119 所示。

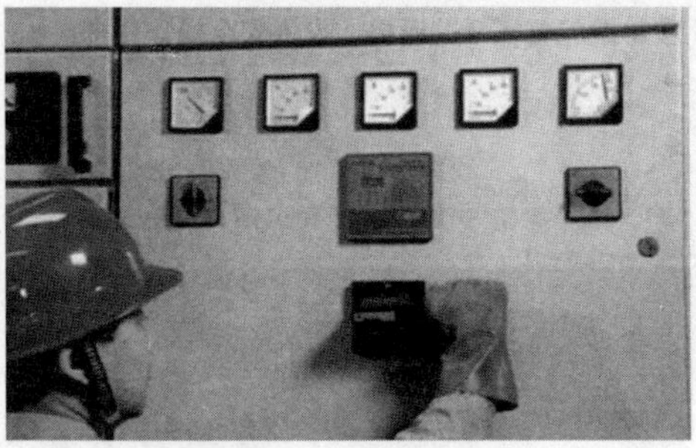

图 2-118　拉开 410 开关

图 2-119　拉开 411-1、411-2 开关

步骤四　退出主进。拉开 401 开关，如图 2-120 所示。
步骤五　操作复查。确认应拉开关在开位，如图 2-121 所示。

图 2-120　拉开 401 开关

图 2-121　应拉开关在开位

【验收标准】

第 2 项为决定项，未先退出电容器则实操失败。

序号	验收项目	验收内容
1	做操作防护	戴好绝缘手套、安全帽，穿好绝缘鞋
2	退出电容	拉开 410 开关
3	退出负荷	拉开 411 开关
4	退出主进	拉开 401 开关
5	操作复查	确认应拉开关在开位

任务四　配电室主进柜、出线柜及电容柜开关全部投入运行的操作

【任务目的】

通过本任务的学习，掌握配电室主进柜、出线柜及电容柜开关全部投入运行的操作方法。

【任务准备】

(1)绝缘手套、安全帽、绝缘鞋。

(2)配电室全套装备实景或模拟场景。

(3)操作人员穿戴防护装备。

(4)操作人员精神集中，思维清晰，注意力集中。

(5)操作人员掌握配电室开关投入运行的安全操作要求。

【任务实施】

步骤一　操作防护。戴好绝缘手套、安全帽，穿好绝缘鞋。

步骤二　查电容开关。410 开关在开位，如图 2-122 所示。

步骤三　查出线开关。411 开关在开位，如图 2-123 所示。

步骤四　主进送电。合上 401 开关，如图 2-124 所示。

步骤五　负荷送电。合上 411-1、411-2 开关，如图 2-125、图 2-126 所示。

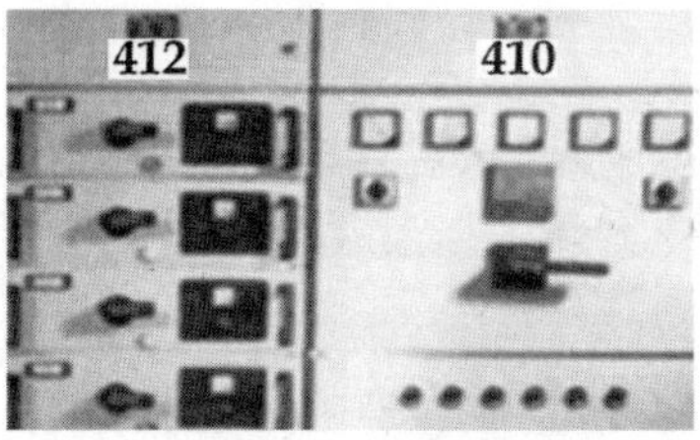

图 2-122　410 开关在开位

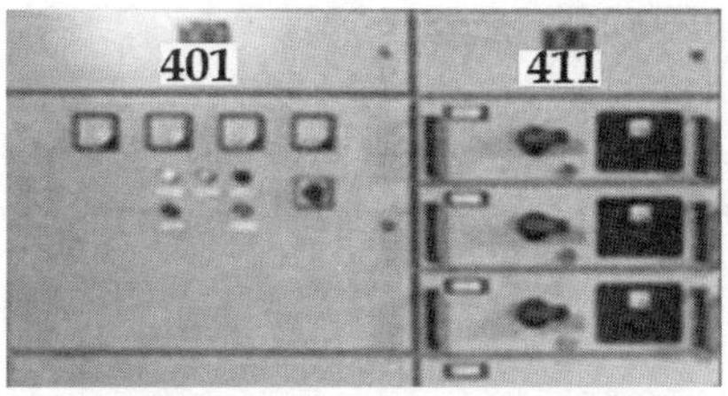

图 2-123　411 开关在开位

图 2-124　合上 401 开关(主进送电)

图 2-125　合上 411-1 开关(负荷送电)

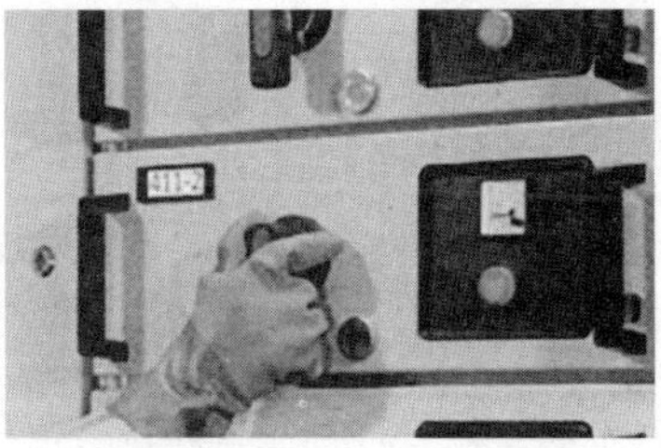

图 2-126　合上 411-2 开关

步骤六　电容送电。合上 410 开关,如图 2-127 所示。

步骤七　操作复查。确认应合开关在合位,如图 2-128 所示。

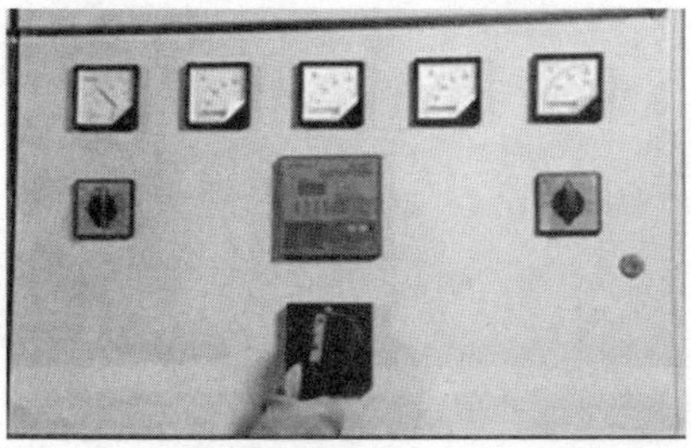

图 2-127　合上 410 开关(电容送电)

图 2-128　应合开关在合位

【验收标准】

第 2 项为决定项,未查电容器开关在断开位置则实操失败。

序号	验收项目	验收内容
1	做操作防护	戴好绝缘手套、安全帽,穿好绝缘鞋
2	查电容开关	410 开关在断开位置
3	查出线开关	411 开关在断开位置
4	主进送电	合上 401 开关
5	负荷送电	合上 411-1、411-2 开关
6	电容送电	合上 410 开关
7	操作复查	确认应合开关在合位

项目七　电开水器的接线

项目描述

在实际的温室控制系统中，为了安全，经常使用漏电断路器配接工业5孔插座。本项目借用实际电开水器的接线，学习漏电断路器配工业5孔插座接线的相关知识。

项目目标

掌握漏电断路器配工业5孔插座的接线方法，树立特殊工种必须持证上岗的意识，培养职业精神，为从事相关工作打下基础。

教学方法

项目教学、任务驱动、现场演示、启发引导、分组讨论。

实施地点

智能温室实训室。

设备与工具

低压维修电工取证的相关设备与工具。

学时

2学时。

【相关知识链接】

在三相五线制中，五线是指3根相线加1根地线和1根零线，如图2-129所示。一般用途最广的低压输电方式是三相四线制，采用3根相线加零线供电，零线由变压器中性点引出并接地，电压为380/220 V，任意1根相线加零线构成的220 V供电电路，一般供家庭使用；3根相线间电压为380 V，一般供电动机使用。在比较精密电子仪器的电网中使用时，如果零线和接地线共用1根线，对电路中的工作零点就会产生影响。虽然理论上它们都是零电位点，但如果偶尔有1个电涌脉冲冲击到工作

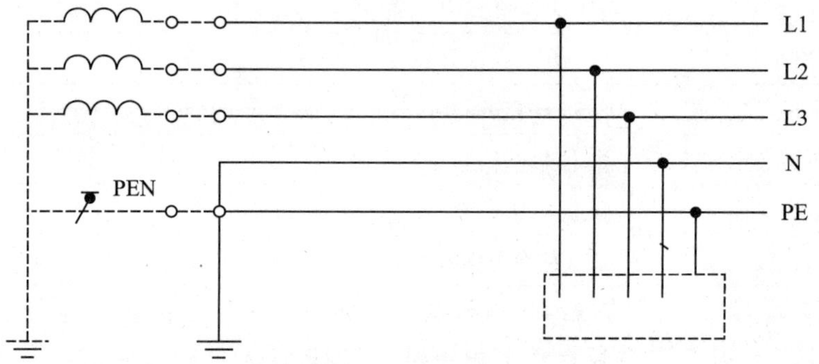

图2-129　三相五线制

零线，比如这种脉冲是因为相线漏电引起的，而零线和地线却没有分开，再如有些电子电路中如果零点飘移现象严重的话，那么电器外壳就可能会带电，可能会损坏电气元器件，甚至损坏电器，威胁人身安全。

任务　电开水器的接线

【任务目的】

通过本任务的学习，掌握漏电断路器配工业 5 孔插座的接线方法。

【任务准备】

(1)规格为 380 V、16 A、30 mA/0.1s、三极四线的漏电断路器若干，规格为 BV-2.5 mm^2 的导线若干，规格为 380 V、5 孔、16 A 的插座若干。

(2)工位整洁。

(3)操作人员着装应干净、整洁，不拖沓。

(4)操作人员精神集中，思维清晰，注意力集中。

(5)操作人员熟悉漏电断路器配工业 5 孔插座控制 380 V、6 kW 电开水器(电开水器控制电源的交流电压为 220 V)的接线要求。

【任务实施】

步骤一　选用漏电断路器，规格为 380 V、16 A、30 mA/0.1 s、三极四线，如图 2-130 所示。选用规格为 BV-2.5 mm^2 的导线。

步骤二　选用插座，规格为 380 V、5 孔、16 A，如图 2-131 所示。

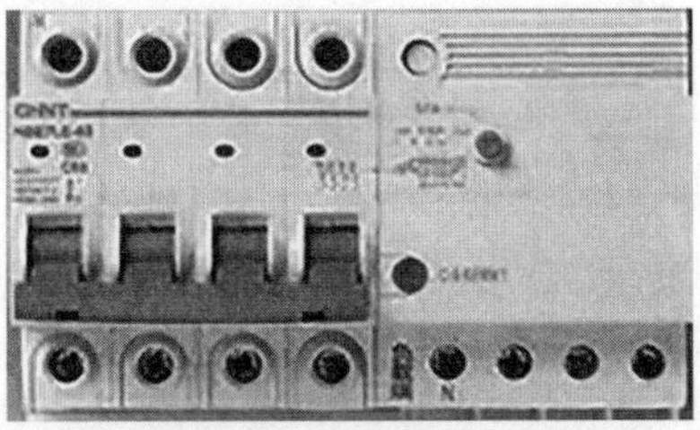

图 2-130　漏电断路器

图 2-131　5 孔插座

步骤三　实际接线。U、V、W、N、PE 线接入插座相别正确，PE 线颜色为黄/绿双色线，如图 2-132 所示。

步骤四　接线完成后，应做到漏电断路器合、跳正常，如图 2-133 所示。

图 2-132　接线完成

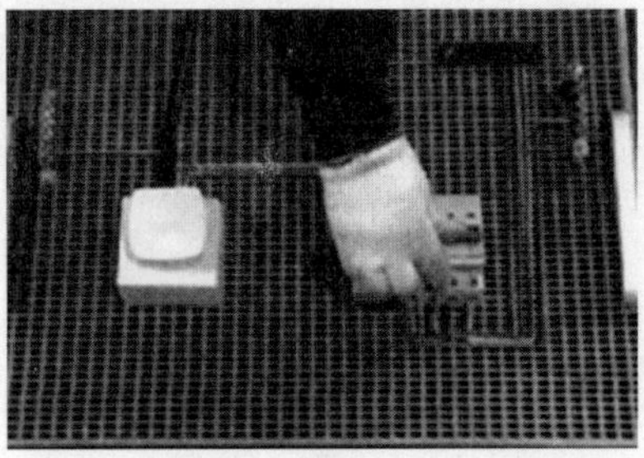

图 2-133　漏电断路器合、跳正常

【验收标准】

第 1 项为决定项,漏电断路器选错则实操失败。

序号	验收项目	验收内容
1	选择断路器	380 V、16 A、30 mA/0.1 s、三极四线
2	选择插座	380 V、5 孔、16 A
3	选择导线	BV-2.5 mm^2
4	实际接线	U、V、W、N、PE 线接入插座相别正确,PE 线颜色为黄 / 绿双色
5	通电试灯	漏电断路器合、跳正常

模块三　安全隐患排除

本模块的学习目标为掌握低压配电柜柜体及柜门的隐患排除、低压配电室的安全风险识别和隐患分析、车间配电箱的安全风险识别和隐患排除、电气控制室的安全风险识别和隐患排除的相关理论知识和实际操作能力。

项目一　低压配电柜柜体及柜门的安全隐患排除

项目描述

在温室中，低压配电柜柜体及柜门会存在安全隐患。本项目学习低压配电柜柜体及柜门的安全隐患排除的相关知识。

项目目标

能识别低压配电柜柜体及柜门的安全隐患，掌握排除安全隐患的方法，树立特殊工种必须持证上岗的意识，培养职业精神，为从事相关工作打下基础。

教学方法

项目教学、任务驱动、现场演示、启发引导、分组讨论。

实施地点

智能温室实训室。

设备与工具

常用电工工具与仪表。

学时

1学时。

【相关知识链接】

低压配电柜是指将低压电路所需的开关设备、测量仪表、保护装置和辅助设备等，按一定的接线方案安装在金属柜内构成的一种组合式电气设备，用以进行控制、保护、计量、分配和监视等，适用于低压配电系统中的动力配电、照明配电。低压成套配电装置由开关电器和控制电器组成。

一、低压配电柜结构特点

低压配电柜基本可分为固定式和抽屉式两大类,常用低压配电柜有:MNS、GCS系列抽屉式低压配电柜,GGL型低压配电柜,GGD型交流低压配电柜,GCL系列动力中心和GCK系列电动机控制中心等。

二、低压配电柜安装及投入运行前检查

安装时,配电柜相互间及其与建筑物间的距离应符合设计和制造厂的要求,且应牢固、整齐、美观。若有震动影响,应采取防震措施,并接地良好。两侧和顶部隔板完整,门应开、闭灵活,回路名称及部件标号齐全,内外干净、无杂物。

低压配电柜在安装或检修后,投入运行前应进行下列各项检查、试验:

(1)检查柜体与基础型钢固定是否牢固,安装是否平直,箱、柜面应完好,箱、柜内应干净,无积垢。

(2)各开关操作灵活,无卡涩。各触点接触良好。

(3)检查母线连接处接触是否良好。

(4)二次回路接线应整齐、牢固,线端编号符合设计要求。

(5)检查接地是否良好。

(6)抽屉式配电柜应检查推、抽是否灵活、轻便。动、静触头应接触良好,并有足够的接触压力。

(7)试验各表计是否准确,继电器动作是否正常。

(8)用1 000 V兆欧表测量绝缘电阻,应不小于0.5 MΩ,并按标准进行交流耐压试验,一次回路的试验电压为工频1 kV,也可用2 500 V兆欧表试验代替。

(9)低压配电装置所控制的负荷必须分路,避免多路负荷共用1个开关控制。

三、低压配电装置的巡视检查

为保证低压配电装置的正常运行,对配电屏上的仪表和电器应经常进行检查和维护,并做好相关记录,以便随时分析运行及用电情况,及时发现问题和消除隐患。

对于运行中的低压配电屏,通常应检查以下内容:

(1)配电屏及屏上的电气元件的名称、标志、编号等是否清楚、正确,盘上所有的操作把手、按钮和按键等的位置与现场实际情况是否相符,固定是否牢靠,操作是否灵活。

(2)配电屏上表示“合”“分”等信号灯和其他信号指示是否正确。

(3)隔离开关、断路器、熔断器和互感器等的触点是否牢靠,电路中各连接点有无过热、变色现象。

(4)配电室有操作模拟板时,模拟板与现场电气设备的运行状态是否对应。带灭弧罩的低压电器,三相灭弧罩是否完整、无损。运行中的配电装置有无异音、异味,运行环境中的温度、湿度是否符合电气设备特性要求。室内电缆沟有无积水、杂物。配电柜周边有无与设备运行无关的物品。电缆保护管孔洞是否已用防火材料封堵。防鼠挡板是否完好、在位。通往设备区的门是否关好。

(5)在巡视检查中发现问题应及时处理,并做好记录及时上报。

四、低压配电装置的运行维护

(1)对于低压配电装置的有关设备,应定期清扫和遥测绝缘电阻(工作环境较差的应适当增加次数),如用1 000 V兆欧表测量母线、断路器、接触器和互感器的绝缘电阻,以及二次回路的对地绝缘电阻等,遥测时均应符合规程要求。

(2)低压断路器故障跳闸后,只有在查明并消除跳闸故障后,才可再次合闸运行。

(3)对于频繁操作的交流接触器,每3个月进行检查,检查时应清扫1次触头和灭弧栅,检查三相触头是否同时闭合或断开,遥测相间绝缘电阻。

(4)经常检查熔断器的熔体与实际负荷是否相匹配,各连接点接触是否良好,有无烧损现象,并在检查时清除各部位的积灰。

任务一　配电柜柜体的安全隐患排除

【任务目的】

通过本任务的学习,掌握配电柜柜体的安全隐患排除方法。

【任务准备】

(1)配电柜场景准备。
(2)操作人员穿戴符合规范的工作服,做好个人防护。
(3)操作人员精神集中,思维清晰。
(4)操作人员掌握配电室的安全要求。

【任务实施】

查看柜体接线情况。柜体未接保护线,如图 3-1 所示,易导致柜体意外带电,甚至打火并伤及人身安全。应给柜体接上保护线。

图 3-1　柜体未接保护线

【验收标准】

第 1 项为决定项,未看出柜体未接保护线则实操失败。

序号	验收项目	验收内容
1	安全风险	柜体未接保护线
2	隐患后果	柜体意外带电,伤及人身安全

任务二　配电柜柜门的安全隐患排除

【任务目的】

通过本任务的学习,掌握配电柜柜门的安全隐患排除方法。

【任务准备】

(1)配电柜场景准备,如图 3-2 所示。
(2)操作人员穿戴符合规范的工作服,做好个人防护。
(3)操作人员精神集中,思维清晰。
(4)操作人员掌握配电室的安全要求。

【任务实施】

查看柜门接线情况。柜门未接保护线,易导致柜门意外带电,甚至伤及人身安全,如图 3-3 所示。应给柜门接上保护线。

图 3-2　配电柜

图 3-3　柜门未接保护线

【验收标准】

第 1 项为决定项，未看出柜门未接保护线则实操失败。

序号	验收项目	验收内容
1	安全风险	柜门未接保护线
2	隐患后果	柜门意外带电，伤及人身安全

项目二　低压配电室的安全风险识别和隐患排除

项目描述

在温室中，低压配电室经常存在安全风险。本项目学习低压配电室的安全风险识别和隐患排除的相关知识。

项目目标

能识别低压配电室的安全风险，掌握隐患排除方法，树立特殊工种必须持证上岗的意识，培养职业精神，为从事相关工作打下基础。

教学方法

项目教学、任务驱动、现场演示、启发引导、分组讨论。

实施地点

智能温室实训室。

设备与工具

常用电工工具与仪表。

学时

1 学时。

【相关知识链接】

配电室是指带有低压负荷的室内配电场所，主要为低压用户配送电能，设有配电变压器和低压配电装置。配电室分为高压配电室和低压配电室，高压配电室一般是指 6 ～ 10 kV 高压开关室；低压配电室一般是指 20 kV 或 35 kV 站用变出线的 400 V 配电室。配电室一般由开闭所和配电房组成，其中，开闭所是全金属密闭，能够在室外运行的 10 kV 电压等级以下的开关柜组合，如图 3-4 所示；配电房的电压等级在 35 kV 等级以下，内部安装有开关、互感器、电容器以及相关的保护测量装置，如图 3-5 所示。

图 3-4　开闭所

图 3-5　配电房

任务一　低压配电室的安全风险识别

【任务目的】

通过本任务的学习，掌握低压配电室的安全风险识别。

【任务准备】

(1) 低压配电室，如图 3-6 所示。
(2) 操作人员穿戴符合规范的工作服。
(3) 操作人员精神集中，思维清晰。
(4) 操作人员掌握低压配电室的安全要求。

【任务实施】

识别安全风险。电缆沟盖板上面未铺设绝缘胶垫，沟盖板与金属线槽接触有意外带电可能，如图 3-7 所示。此外，操作人员在进行检修工作时，有意外触及带电部位引发人身事故的危险。

【验收标准】

第 1 项为决定项，未能看出缆沟盖板无绝缘垫则实操失败。

序号	验收项目	验收内容
1	安全风险	能看出电缆沟盖板上面未铺设绝缘胶垫，知道后果

图 3-6　低压配电室

图 3-7　未铺设绝缘胶垫

任务二　低压配电室的安全隐患排除

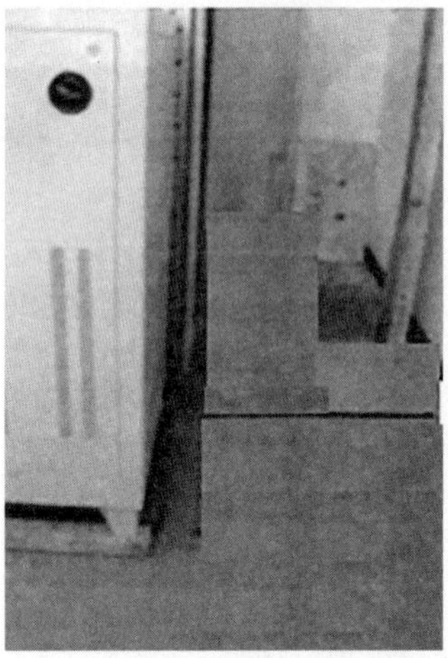

图 3-8　铺设绝缘胶垫

【任务目的】

通过本任务的学习，掌握低压配电室的安全隐患排除方法。

【任务准备】

(1)低压配电室。
(2)操作人员穿戴符合规范的工作服。
(3)操作人员精神集中，思维清晰。
(4)操作人员掌握低压配电室的安全要求。

【任务实施】

排除隐患。按照安全要求，将绝缘胶垫铺设在电缆沟盖板上，将沟板与金属线槽分隔开，如图 3-8 所示。

【验收标准】

第 1 项为决定项，沟盖板与金属线槽接触则实操失败。

序号	验收项目	验收内容
1	隐患后果	沟盖板与金属线槽接触，有意外带电可能
2	隐患后果	检修操作，意外触及带电部位引发人身事故

项目三　车间配电箱的安全风险识别和隐患排除

项目描述

在温室中，车间配电箱会存在安全风险。本项目学习车间配电箱的安全风险识别和隐患排除的相关知识。

项目目标

能识别车间配电箱的安全风险，掌握隐患排除方法，树立特殊工种必须持证上岗的意识，培养职业精神，为从事相关工作打下基础。

教学方法

项目教学、任务驱动、现场演示、启发引导、分组讨论。

实施地点

智能温室实训室。

设备与工具

常用电工工具与仪表。

学时

1 学时。

【相关知识链接】

配电箱是指按电气接线要求将开关设备、测量仪表、保护电器和辅助设备组装在封闭、半封闭的金属柜中或屏幅上的配电装置，常用的低压配电箱如图 3-9 所示。配电箱具有体积小、安装简便、技术性能特殊、位置固定、配置功能独特、不受场地限制、应用比较普遍、操作稳定可靠、空间利用率高、占地少等特点，是指挥供电电路中各种元器件合理分配电能的控制中心，在正常运行时，可借助手动或自动开关接通或断开电路；在故障或不正常运行时，可借助保护电器切断电路或报警；测量仪表可显示运行中的各种参数，还可对某些电气参数进行调整；对偏离正常工作的状态可进行提示或发出信号。

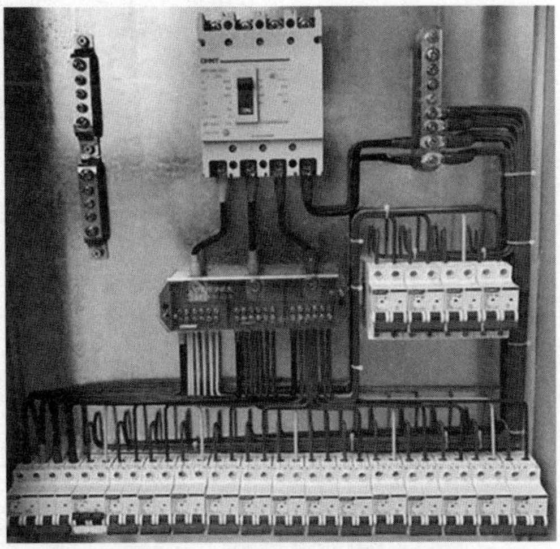

图 3-9　常用的低压配电箱

任务一 | 车间配电箱的安全风险识别

【任务目的】

通过本任务的学习，掌握车间配电箱的安全风险识别方法。

【任务准备】

(1)车间配电箱，如图 3-10 所示。

(2)操作人员穿戴符合规范的工作服。

(3)操作人员精神集中，思维清晰。

(4)操作人员了解配电箱的接线安全要求。

图 3-10 车间配电箱

【任务实施】

步骤一 保护线安全风险识别。多路保护线未采用 PE 汇流排压接(图 3-11)，多路线在一点压接易接触不良，使故障查找困难。

图 3-11 PE 汇流排压接

步骤二 铝管压接铜导线，易造成氧化，如图 3-12 所示。

步骤三 压接螺栓丝扣未露出，会因振动等原因引发螺母松动或脱落。如图 3-13 所示，压接螺栓丝扣应露出。

图 3-12 铝管压接铜导线

图 3-13 压接螺栓丝扣应露出

【验收标准】

第 1 项为决定项，未看出多路压接不合理则实操失败。

序号	验收项目	验收内容
1	安全风险	多路保护线未采用 PE 汇流排压接
2	安全风险	铝管压接铜导线
3	安全风险	压接螺栓丝扣未露出

任务二 | 车间配电箱的安全隐患排除

【任务目的】

通过本任务的学习，掌握车间配电箱的安全隐患排除方法。

【任务准备】

(1)车间配电箱保护线接线，如图 3-14 所示。
(2)操作人员穿戴符合规范的工作服。
(3)操作人员精神集中，思维清晰。
(4)操作人员了解配电箱的接线的安全要求。

【任务实施】

步骤一 保护线隐患排除。多路保护线未采用 PE 汇流排压接，而多路线在一点压接易接触不良，如图 3-15 所示，应按照安全要求，重新接保护线。

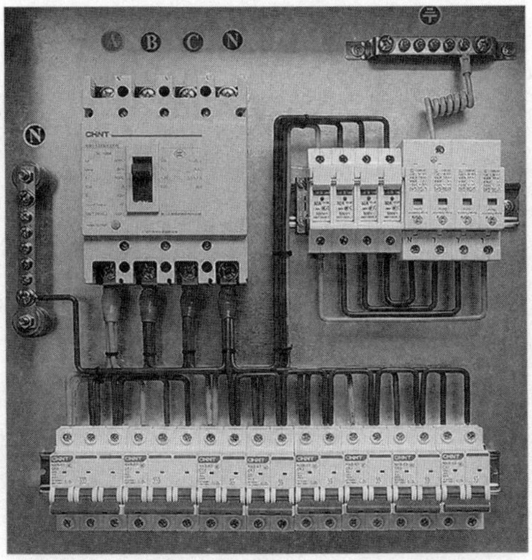

图 3-14 车间配电箱保护线接线

图 3-15 重新接保护线

步骤二 铝管压接铜导线，应重新布线，如图 3-16 所示。

步骤三 压接螺栓丝扣应露出，如图 3-17 所示。

图 3-16　重新布线

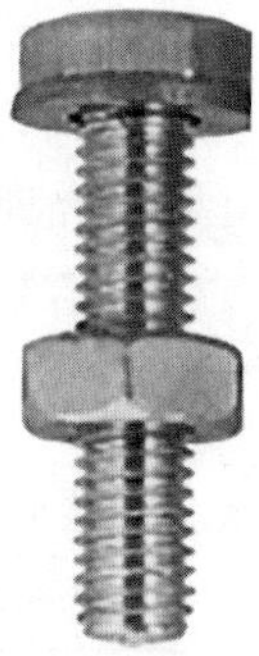

图 3-17　压接螺栓丝扣应露出

【验收标准】

第 1 项为决定项,未看出多路压接不合理则实操失败。

序号	验收项目	验收内容
1	隐患后果	多路线一点压接易接触不良,故障查路困难
2	隐患后果	铝管压铜线易氧化
3	隐患后果	螺栓丝扣未露出会因震动等原因引发螺母松动或脱落

项目四　电气控制室的安全风险识别和隐患排除

项目描述

在温室中,电气控制室会存在安全风险。本项目学习电气控制室的安全风险识别和隐患排除的相关知识。

项目目标

能识别电气控制室的安全风险,掌握隐患排除方法,树立特殊工种必须持证上岗的意识,培养职业精神,为从事相关工作打下基础。

教学方法

项目教学、任务驱动、现场演示、启发引导、分组讨论。

实施地点

智能温室实训室。

设备与工具

常用电工工具与仪表。

学时

1 学时。

【相关知识链接】

如图 3-18 所示，电气控制室中主要有控制设备、保护设备、屏、计算机监控台以及模拟板等。模拟板用来反映主要设备及其接线形式，也反映当时设备运行工况和接线运行方式，通过它可以大概了解该企业的规模等。在电气控制室内，值班人员通过各种监测设备获得区域内各电气设备和电力系统运行情况的信息，根据这些信息，对区域内的电气设备发出恰当的操作和调度指令。

图 3-18 电气控制室

任务一 电气控制室的安全风险识别

【任务目的】

通过本任务的学习，能够从电气控制室的设备运行安全角度识别安全风险。

【任务准备】

(1) 企业电气控制室场景，如图 3-19 所示。
(2) 操作人员穿戴符合规范的工作服。
(3) 操作人员精神集中，思维清晰。
(4) 操作人员熟悉电气控制室的正确要求。

【任务实施】

步骤一 查看控制柜。控制柜上堆放杂物，会影响设备散热，酿成火灾事故，如图 3-20 所示。

图 3-19 企业电气控制室场景

图 3-20 控制柜上堆放杂物

步骤二 查看安全标识。控制柜上张贴无关标识,无关标识会分散操作人员的注意力,如图3-21所示。

步骤三 查看控制柜门。控制柜门悬挂杂物,会影响正常巡视及安全操作,如图3-22所示。

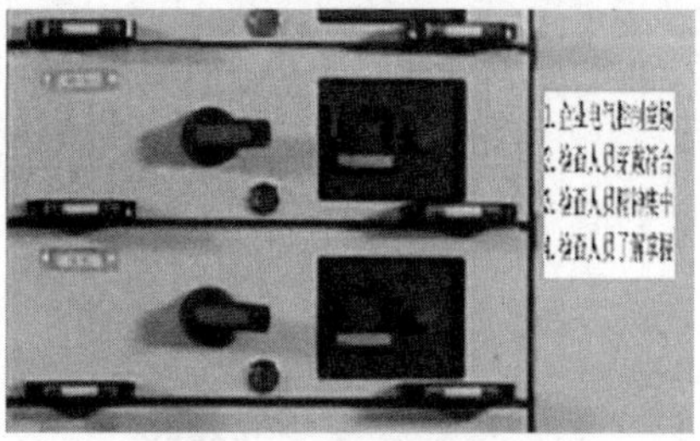

图3-21 控制柜上张贴无关标识

图3-22 控制柜门悬挂杂物

【验收标准】

第1项为决定项,未注意到控制柜上的杂物则实操失败。

序号	验收项目	验收内容
1	安全风险	控制柜上堆杂物
2	安全风险	控制柜门张贴无关标识
3	安全风险	控制柜门悬挂杂物

任务二 | 电气控制室的安全隐患排除

【任务目的】

通过本任务的学习,能够从电气控制室的设备运行安全角度排除安全隐患。

【任务准备】

(1)企业电气控制室场景。

(2)操作人员穿戴符合规范的工作服。

(3)操作人员精神集中,思维清晰。

(4)操作人员了解掌握熟悉电气控制室的正确要求。

【任务实施】

步骤一 查看控制柜。控制柜上不得堆放杂物,应将杂物清理干净,以免影响设备散热,酿成火灾事故,如图3-23所示。

步骤二 查看安全标识。控制柜上张贴无关标识,会分散操作人员的注意力,应将其去除,如图3-24所示。

图3-23 清理控制柜上的杂物

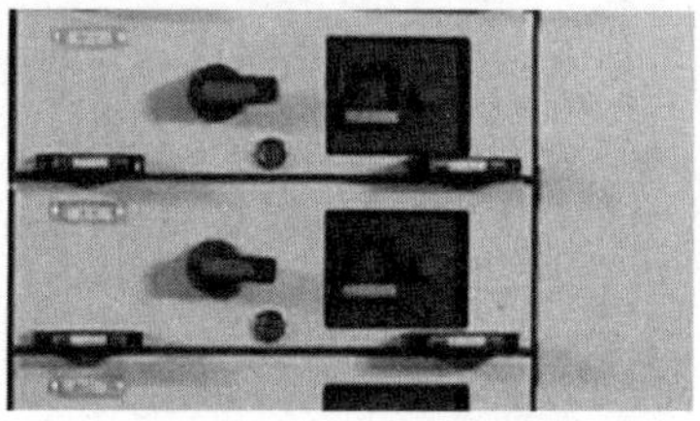

图3-24 去掉控制柜上的无关标识

步骤三　查看控制柜门。控制柜门悬挂杂物,会影响正常巡视及安全操作,应将杂物去除。

【验收标准】

序号	验收项目	验收内容
1	隐患后果	堆放杂物影响设备散热,可能引发火灾
2	隐患后果	无关标识分散注意力
3	隐患后果	悬挂杂物影响正常巡视,影响安全操作

模块四　现场应急处理

本模块的学习目标为掌握温室控制系统装调技术中现场应急处理方法，能进行现场应急处理实际操作。

项目　触电现场急救的5项操作

项目描述

在温室控制系统装调技术中，触电事故是最严重的安全事故，本项目学习现场应急处理的相关知识。

项目目标

掌握现场应急处理方法，能进行现场应急处理实际操作，树立特殊工种必须持证上岗的意识，培养职业精神，为从事相关工作打下基础。

教学方法

项目教学、任务驱动、现场演示、启发引导、分组讨论。

实施地点

智能温室实训室。

设备与工具

常用电工工具与仪表。

学时

4学时。

【相关知识链接】

一、触电

（一）触电对人体的伤害

1. 人体电阻

人体电阻是指由皮肤、血液、肌肉、细胞组织等所组成的含有电阻和电容的阻抗。人体电阻是皮肤电阻与体内电阻之和。随着皮肤潮湿度加大，人体电阻会逐渐减小，所以，人体潮湿时触电危险性更大。

2. 电流对人体的伤害

触电的危害体现在电流对人体的影响上。电流对人体的作用主要表现为生物学效应，给人以刺激，使人体组织发生变异。电流通过肌肉组织时会引起肌肉收缩，还可能通过中枢神经系统对机体产生作用。因此，当人体触及带电体时，一些没有电流通过的部位也会受到刺激，产生强烈的反应，甚至重要器官的功能会受到破坏。

电流通过人体，会引起麻感、针刺感、压迫感、打击感、痉挛、疼痛、呼吸困难、血压异常、昏迷、心律不齐、窒息、心室纤维性颤动等症状。数十至数百毫安的小电流在通过人体时，可引起心室纤维性颤动，短时间使人致命。发生心室纤维性颤动时，心脏每分钟颤动在 1 000 次以上，虽然幅值很小且没有规则，但血液实际上已中止循环，如不及时抢救，在数秒钟至数分钟内将从诊断性死亡转为生物性死亡。

电流通过人体内部，对人体伤害的严重程度与通过人体电流的大小、通过人体的持续时间、通过人体的途径、电流的种类以及人体状况等多种因素有关。各影响因素之间，特别是电流大小与通电时间之间有着十分密切的关系。

工业频率 50 Hz，对于触电来说是最危险的频率。实际工作中如不单独说明，所说的电流都是工频电流，并且数值都是有效值。

（二）触电事故种类

按照触电事故的构成方式，触电事故可分为电击和电伤。

1. 电击

电击是指电流对人体内部组织的伤害，是最危险的一种伤害，绝大多数的触电死亡事故都是由电击造成的。电击的主要特征有：伤害人体内部、人体的外表没有显著的痕迹、致命电流较小。

按照发生电击时电气设备的状态，电击可分为直接接触电击和间接接触电击，其中，直接接触电击是指触及设备和电路正常运行时的带电体发生的电击，如误触接线端子发生的电击，也称为正常状态下的电击；间接接触电击是指触及正常状态下不带电，而当设备或电路故障时意外带电的导体发生的电击，如触及漏电设备的外壳发生的电击，也称为故障状态下的电击。

2. 电伤

电伤是指电流的热效应、化学效应、光效应或机械效应对人体造成的伤害。电伤会在人体上留下明显的伤痕，如电弧灼伤、电烙印和皮肤金属化等。

电弧灼伤是由弧光放电引起的，错误操作造成的电路短路、人体与高压带电部位距离过近而放电，都会造成强烈的弧光放电。电弧灼伤可以使人致命。

电烙印通常是指在人体与带电体紧密接触时，由电流的化学效应和机械效应而引起的伤害。

皮肤金属化是指由于电流而熔化、蒸发的金属微粒渗入人体表皮所造成的伤害。

(三)触电方式

按照人体触及带电体的方式和电流流过人体的途径,触电可分为单相触电、两相触电和跨步电压触电。

1. 单相触电

单相触电是指在地面上或其他接地导体上,人体某一部位触及单相带电体的触电事故,如图 4-1 所示。对于高电压,人体虽然没有触及,但因超过了安全距离,高电压对人体产生电弧放电,也属于单相触电。单相触电的危险程度与电网运行方式有关,一般情况下,中性点接地电网的单相触电比不接地电网的危险性大。

2. 两相触电

两相触电是指人体两处同时触及两相带电体而发生的触电事故。无论电网的中性点接地与否,其危险性都比较大,如图 4-2 所示。

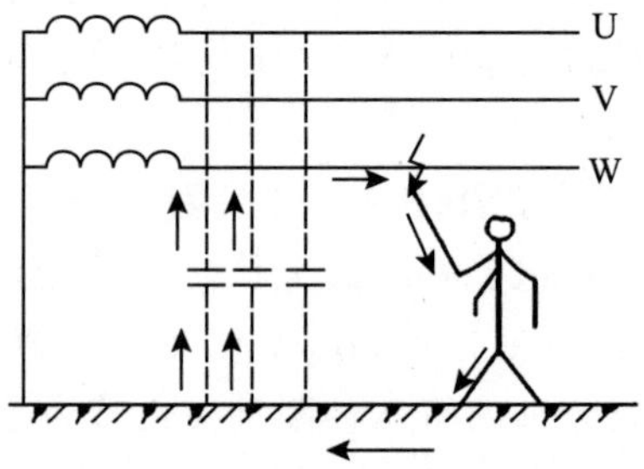

图 4-1　单相触电

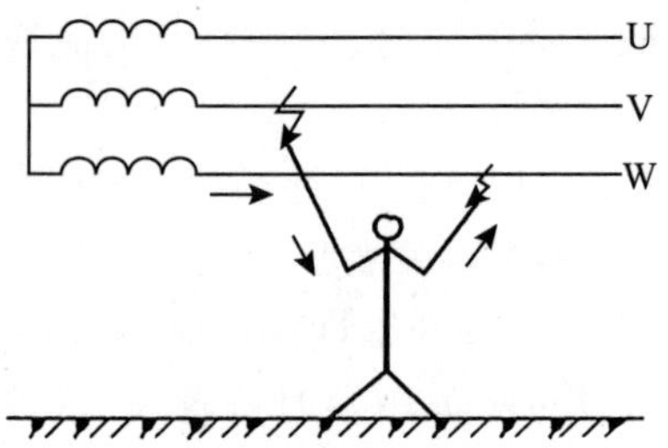

图 4-2　两相触电

3. 跨步电压触电

当电网或电气设备发生接地故障时,流入地中的电流在土壤中形成电位,地表面也形成以接地点为圆心的径向电位差分布。如果人行走时前后两脚间(一般按 0.8 m 计算)电位差达到危险电压,就会造成触电,这就是跨步电压触电,如图 4-3 所示。

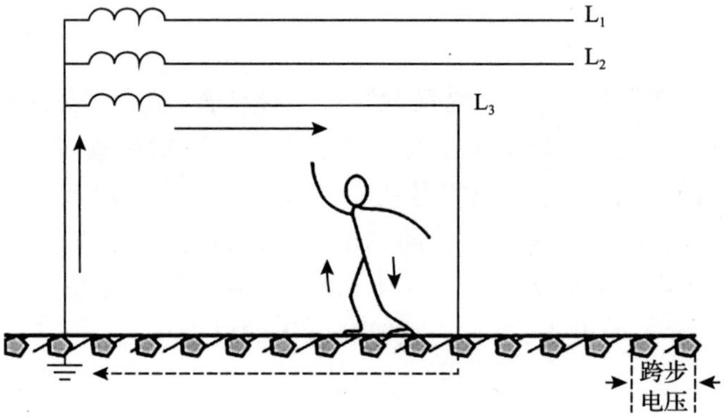

图 4-3　跨步电压触电

人离接地点越近,跨步电压越高,危险性越大。一般在距接地点 20 m 以外,可以认为地电位为零。

在高压故障接地处,或有大电流流过的接地装置附近,都可能出现较高的跨步电压,因此要求在检查高压设备的接地故障时,室内不得接近接地故障点 4 m 以内,室外不得接近故障点 8 m 以内。若进入上述范围,工作人员必须穿绝缘靴。

（四）触电事故原因及规律

为防止触电事故的发生，应当了解触电事故的原因及规律。根据对触电事故原因的分析，从触电事故的发生率上看，可找到以下规律：

（1）触电事故季节性明显。每年二、三季度事故多，特别是6—9月雨季，事故发生最为集中。

（2）低压设备触电事故多。低压触电事故远远多于高压触电事故。

（3）携带式设备和移动式设备触电事故多。

（4）电气连接部位触电事故多。很多触电事故发生在接线端子、缠接接头、压接接头、焊接接头、电缆头、灯座、插销、插座、控制开关、接触器、熔断器等分支线、接户线处。

（5）错误操作和违章作业造成的触电事故多。许多事故是由于错误操作和违章作业造成的，其主要原因是安全教育不够、安全制度不严、安全措施不完善、操作人员素质不高等。

（6）不同行业触电事故不同。冶金、矿业、建筑、机械行业触电事故多。由于这些行业的生产现场经常伴有潮湿、高温、现场混乱、移动式设备和携带式设备多、金属设备多等不安全因素，因此触电事故多。

（7）不同年龄段的人员触电事故不同。中青年工人、非专业电工、合同工和临时工触电事故多。

（8）不同地域触电事故不同，农村触电事故明显多于城市。

触电事故的规律不是一成不变的，在一定条件下，触电事故的规律也会发生一定的变化。

二、触电现场急救方法及注意事项

触电急救的基本原则是动作迅速、方法正确。当触电人出现神经麻痹、呼吸中断、心脏停止跳动等征象，外表上呈现昏迷不醒的状态时，此时应认为是假死（诊断性死亡），并应迅速而持久地进行抢救。

（一）脱离电源

人触电以后，可能由于痉挛、失去知觉或中枢神经失调而紧抓带电体，不能自行脱离电源，帮助触电人尽快脱离电源是抢救触电人的首要措施。

帮助触电人脱离电源的方法如下：

（1）如果触电地点附近有电源开关或电源插销，可立即拉开开关或拔出插销。应当注意，拉线开关和平开关（翘板开关）只控制一条线，如错误地安装在中性线上，则断开开关只能切断负荷而不能断开电源。

（2）如果触电地点附近没有电源开关或电源插销，可用带绝缘柄的电工钳或用有干燥木柄的斧头等切断电线。

（3）当电线搭落在触电人身上或被压在身下时，可用干燥的衣服、手套、绳索、木板、木棒等绝缘物件作为工具，拉开触电人、拉开或挑开电线。

（4）如果触电人的衣服是干燥的，又没有紧缠在身上，抓住他的衣服，拉开他，使他脱离电源。

（5）如条件许可，用干木板等绝缘物隔断电流回路。

（6）通知前级停电。

选用上列方法时，务必注意高压与低压的差别，且各种方法的选用以快为原则。

（二）脱离电源注意事项

（1）救护人不可用导电性物件作为救护工具，必须使用绝缘的工具操作；救护人最好用一只手操作，以防自己触电；对于高压，应注意保持必要的安全距离。

（2）防止触电人脱离电源后可能的摔伤，特别是当触电人在高处的情况下，应考虑防摔措施。即使触电人在平地，也应注意触电人倒下的方向有无危险。

（3）事故发生在夜间，应迅速解决临时照明问题，以利于抢救。

(4)实施紧急停电应考虑防止事故扩大的可能性。

(三)现场急救方法

当触电人脱离电源后,应根据触电人的具体情况,迅速地对症救护。现场应用的主要方法是口对口(鼻)人工呼吸法和胸外按压法。

1. 对症救护

对于触电人,也就是需要救护者,应按下列情况分别处理:

(1)如果触电人伤势不重、神志清醒,但有些心慌、四肢发麻、全身无力,或者触电人曾一度昏迷,但已清醒过来,应使触电人安静休息,不要走动,注意观察并请医生前来治疗或送往医院。

(2)如果触电人伤势较重,已经失去知觉,但心脏跳动和呼吸尚未中断,应使触电人安静地平卧,保持空气流通,解开其紧身衣服以利于呼吸。如天气寒冷,应注意保温,并严密观察,速请医生治疗或送往医院。

(3)如果触电人伤势严重,呼吸停止或心脏跳动停止,应立即施行人工呼吸和胸外按压急救,并同时速请医生治疗和呼叫救护车送往医院。

2. 口对口(鼻)人工呼吸法

人工呼吸法是在触电人呼吸停止后应用的急救方法,是指利用大气压与肺内压之间的差,使呼吸骤停的患者被动呼吸、获取氧气、排出二氧化碳,从而更好地维持生命体征。人工呼吸法可以分为正压法和负压法,口对口(鼻)人工呼吸法属于正压法。在各种人工呼吸法中,口对口(鼻)人工呼吸法的效果最好,而且简单易学,容易掌握,具体方法见本项目任务四。

3. 胸外按压法

胸外按压法属于负压法,也就是有规律地进行胸廓挤压,从而更好地维持肺内压的变化以及通气。做胸外按压时,应使触电人仰卧在比较坚实的地方。触电人心脏跳动停止后,可以先用拳缘敲击心脏部位几次,如不能使其心脏恢复跳动,应持续进行胸外按压抢救。

(1)按压部位。

胸部正中两乳连接水平位置。

(2)按压方法。

①救护人用一手中指沿触电人一侧肋弓向上滑行至两侧肋弓交界处,食指、中指并拢排列,另一手掌根紧贴食指置于触电人胸部,如图 4-4 所示。

②救护人双手掌根同向重叠,十指相扣,掌心翘起,手指离开胸壁,双臂伸直,上半身前倾,以膝关节为支点,垂直向下,用力、有节奏地按压 30 次,如图 4-5 所示。

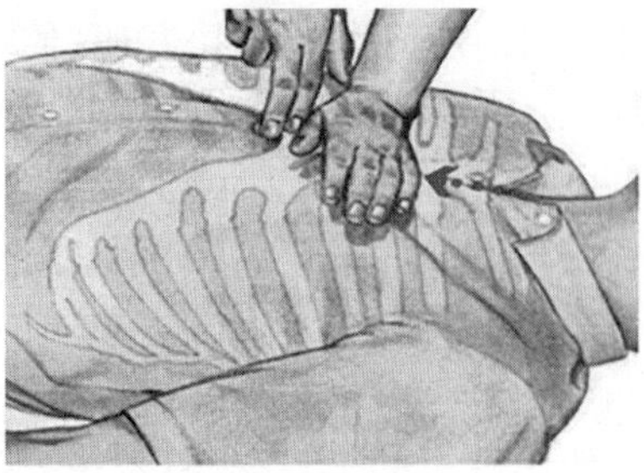

图 4-4　按压位置

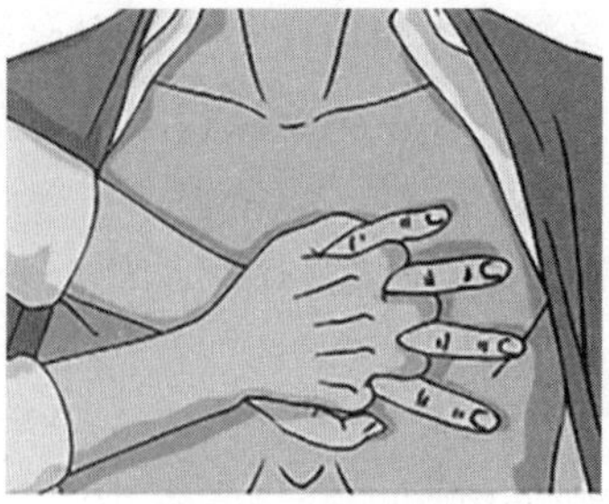

图 4-5　按压姿势

(四)现场急救注意事项

(1)应当尽快就地开始抢救,不能什么都不做仅等候医生的到来。

(2)正确运用口对口(鼻)人工呼吸法和胸外按压法。如果触电人的呼吸和心脏跳动都停止了,应当交替或同时运用这两种急救方法。如果现场仅一人抢救,两种方法应交替进行:每吹气 2 ～ 3 次,就按压 10 ～ 15 次,而且频率应适当提高一些,以保证抢救效果。

(3)应当坚持不断、持续地施行口对口(鼻)人工呼吸法和胸外按压法抢救,不可轻率地中止抢救。在运送医院途中,原则上不能中止抢救。

(4)对于与触电同时发生的外伤,应按情况酌情处理。对于不危及生命的轻度外伤,可放在触电急救之后处理;对于严重的外伤,应与口对口(鼻)人工呼吸和胸外按压同时处理。

(5)慎重使用肾上腺素。对于用心电图仪观察尚有心脏跳动的触电人,不得使用肾上腺素,只有在触电人已经经过人工急救,经心电图仪鉴定,心脏确已停止跳动,又具备心脏除颤装置的条件下,才可考虑注射肾上腺素。

任务一　脱离电源

【任务目的】

通过本任务的学习,掌握帮助触电人脱离电源的方法。

【任务准备】

(1)急救工具,包括现场急救中可能用到的干燥木柄等用具,用于急救的人体模特等,以及灭火器。

(2)熟悉触电现场急救及低压火灾应急处置。

【任务实施】

步骤一　如果触电地点附近有电源开关或电源插销,可立即拉开开关或拔出插销,取下熔断器,如图 4-6、图 4-7 所示。

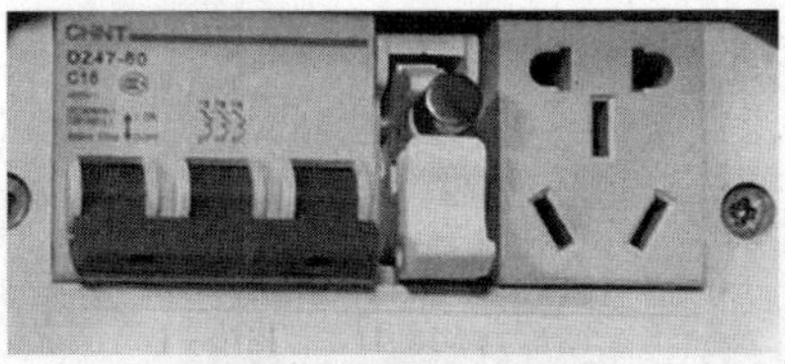

图 4-6　取下熔断器

图 4-7　拉开开关,拔出插销

步骤二　如果触电地点附近没有电源开关或电源插销,可用带绝缘柄的电工钳或用有干燥木柄的斧头等切断电线,如图 4-8 所示。

步骤三　当电线搭落在触电人身上或被压在身下时,可用干燥的衣服、手套、绳索木板、木棒等绝缘物件作为工具,拉开触电人,拉开或挑开电线,如图 4-9 所示。

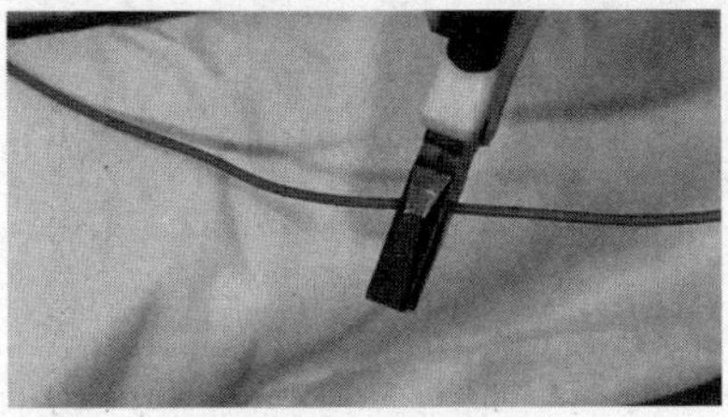

图 4-8　切断电线

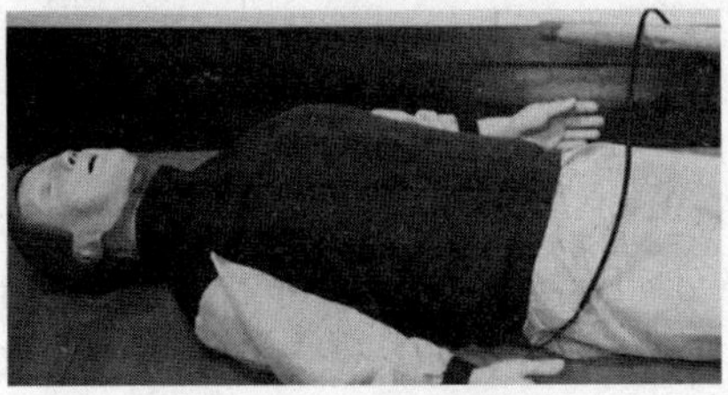

图 4-9　挑开电线

【验收标准】

序号	验收项目	验收内容
1	脱离电源	拉开开关、拔出插销、取下熔断器，用不导电物断开、挑开电线等

任务二　体征判断

【任务目的】

通过本任务的学习，掌握体征判断的方法。

【任务准备】

用于急救的人体模特等。

【任务实施】

切断电源后，应立即对触电人进行检查和判断，以确定触电人的意识、呼吸、心跳是否存在，瞳孔是否扩大，每项检查控制在 5 ～ 10 s 以内。在进行体征判断之前，要首先判断触电人的意识，采用摇肩膀、喊名字、掐人中等方法来判断意识是否存在。

步骤一　呼吸检查。用视、听、感觉等方法判断呼吸是否存在，即救护人靠近跪于触电人一侧，将脸、耳朵，侧向贴近触电人的嘴巴、鼻孔，眼睛注视其胸、腹部。"视"就是看触电人的胸、腹部是否随呼吸同步上下起伏，如图 4-10 所示；"听"就是用耳朵听触电人呼吸时，是否有呼气声音，如图 4-11 所示；"感觉"就是触电人呼气时，脸部是否有气体流动的吹拂感。

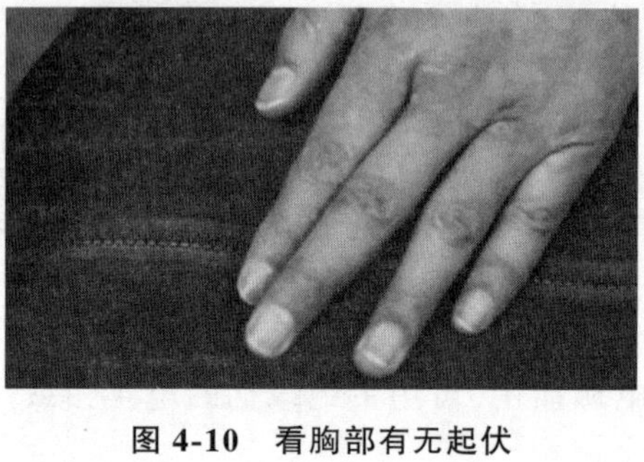

图 4-10　看胸部有无起伏

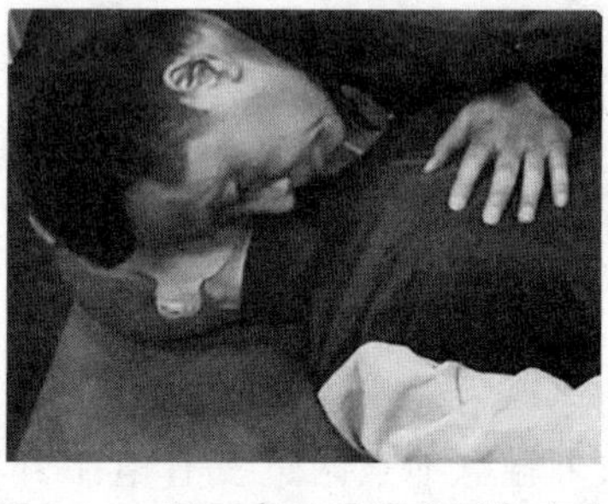

图 4-11　听口鼻处是否有呼气声音

步骤二　心跳检查。用摸颈动脉的方法确定心跳的存在。颈动脉位于喉结两侧 1 ～ 2 cm 凹陷处，位置浅、易触摸。救护人可将中指、食指合拢，指尖从喉结处向颈外侧（任意一侧）气管旁的软组织处触摸，如图 4-12 所示。

步骤三　通畅气道。开放气道通常要做到，解开衣服，如图 4-13 所示；松开裤带，如图 4-14 所示；清除口中异物，如图 4-15 所示。

其中，在清除口中异物时，轻轻将触电人的头侧转，用食指挖出口中的呕吐物、假牙等。清除完毕，将头扶正。在抬颏按额时，救护人一手放于触电人前额，掌根下压额头，另一手托其颏部，使头部后仰，如图 4-16 所示。

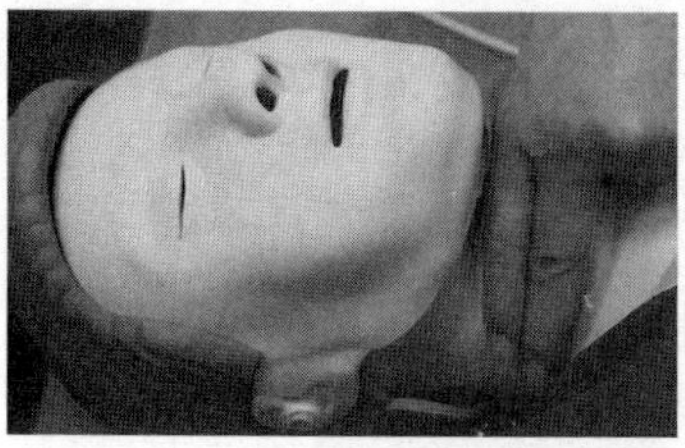

图 4-12　摸颈动脉处有无搏动

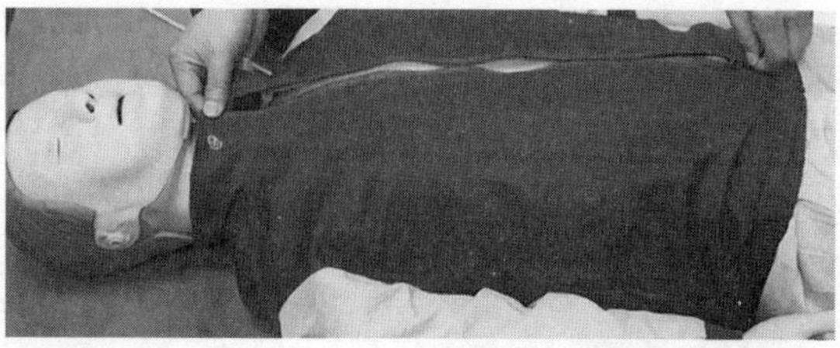

图 4-13　解开衣服

图 4-14　松开裤带

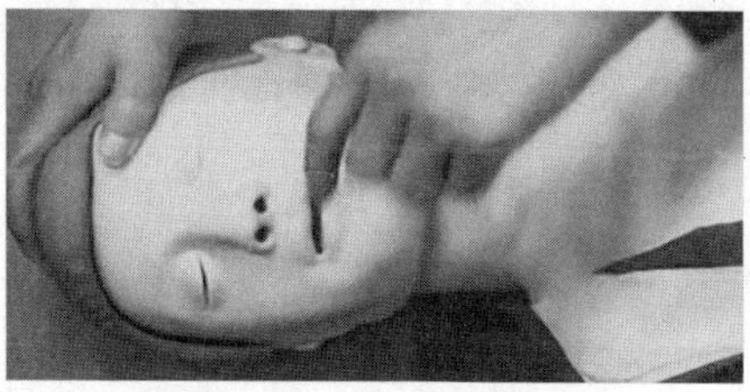

图 4-15　清除口中异物

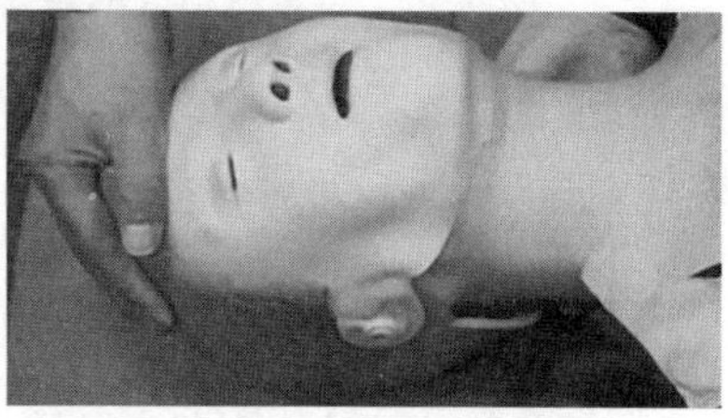

图 4-16　头部向后仰

【验收标准】

序号	验收项目	验收内容
1	体征判断	看胸腹部有无起伏;听口鼻处有无呼气声音;试口鼻有无呼气气流;试颈动脉有无搏动
2	通畅气道	松衣服、裤带;清除口腔异物;头部向后仰

任务三　口对口(鼻)人工呼吸

【任务目的】

通过本任务的学习,掌握口对口(鼻)人工呼吸的方法。

【任务准备】

用于急救的人体模特等。

【任务实施】

步骤一　保持气道开放,救护人用放在触电人前额的手的拇指和食指捏紧触电人的鼻翼(图 4-17),吸一口气,用双唇包严触电人口唇,缓慢、持续地将气体吹入。吹气时间为 1 s,同时,观察触电人胸部隆起。注意,若是口对鼻人工呼吸,则应封住口唇。

步骤二　吹气完毕,救护人松开捏鼻翼的手,侧头吸入新鲜空气并观察胸部有无下降,听、感觉触电人呼吸情况,准备进行下次吹气。连续进行 2 次吹气,确认气道通畅,再进行有效的人工呼吸,如图 4-18 所示。成人每 5 ~ 6 s 吹气 1 次,每分钟 10 ~ 12 次(儿童每分钟 12 ~ 20 次),每次吹气均要保证足够量的气体进入并使胸廓隆起。一般情况下,应用口对口人工呼吸法。如果无法使触电人把口张开,可改用口对鼻人工呼吸法。

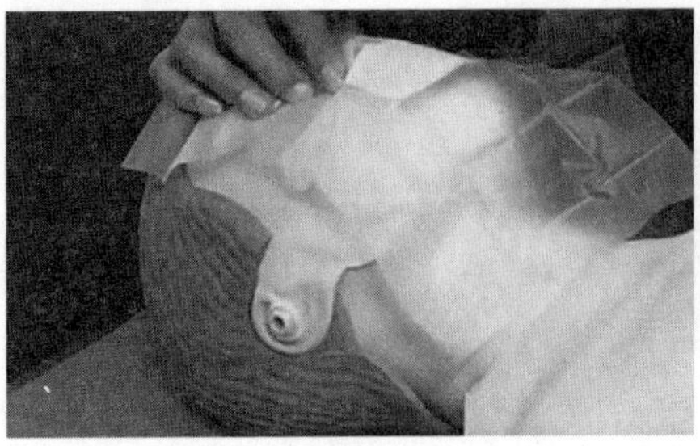

图 4-17　捏紧触电人的鼻翼

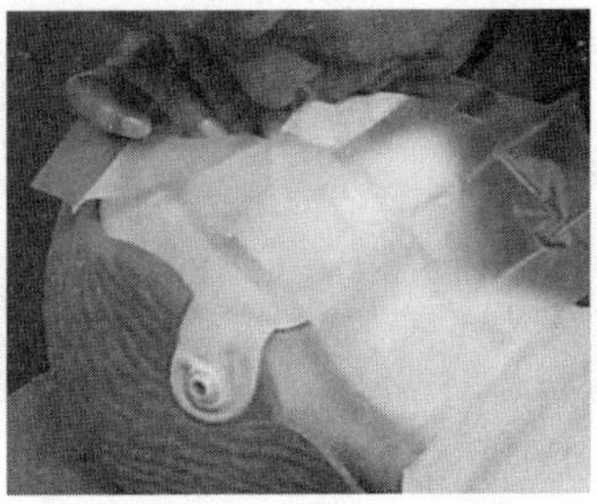

图 4-18　进行人工呼吸

【验收标准】

序号	验收项目	验收内容
1	口对口(鼻)人工呼吸	口对口应捏鼻,口对鼻应封口唇;成人每 5 ~ 6 s 吹气一次,每分钟 10 ~ 12 次(儿童每分钟 12 ~ 20 次)

任务四　胸外按压

【任务目的】

通过本任务的学习,掌握胸外按压的方法。

【任务准备】

用于急救的人体模特等。

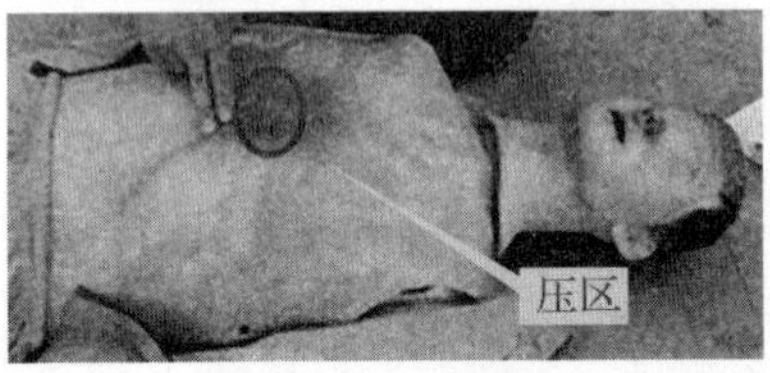

图 4-19　按压位置

【任务实施】

步骤一　救护人用一手中指沿触电人一侧肋弓向上滑行至两侧肋弓交界处,食指、中指并拢排列,另一手掌根紧贴食指置于触电人胸部,如图 4-19 所示。

步骤二　救护人双手掌根同向重叠,十指相扣(图 4-20),掌心翘起,手指离开胸壁,双臂绷直,上半身前倾。以膝关节为支点,垂直向下,用力、有节奏地按压 30 次,如图 4-21 所示。按压与放松的时间相等,下压深度 4 ~ 5 cm(儿童减少下压深度),放松时保证胸壁完全复位,按压频率 100 次 /min。

注意,按压与通气之比为 30 ∶ 2,做 5 个循环后可以观察一下触电人的呼吸和脉搏。

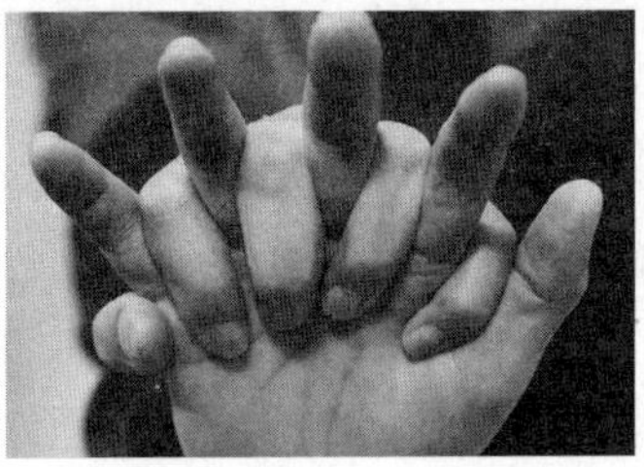

图 4-20　十指相扣

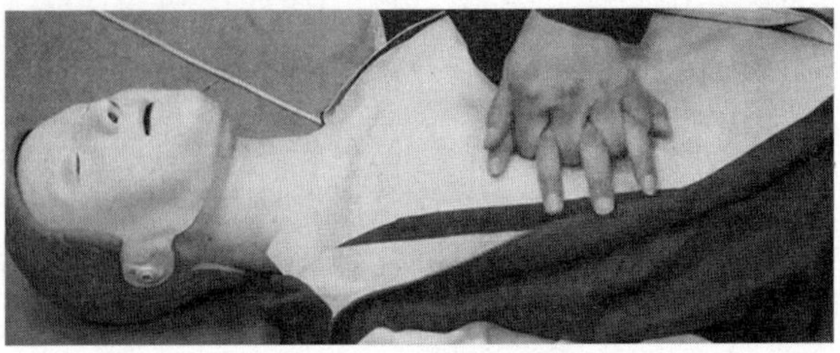

图 4-21　正确按压姿势

【验收标准】

序号	验收项目	验收内容
1	胸外按压	两手重叠、双臂绷直，垂直下压，按压频率 100 次 /min，下压深度 4 ～ 5 cm（儿童减少下压深度）

任务五　灭火

【任务目的】

通过本任务的学习，掌握灭火的方法。

【任务准备】

(1) 灭火器。
(2) 熟悉触电急救及低压火灾应急处置。

【任务实施】

步骤一　使用灭火器灭电气火灾，应选用干粉灭火器或二氧化碳灭火器，如图 4-22、图 4-23 所示。

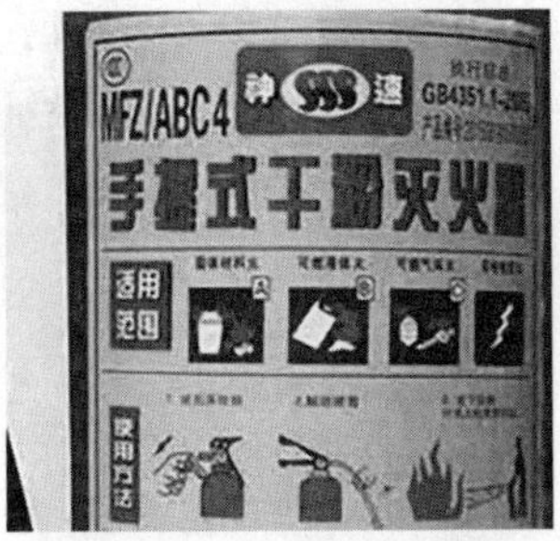

图 4-22　干粉灭火器

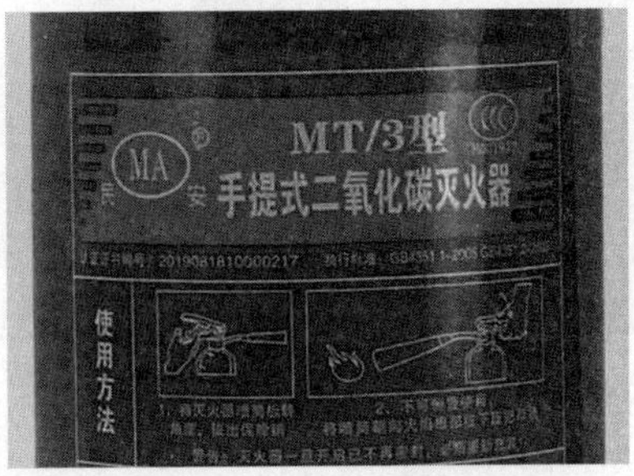

图 4-23　二氧化碳灭火器

步骤二　查有效期。选好灭火器后，应检查灭火器的有效期，确保其在有效期内，如图 4-24、图 4-25 所示。

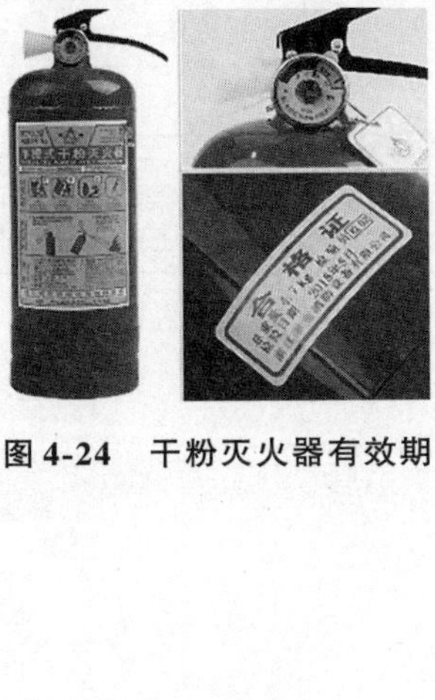

图 4-24　干粉灭火器有效期

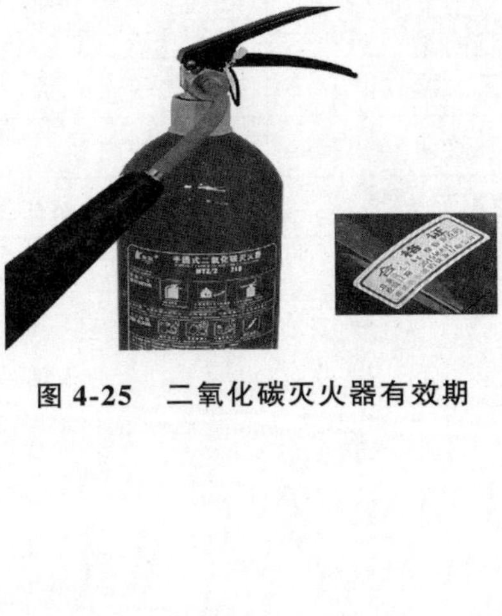

图 4-25　二氧化碳灭火器有效期

步骤三 使用灭火器灭火,方法如下。

①一手扶着灭火器,先除掉铅封(图 4-26),再拉出保险销(图 4-27)。

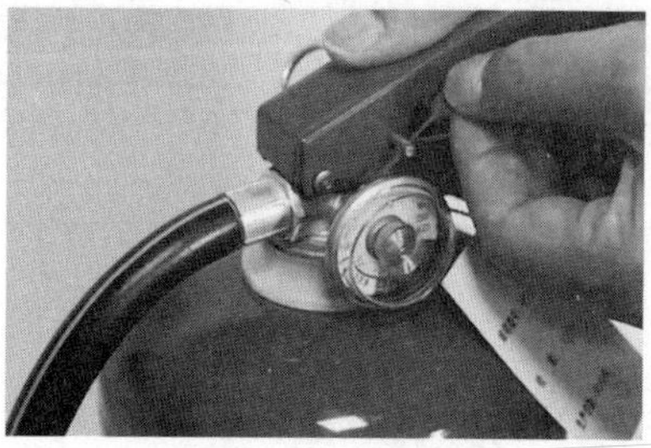

图 4-26 除掉铅封

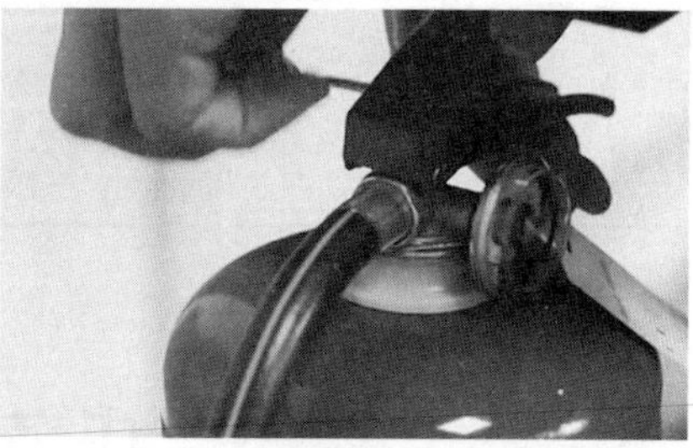

图 4-27 拉出保险销

②站在上风处,左手托住灭火器,右手捏着压把(图 4-28)对准火焰根部,按下压把左右扫射,如图 4-29 所示。

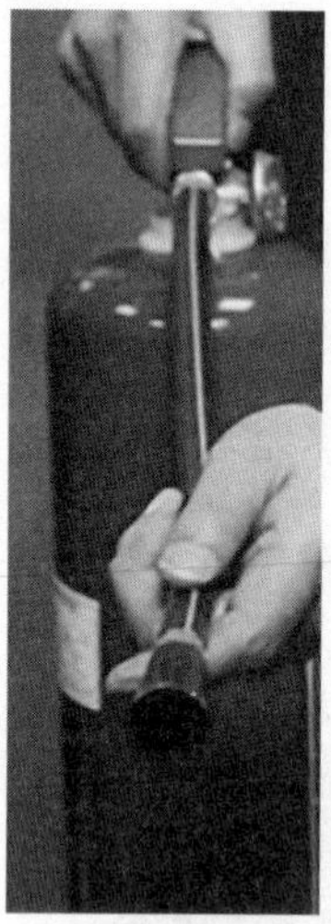

图 4-28 左手托住灭火器,右手捏着压把

图 4-29 对准火焰扫射

【验收标准】

序号	验收项目	验收内容
1	选灭火器	二氧化碳灭火器
2	查有效期	在有效期内
3	正确使用灭火器	拉出保险销,站在上风处,对准火焰根部,按下压把左右扫射

模块五　智能温室控制系统装调

本模块的学习目标为了解智能温室控制系统图的绘制，掌握智能温室控制系统的作用、工作原理，具备智能温室控制系统的拆卸、组装、调试能力。

项目一　智能温室控制系统图的绘制

项目描述

在温室控制系统中，所涉及的图形包括电气设备布置图、电气设备接线图、电气控制原理图、电气控制器外形图，本项目学习这 4 种图形的相关知识。

项目目标

掌握上述 4 种图形的绘制方法，能够熟练画图，为以后分析和装配电路做准备，培养职业精神，为从事相关工作打下基础。

教学方法

项目教学、任务驱动、现场演示、启发引导、分组讨论。

实施地点

智能温室实训室。

设备与工具

常用电工工具与仪表、智能温室控制系统。

学时

6 学时。

【相关知识链接】

一、部分常用电气图形符号和文字符号

在电气图中，代表电动机、各种电器元器件的图形符号和文字符号应按照我国已颁布实施的有关国家标准（GB/T 4728.1 ～ 13《电气简图用图形符号》）绘制。表 5-1 给出了部分常用电气图形符号和文字符号。

表 5-1　部分常用电气图形符号和文字符号

名称	图形符号	文字符号	名称	图形符号	文字符号
三极电源低压开关	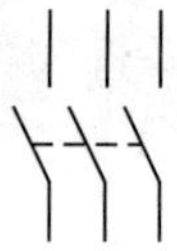	QS	接触器 线圈	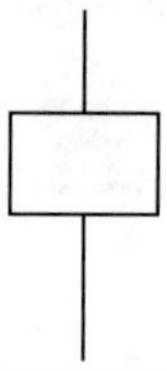	KM
断路器	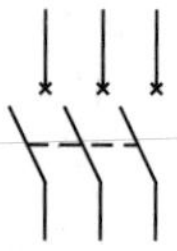	QF	接触器 主触头		
位置开关 常开触头		SQ	接触器 常开辅助触头		
位置开关 常闭触头	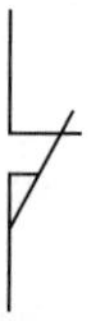		接触器 常闭辅助触头		
位置开关 复合触头	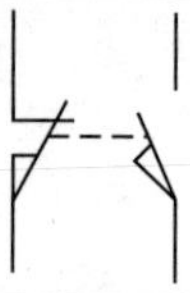		速度继电器 常开触头	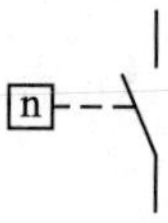	KS
熔断器		FU	速度继电器 常闭触头	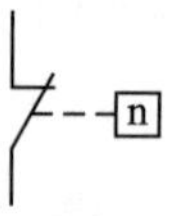	
控制按钮 启动	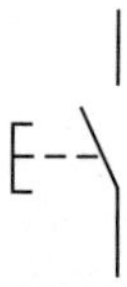	SB	时间继电器 线圈	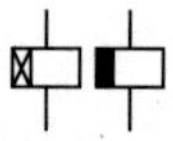	KT
控制按钮 停止	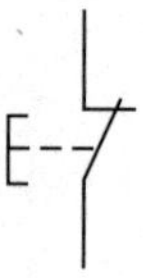		时间继电器 常开延时闭合触头		
控制按钮 复合	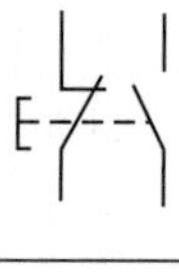		时间继电器 常闭延时打开触头		
时间继电器 常开延时打开触头	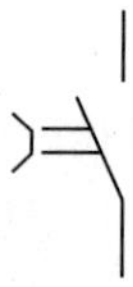	KT	时间继电器 常闭延时闭合触头		

续表 5-1

名称		图形符号	文字符号
热继电器	热元件	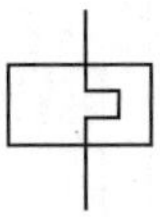	FR
	常闭触头	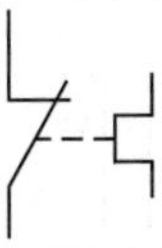	
继电器	中间继电器线圈	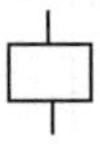	KA
	欠电压继电器线圈	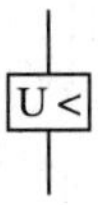	KV
	过电流继电器线圈	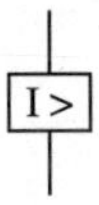	KI
	常开触头		相应继电器符号
	常闭触头		
	欠电流继电器线圈		KI

名称	图形符号	文字符号
桥式整流装置	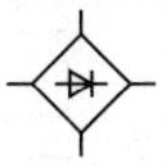	VC
照明灯	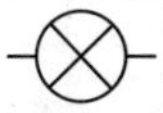	EL
信号灯	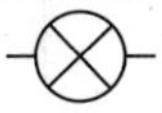	HL
电阻器	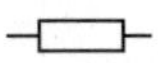	R
接插器	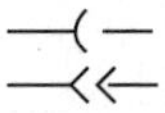	X
电磁铁	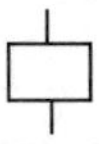	YA
电磁吸盘	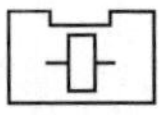	YH
串励直流电动机	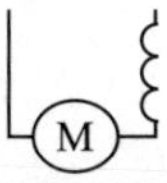	M
并励直流电动机		
他励直流电动机		
复励直流电动机	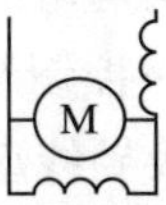	
直流发电机		G
三相鼠笼式异步电动机		M
制动电磁铁	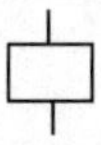	YB
电磁离合器	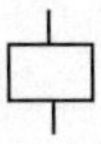	YC
万能转换开关	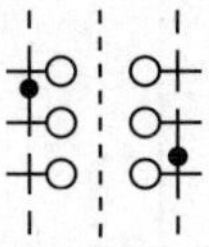	SA

二、电气设备布置图

电气设备布置图也称为电气安装图，用来表示电器设备和电器元件的实际安装位置，是生产机械电器设备制造、布置和维修必不可少的技术文件。布置图可集中画在一张图中，或将控制柜、操作台的电器元件布置图分别画出，但图中各电器元件代号应与有关原理图和元器件清单上的代号相同。在布置图中，机械设备轮廓用双点划线表示，所有可见的和需要表达清楚的电器元件及设备，用粗实线绘出其简单的外形轮廓即可，其中，电器元件无须标注尺寸。图 5-1 是某温室控制系统的电气设备布置图。

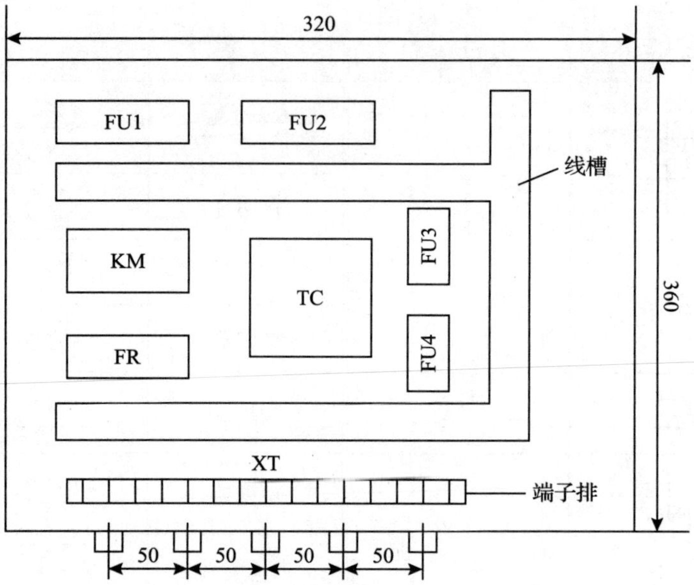

图 5-1　某温室控制系统的电气设备布置图

三、电气设备接线图

电气设备接线图用来表明电气设备各单元之间的接线关系，主要用于安装接线、电路检查、电路维修和故障处理等，在生产现场得到广泛应用。绘制电气接线图时必须掌握的基本原则有：各电器元件的图形符号、文字符号等均与电气控制原理图一致；外部单元同一电器的各部件画在一起，其布置基本符合电器实际情况；不在同一控制箱和同一配电屏上的各电器元件的连接是通过接线端子板实现的；电气互联关系以线束表示；连接导线应标明导线参数（数量、截面积、颜色等），一般不标注实际走线途径；对于控制装置的外部连接线，应在图上或用接线来表示清楚，并标明电源引入点。图 5-2 是某电气设备接线图。

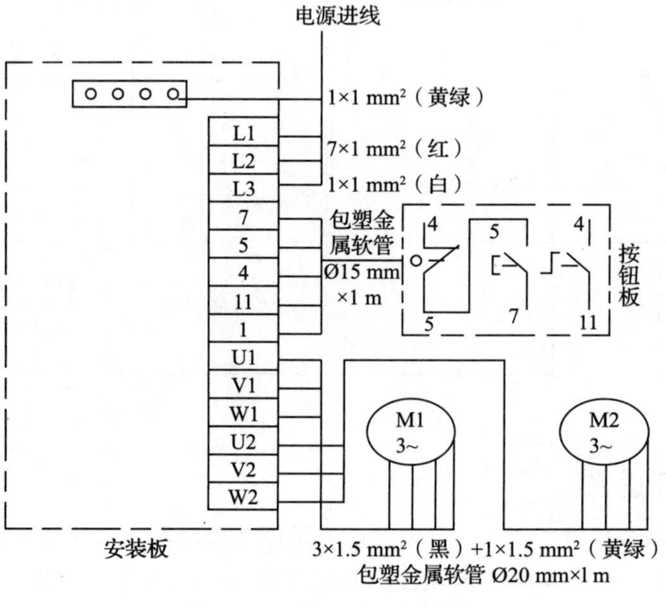

图 5-2　某电气设备接线图

四、电气控制原理图

电气控制原理图是用图形符号和项目代号表示电器元件连接关系及电气工作原理的图，它是在设计部门和生产现场广泛应用的电路图。图 5-3 是某温室通风控制系统的电气控制原理图。

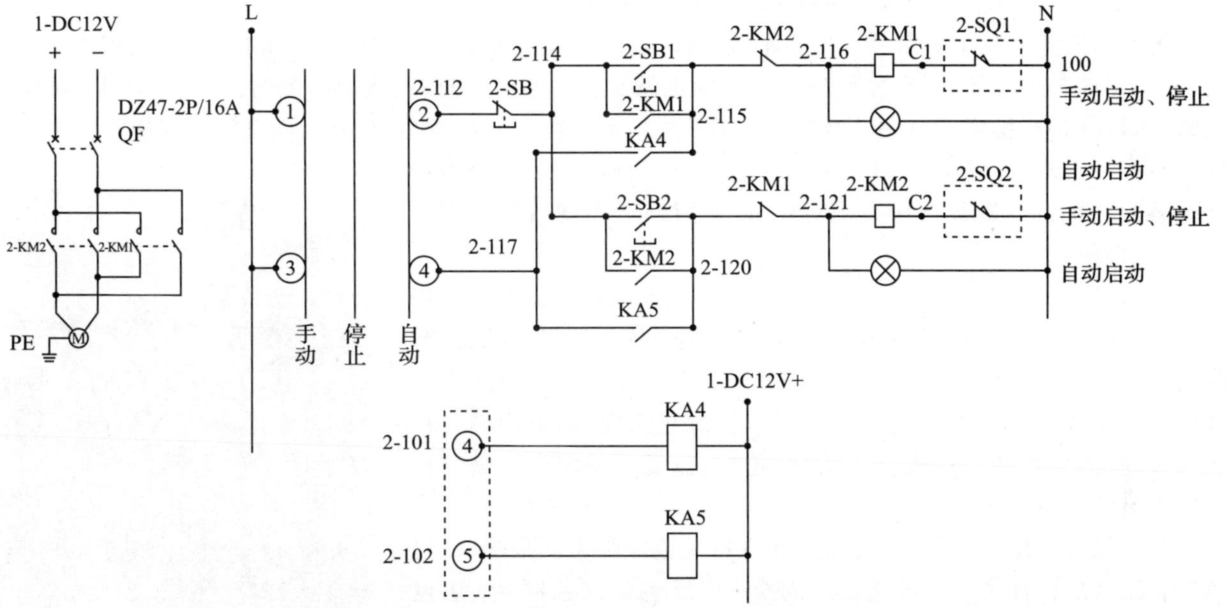

图 5-3　某温室通风控制系统的电气控制原理图

电气控制原理图一般由主电路和控制电路两大部分组成，主电路是由电动机以及与电动机相连接的电器、连线等组成的电路，控制电路是由操作按钮、电器等组成的电路。电气控制原理图的绘制方法如下：

通常将主电路和控制电路分开绘制，电气控制原理图可分为水平布置或垂直布置。水平布置时，电源线垂直画，其他电路水平画，控制电路中的耗能元件（如线圈、电磁铁、信号灯等）画在电路的最右端；垂直布置时，电源线水平画，其他电路垂直画，控制电路中的耗能元件画在电路的最下端。各个电器的不同部分（如接触器的线圈和触点等）并不按照它的实际布置情况绘制在电路中，而是采用同一电器的各个部分分别绘制在它们完成作用的地方。在原理图中，各种电器的图形符号、文字符号均按规定绘制和标写，同一电器的不同部分用同一符号表示。如果在一个控制系统中，同一种电器（如接触器）同时使用多个，其文字符号的表示方法为在规定文字符号前或后加字母或数字以示区别。由于各个电器在不同的工作阶段有不同的动作，触点时闭时开，而在原理图中只能表示一种情况，因此，规定在原理图中所有电器的触点均表示正常位置，即各种电器在线圈没有通电或没有使用外力时的位置。为了查线方便，在原理图中，2 条以上导线的电气连接处要打一圆点。

五、电气控制器外形图

在电气控制系统使用过程中，人机交互一般通过电气控制器（箱、柜）的外部元器件进行操作，操作面板是控制器（箱、柜）必备组件。作为人机交互的接口，操作面板上的操作器件应尽可能带有标识或编码。另外，应使操作失误的可能性降到最低，例如，器件的定位、合适的设计、提供附加保护措施等。操作面板部件位置应考虑人机工程学原则，机器外部控制装置的安装与位置应易于维修且尽可能避免来自外界的损害。在人站立状态下，人手触及区域为 0.84 ～ 1.79 m，操作部件尽可能在此范围内。

(1) 手动控制器件的操作器的选择与安装应符合以下几点。

①位于 0.6 m 以上，且操作人员工作地点易于触及的位置。

②不可使操作人员处于危险的情况。

③降低操作失误的可能性。

(2) 在设计控制器（箱、柜）操作面板外形时应注意以下几点。

①按钮及操作显示屏尽量排布在精确操作区，配置操纵器数量较多时应成组排列，功能相关的操纵器、显示器应集中安放，对有操作顺序关系的操纵器应按照由左向右（横向排列时）或自上而下（纵向排列时）的顺序进行排列。与操纵器功能有关的显示器应按功能性质相邻安排，而且操纵器应配置在显示器的下侧或右侧，以避免操作时手臂挡住观察显示器的视线。分组排列时各组之间的轮廓界限应采用对比鲜明的颜色、图案或线条框加以区分，以便识别。

②按钮可用颜色有红、黄、绿、蓝、黑、白、灰，选色原则为：“停止”“断电”“事故”用红色按钮；“启动”“通电”优先用绿色按钮，允许用黑、白、灰色按钮；一钮双用的，如“启动”与“停止”、“通电”与“断电”交替按压后改变功能的，不能用红、绿色按钮，而应用黑、白、灰色按钮；点动按钮应用黑、白、灰、绿色按钮；复位按钮应用蓝、白、灰或黑色按钮。

③指示灯可用颜色有红、黄、绿、蓝、白，选色原则为：“危险”“告急”用红色灯；“注意”用黄色灯；“安全”用绿色灯；“强制性”用蓝色灯。

④灯光按钮的颜色选色原则参照指示灯和按钮的选色原则，当选色困难时允许使用白色。灯光按钮不得作为事故按钮。

图 5-4　某温室电气控制器（箱、柜）的外形

图 5-4 是某温室电气控制器（箱、柜）的外形图。

任务一　电气设备布置图的绘制

【任务目的】

通过本任务的学习，掌握电气设备布置图的绘制和设计方法。

【任务准备】

(1) 正常运行的智能温室控制器，成套电工工具，成套绘图工具，绘图纸。

(2) 电工工作服。

(3) 操作人员精神集中，思维清晰。

(4) 操作人员熟悉电气设备布置图的相关知识。

【任务实施】

步骤一　实测电气设备的布置，其参考实物图形如图 5-5、图 5-6 所示。

步骤二　绘制电气设备布置图。

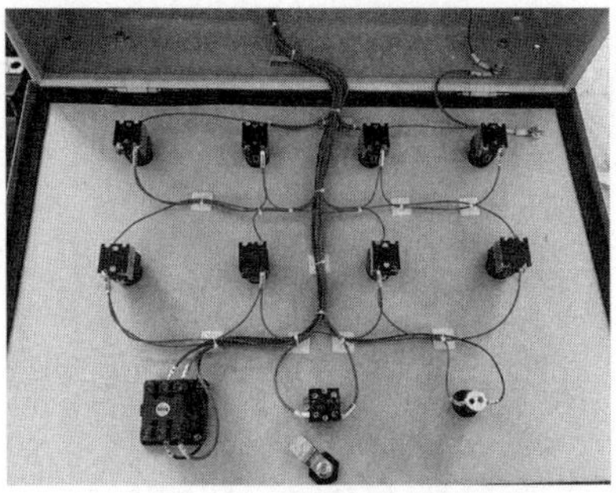

图 5-5　控制箱箱门背面实物

图 5-6　控制箱箱体内实物

【验收标准】

序号	验收项目	验收内容
1	实测	实测电气设备的布置
2	绘图	绘制电气设备布置图

任务二　电气设备接线图的绘制

【任务目的】

通过本任务的学习，掌握电气设备接线图的绘制和设计方法。

【任务准备】

(1)正常运行的智能温室控制器，成套电工工具，成套绘图工具，绘图纸。
(2)电工工作服。
(3)操作人员精神集中，思维清晰。
(4)操作人员熟悉电气设备接线图的相关知识。

【任务实施】

步骤一　实测电气设备接线情况。
步骤二　绘制电气设备接线图。

【验收标准】

序号	验收项目	验收内容
1	实测	实测电气设备接线情况
2	绘图	绘制电气设备接线图

任务三　电气控制原理图的绘制

【任务目的】

通过本任务的学习，掌握电气控制原理图的绘制和设计方法。

【任务准备】

(1)正常运行的智能温室控制器，成套电工工具，成套绘图工具，绘图纸。
(2)电工工作服。
(3)操作人员精神集中，思维清晰。
(4)操作人员熟悉电气控制原理图的相关知识。

【任务实施】

步骤一　实测接线情况，参考图 5-7、图 5-8、图 5-9。

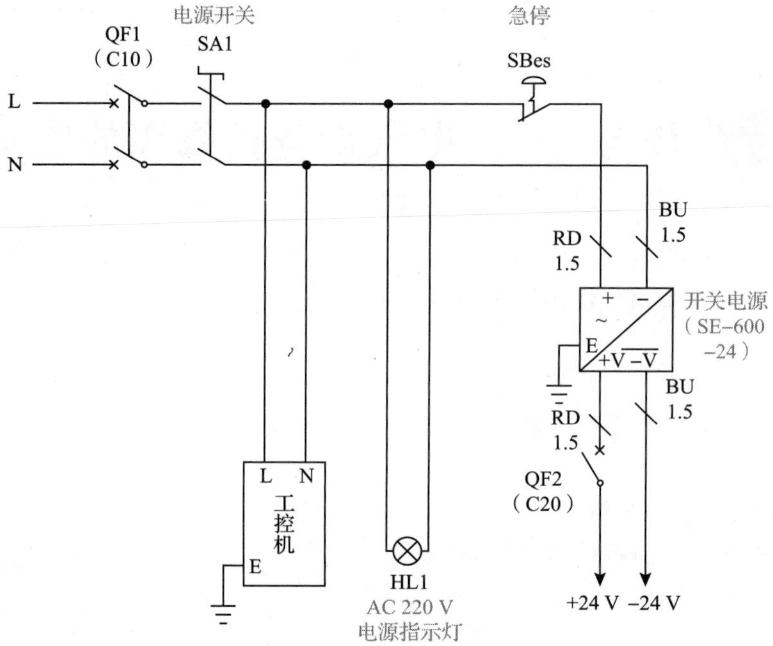

图 5-7　主电路接线图 1

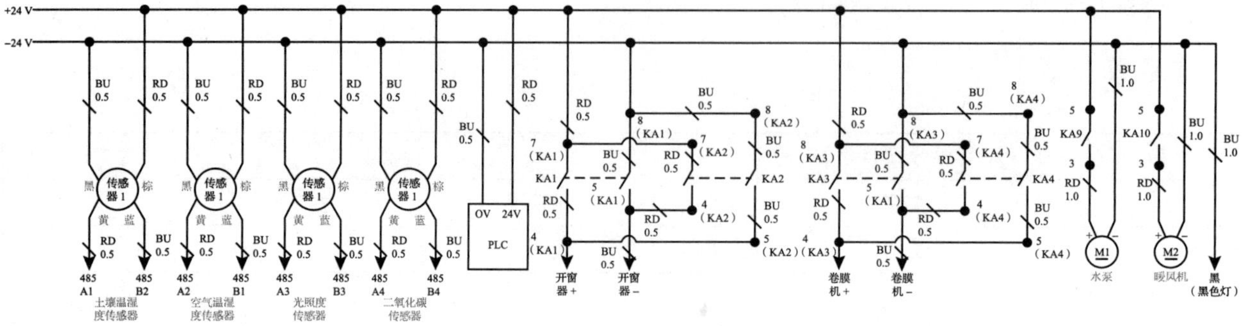

图 5-8　主电路接线图 2

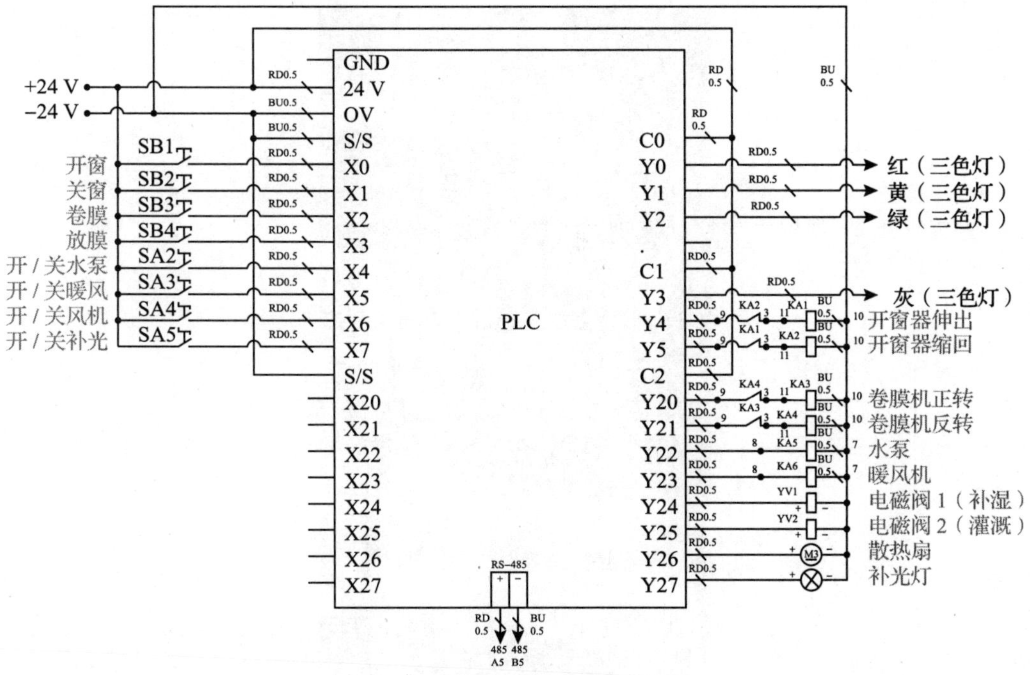

图 5-9 PLC 接线图

步骤二 绘制电气控制原理图。

【验收标准】

序号	验收项目	验收内容
1	实测	实测接线情况
2	绘图	绘制电气控制原理图

任务四 | 电气控制器（箱、柜）外形图的绘制

【任务目的】

通过本任务的学习，掌握电气控制器（箱、柜）外形图的测绘和设计方法。

【任务准备】

(1) 正常运行的智能温室控制器（箱、柜），成套电工工具，成套绘图工具，绘图纸。
(2) 电工工作服。
(3) 操作人员精神集中，思维清晰。
(4) 操作人员熟悉电气控制器（箱、柜）外形图的相关知识。

【任务实施】

步骤一 实测电气控制器（箱、柜）的外形，其参考实物图形如图 5-10 所示。

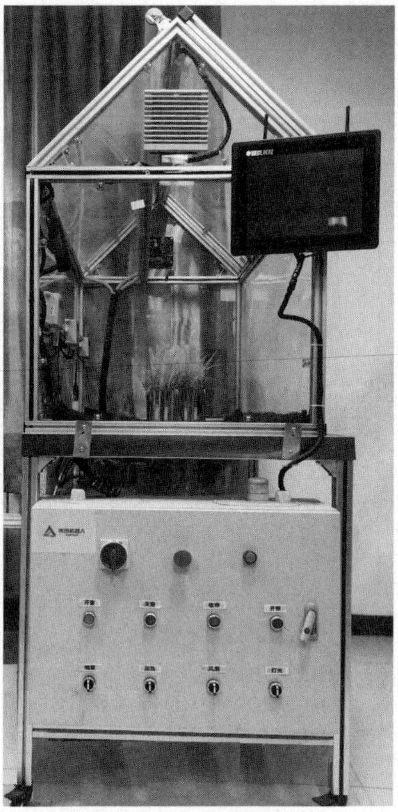

图 5-10　电气控制器(箱、柜)实物

步骤二　绘制电气控制器(箱、柜)的外形图。

【验收标准】

顺序	验收项目	验收内容
1	实测	实测电气控制器(箱、柜)的外形
2	绘图	绘制电气控制器(箱、柜)的外形图

项目二　智能温室控制系统的作用和工作原理

项目描述

在温室控制系统中,控制系统的作用和工作原理属于最重要的专业技术领域。本项目学习温室控制系统的作用和工作原理的相关知识。

项目目标

掌握智能温室控制系统的作用及工作原理，初步具备智能温室控制系统中控制程序的阅读能力，了解中国电气设备的发展，激发学生的爱国热情，强化爱国主义观念。

教学方法

项目教学、任务驱动、现场演示、启发引导、分组讨论。

实施地点

智能温室实训室。

设备与工具

常用电工工具与仪表、智能温控制系统。

学时

4 学时。

【相关知识链接】

实训室所用智能温室的安全注意事项、系统简介等如下。

一、安全注意事项

（一）特别提示

智能温室环境控制试验台为 AC220 V 供电，非专业人员请勿拆机检查。

（二）警示标识说明

智能温室环境控制试验台将附警示标签。警示标签特别记载了需要注意的安全事项，使用智能温室环境控制试验台时必须遵守标签的指示，切勿做任何被禁止的事项；请看清警示标签的内容；为方便了解警示标签的内容，请保持标签清洁。图 5-11 为警示标签。

图 5-11　警示标签

（三）安全操作须知

为安全使用智能温室环境控制试验台，必须注意防火、防机器事故发生，必须高度重视，提高警惕，万万不可粗心大意。为确保人身安全，应注意以下事项。

（1）在操作智能温室环境控制试验台前请务必阅读说明书，注意警示标签。

（2）智能温室环境控制试验台操作人员必须先接受培训，并对电气方面知识有一定了解。

（3）智能温室环境控制试验台在使用时应保证可靠接地。

(4)智能温室环境控制试验台在使用时,周围不要有其他人作业,防止发生意外事故。

(5)非专业维修人员请勿打开电气控制柜面板,内有高压,小心触电。

(6)在不使用智能温室环境控制试验台时,请断开电源,并做好防水、防锈等保护措施。

(7)存放时应放在小孩碰不到的地方,避免发生意外。

(8)禁止下列人员操作智能温室环境控制试验台:

精神疾病患者;醉酒的人;无操作知识的人;未成年人或老人;孕妇或哺乳期的妇女;过度疲劳者。

二、系统简介

(一)技术参数

智能温室环境控制试验台主要技术参数如表 5-2 所示。

表 5-2 智能温室环境控制试验台主要技术参数

名称		单位	智能温室环境控制试验台
整机参数	整机净重	kg	50
	尺寸(长 × 宽 × 高)	mm	1 280×810×2 000
	整机功率	W	1 000
软件系统	开发系统	—	Win7
	开发语言	—	VS
控制系统	电源电压	V	220
	计算机	—	触控一体机

(二)智能温室环境控制试验台用途

(1)适用于大专院校、科研院所,作为智能温室环境控制试验台教学、科研和展示平台。

(2)适用于现代农业示范园区,作为智能温室环境控制试验台试验示范。

(三)工作原理及特点

智能温室环境控制试验台由电气控制柜和试验台两部分组成。电气控制柜包括可编程逻辑元件、触摸屏、空气漏电保护开关、变压器、交流接触器、按钮、指示灯等电气元件;试验台包括温湿度传感器、光照度传感器、二氧化碳传感器、风机、遮阳帘、水泵和补光灯等执行器件。

通过可控制逻辑元件进行编程、触摸屏设置参数,智能监控温室大棚温湿度、光照度和 CO_2。根据以上各类信息的反馈对农业园区进行模拟自动灌溉、自动降温、自动卷帘、自动开窗等自动控制。

智能温室控制系统,是专门为农业温室、农业环境控制开发生产的环境自动控制系统,可测量温室大棚内的环境温度、环境湿度、光照强度、土壤温度、光照度、CO_2 浓度等农业环境因子,根据温室作物生长要求,自动控制开关窗、卷膜、风机湿帘、生物补光等环境控制设备,自动调控温室内环境,使其在适宜植物生长的范围,为植物生长提供更佳的环境。

智能温室控制系统可以使温室运行于经济、节能的状态,实现温室的无人值守自动化运行,减轻人员劳动强度,降低温室能耗和运行成本。

智能温室环境控制试验台采用传感器采集、设备控制,通过多学科技术的交叉融合,依托部署在温室中的各种传感器节点、控制节点实现模拟温室大棚农业生产环境的智能控制以及智能预警等,为农业生产向精细化、可视化、自动化方向的迈进提供了技术储备。

（四）整体结构

整体结构如图 5-12 所示。

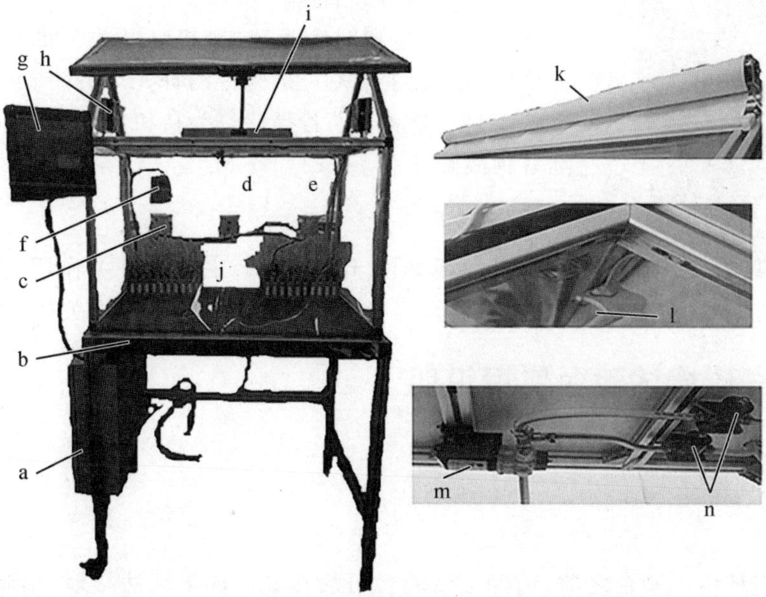

a. 控制箱：试验台控制系统；b. 金属框架：试验台整体支撑；c. 温、湿度变送器：测量试验台内温度、湿度；d. 光照度变送器：测量试验台内光照度；e.CO_2 变送器：测量试验台内 CO_2；f. 暖风机：试验台内升温用；g. 一体式工控机：试验台人机交互用；h. 风机：试验台内通风用；i. 电动开窗器：试验台开、关窗用；j. 土壤温度水分变送器：测量试验台内土壤温度、湿度；k. 电动窗帘：试验台开关窗帘用；l. 补光灯：试验台开关灯用；m. 水泵：试验台抽水用；n. 流体阀：试验台水路开关用

图 5-12　整体结构

（五）控制面板

1. 前操作面板

前操作面板如图 5-13 所示，各开关及按钮作用如下。

急停旋钮：当智能温室控制系统处于失控状态下，需拍下该开关，关闭程序；排除问题后，顺时针旋转该开关，解除锁定。

电源开关：控制总电源的通、断，将电源开关旋到“ON”挡，电源接通；将电源开关旋到“OFF”挡，电源关断。

指示灯：当试验台正常上电后，该指示灯会亮绿灯。

开窗：按下“开窗”按钮，试验台打开窗户；松开“开窗”按钮，试验台上窗户会停在当前位置。

关窗：按下“关窗”按钮，试验台关闭窗户；松开“关窗”按钮，试验台上窗户会停在当前位置。

收帘：按下“收帘”按钮，试验台开始收窗帘；松开“收帘”按钮，试验台停止收窗帘。

放帘：按下“放帘”按钮，试验台开始放窗帘；松开“放帘”按钮，试验台停止放窗帘。

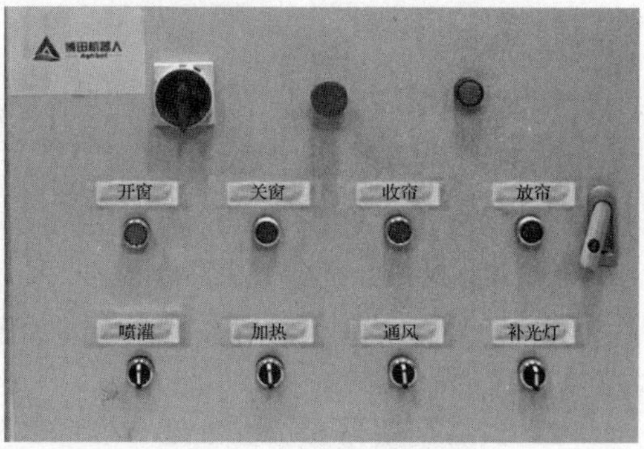

图 5-13　前操作面板

喷灌开关：顺时针旋转“喷灌开关”，试验台开启喷灌；逆时针旋转“喷灌开关”，试验台关闭喷灌。

图 5-14　右侧面板

加热开关：顺时针旋转“加热开关”，试验台的暖风机开启；逆时针旋转“加热开关”，试验台的暖风机关闭。

通风开关：顺时针旋转“通风开关”，试验台的风机开启；逆时针旋转“通风开关”，试验台的风机关闭。

补光灯开关：顺时针旋转“补光灯开关”，试验台的补光灯开启；逆时针旋转“补光灯开关”，试验台的补光灯关闭。

状态灯：“状态灯”若亮绿灯为待机状态；若亮黄灯为工作状态；若亮红灯为故障状态。

2. 右侧面板

右侧面板如图 5-14 所示，工控机开关作用：点按“工控机开关”，工控机开机，再点按“工控机开关”，工控机关机。

三、智能温室环境试验台使用说明

（一）手动操作模式

1. 操作前准备

在启动智能温室环境试验台之前，请保证试验台可靠接地。如果无法接地，请联系专业人员解决。

2. 电源接通

首先，在前操作面板上，顺时针旋起“急停旋钮”；然后，在前操作面板上，将“电源开关”的按钮旋转到“ON”挡，“指示灯”亮。待“状态灯”亮绿灯后，可正常操作。

3. 面板操作

（1）通过“开窗”“关窗”按钮，将窗户调节到需要的位置。

（2）通过“收帘”“放帘”按钮，将窗帘调节到需要的位置。

（3）通过旋转“喷灌开关”，控制智能温室环境试验台的喷灌量。

（4）通过旋转“加热开关”，控制智能温室环境试验台的暖风机的开启与关闭。

（5）通过旋转“通风开关”，控制智能温室环境试验台的风机的开启与关闭。

（6）通过旋转“补光灯开关”，控制智能温室环境试验台的补光灯的开启与关闭。

（二）软件操作模式

1. 操作前准备

点按“工控机开关”，进入 Windows 操作系统。在桌面上鼠标左键双击“”，打开软件。

2. 环境数据获取

（1）获取空气温湿度数据。

在“设备配置→空气温湿度→串口号”中选择正确串口号，点击“打开”，“温室环境→空气温度、空气湿度”图标下会显示当前环境空气温湿度，如图 5-15 所示。

（2）获取土壤温湿度数据。

在“设备配置→土壤温湿度→串口号”中选择正确串口号，点击“打开”，“温室环境→土壤温度、土壤湿度”图标下会显示当前环境土壤温湿度，如图 5-16 所示。

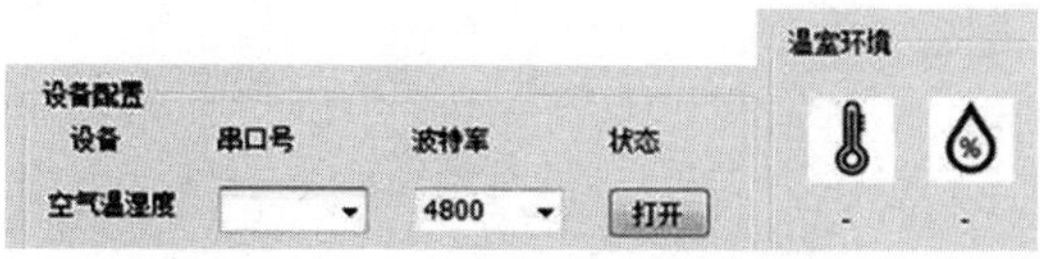

图 5-15 当前环境空气温湿度

图 5-16 当前环境土壤温湿度

(3)获取土壤 CO_2 数据。

在“设备配置→ CO_2 浓度→串口号”中选择正确串口号,点击“打开”,“温室环境→ CO_2 浓度”图标下会显示当前环境 CO_2 浓度,如图 5-17 所示。

(4)获取光照度数据。

在“设备配置→光照度→串口号”中选择正确串口号,点击“打开”,“温室环境→ 光照度”图标下会显示当前环境光照度,如图 5-18 所示。

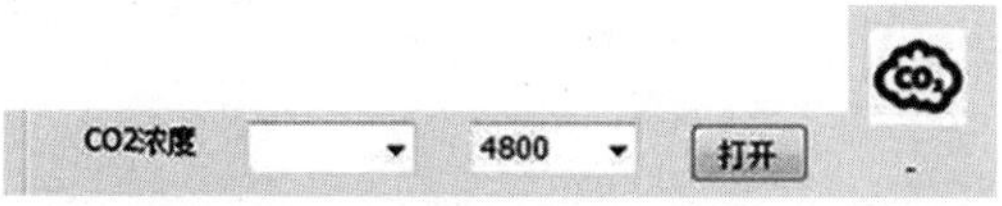

图 5-17 当前环境 CO_2 浓度

图 5-18 当前环境光照度

(5)更改数据更新频率(Hz)。

在“设备配置→数据更新频率”中选择需要的数据更新频率,如图 5-19 所示。

3. 环境数据调控

(1)打开 PLC 环境调控设备控制器。

在“设备配置→ PLC →串口号”中选择正确串口号,点击“打开”,如图 5-20 所示。

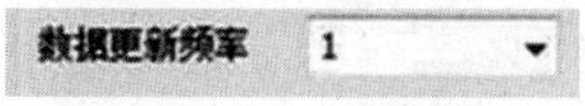

图 5-19 数据更新频率

图 5-20 选择正确串口号

(2)喷灌控制。

点击“设施状态→喷灌”按钮,启动喷灌,如图 5-21 所示。

(3)加热器控制。

点击“设施状态→加热”按钮,启动加热,如图 5-22 所示。

(4)卷帘控制。

点击“设施状态→放帘 / 收帘 / 停止”按钮,启动放帘 / 收帘 / 停止,如图 5-23 所示。

(5)天窗控制。

点击“设施状态→开窗 / 关窗”按钮,启动开窗 / 关窗,如图 5-24 所示。

图 5-21 启动喷灌

图 5-22 启动加热

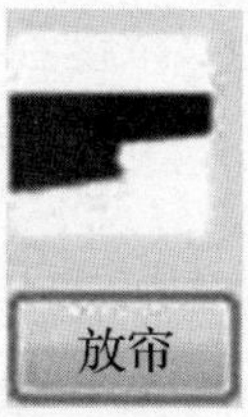

图 5-23 放帘

图 5-24 开窗

(6)通风控制。

点击“设施状态→通风”按钮,启动风机通风,如图 5-25 所示。

(7)加湿喷雾控制。

点击“设施状态→喷雾”按钮,启动加湿喷雾,如图 5-26 所示。

(8)补光灯控制。

点击“设施状态→开灯 / 关灯”按钮,启动 / 关闭补光灯,如图 5-27 所示。

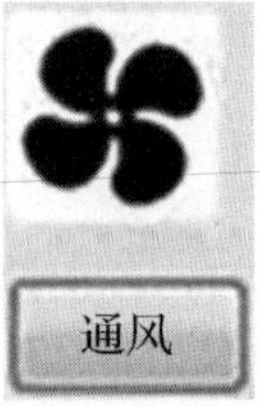

图 5-25　通风

图 5-26　喷雾

图 5-27　开灯

4. 环境数据自动控制

(1)打开 PLC 环境调控设备控制器。

点击“自动控制设置→开启 / 关闭自动控制”按钮,启动 / 关闭环境自动控制,如图 5-28 所示。

(2)配置启用单一环境数据自动控制。

选中“开启自动控制设置→ CO_2 浓度控制 / 光照度控制 / 空气湿度控制 / 空气温度控制 / 土壤湿度控制 / 土壤温度控制→使能”复选框,配置是否使能启动 / 关闭环境 CO_2 浓度 / 光照度 / 空气湿度 / 空气温度 / 土壤湿度 / 土壤温度的自动控制,点击“应用参数”保存配置,如图 5-29 所示。

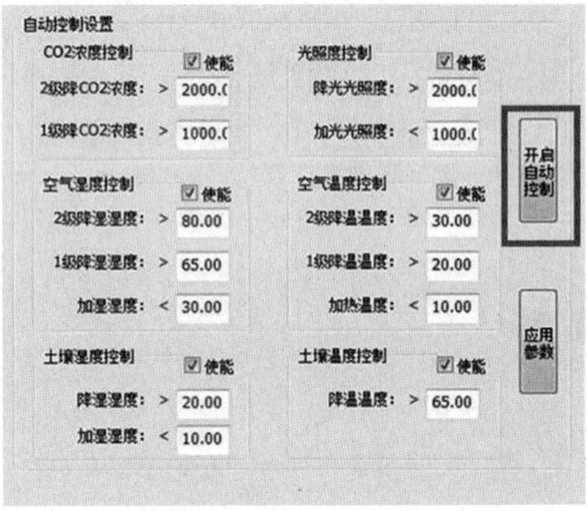

图 5-28　环境自动控制

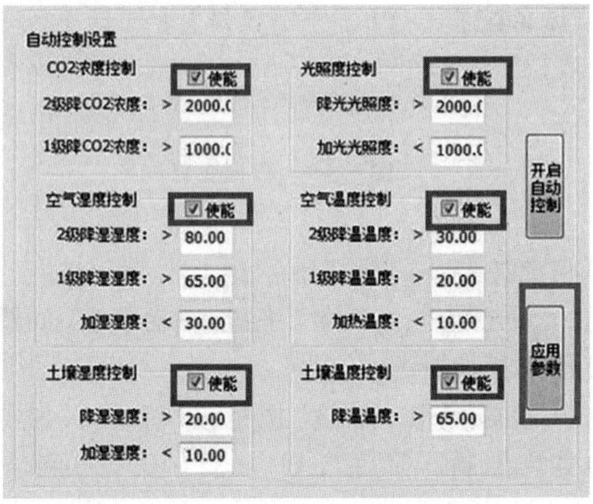

图 5-29　单一环境数据自动控制

(3)配置 CO_2 浓度自动控制参数。

输入“开启自动控制设置→ CO_2 浓度控制→ 1 级 /2 级降 CO_2 浓度”阈值,启用自动控制后, CO_2 浓度超过 1 级,将自动控制“开窗”; CO_2 浓度超过 2 级,将自动控制“开窗、开通风”,如图 5-30 所示。

(4)配置光照度自动控制参数。

输入“开启自动控制设置→光照度控制→降光光照度 / 加光光照度”阈值,启用自动控制后,光照度超过降光光照度将“放帘”,低于加光光照度将“开灯”,如图 5-31 所示。

(5)配置空气湿度自动控制参数。

输入“开启自动控制设置→空气湿度控制→1级/2级降湿湿度/加湿湿度”阈值，启用自动控制后，空气湿度超过1级/2级降湿湿度将“开窗”/“开窗、开通风”，低于加湿湿度将“喷雾”，如图5-32所示。

图5-30 配置CO_2浓度自动控制参数

图5-31 配置光照度自动控制参数

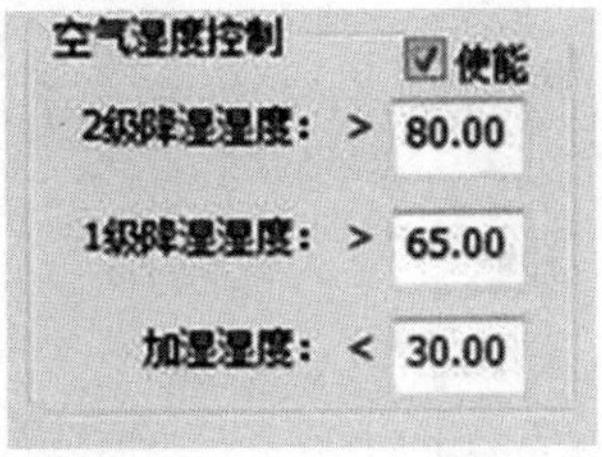

图5-32 配置空气湿度自动控制参数

(6)配置空气温度自动控制参数。

输入“开启自动控制设置→空气温度控制→1级/2级降温温度/加热温度”阈值，启用自动控制后，空气温度超过1级/2级降温温度将“开窗”/“开窗、开通风”，低于加热温度将“开加热器”，如图5-33所示。

(7)配置土壤湿度自动控制参数。

输入“开启自动控制设置→土壤湿度控制→降湿湿度/加湿湿度”阈值，启用自动控制后，土壤湿度超过降湿湿度将“开窗、开通风”，低于加湿湿度将“开喷灌”，如图5-34所示。

(8)配置土壤温度自动控制参数。

输入“开启自动控制设置→土壤温度控制→降温温度”阈值，启用自动控制后，土壤温度超过降温温度将“开喷灌”，如图5-35所示。

图5-33 配置空气温度自动控制参数

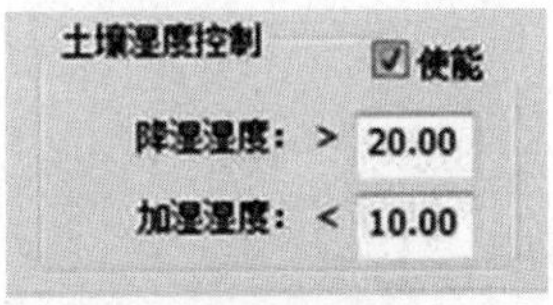

图5-34 配置土壤湿度自动控制参数画面

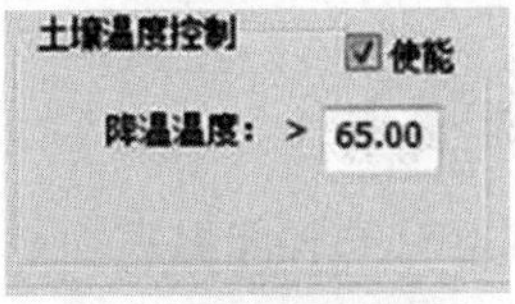

图5-35 配置土壤温度自动控制参数

5. 整体画面

整体画面如图5-36所示。

6. 退出系统

点击软件右上角的“×”，关闭软件；点击“关机”，关闭工控机。

(三)关闭操作

使用结束后，应规范关闭智能温室环境控制试验台。

(1)将各执行器件关闭。

(2)将前操作面板的“急停旋钮”拍下，随后将“电源开关”旋转到“OFF”挡，前操作面板上的指示灯灭。

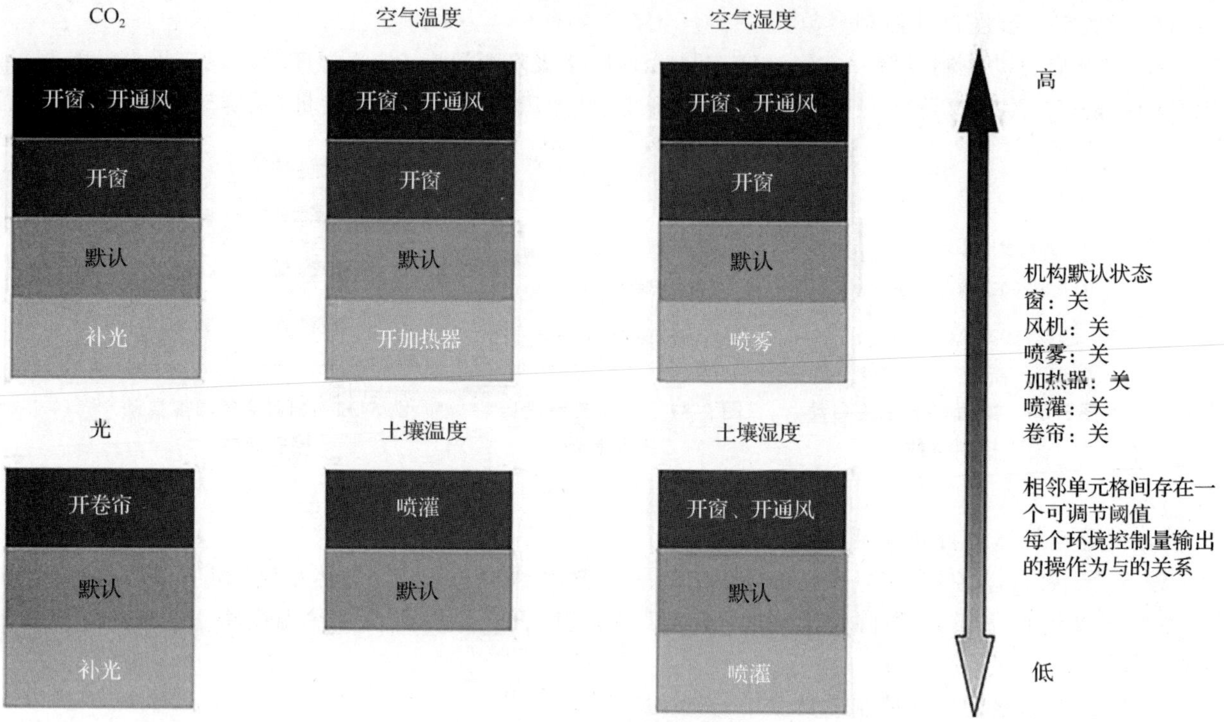

图 5-36　整体显示画面

任务一　智能温室控制系统的作用

【任务目的】

通过本任务的学习，掌握并写出实训室智能温室控制系统的作用。

【任务准备】

(1)正常运行的智能温室控制器，电工工具。
(2)电工工作服。
(3)操作人员精神集中，思维清晰。
(4)操作人员熟悉智能温室控制系统的操作方法及相关知识。

【任务实施】

步骤一　实际操作。
(1)手动操作模式。
①开窗。
②收帘。
③喷灌。
④加热。
⑤通风。
⑥补光。

(2)软件操作模式。

①环境数据获取。

②环境数据调控。

③ 环境数据自动控制。

④退出系统。

步骤二　写出控制系统的作用。

【验收标准】

序号	验收项目	验收内容
1	操作	进行实际操作
2	写出作用	每操作一步写出其作用和效果

任务二 | 智能温室控制系统的工作原理

【任务目的】

通过本任务的学习,掌握并写出实训室智能温室制系统的工作原理。

【任务准备】

(1)正常运行的智能温室控制器,电工工具。

(2)电工工作服。

(3)操作人员精神集中,思维清晰。

(4)操作人员熟悉智能温室控制系统的各部分原理、相互关系的原理及相关知识。

【任务实施】

步骤一　各部分的分析。

①控制箱。

②金属框架。

③温湿度变送器。

④光照度变送器。

⑤二氧化碳变送器。

⑥暖风机。

⑦一体式工控机。

⑧风机。

⑨电动开窗器。

⑩土壤温度水分变送器。

⑪电动窗帘。

⑫补光灯。

⑬水泵。

⑭流体阀。

步骤二 写出控制系统的工作原理(参考图 5-7、图 5-8、图 5-9)。

【验收标准】

序号	验收项目	验收内容
1	分析	实际分部件观察操作、分析原理
2	写出工作原理	写出整体的工作原理

项目三　智能温室控制系统的拆卸

项目描述

在温室控制系统装调技术中,控制系统的拆卸是非常重要的专业技术之一。本项目学习智能温室控制系统的拆卸方法及相关知识。

项目目标

培养智能温室控制系统中各硬件的拆卸前标记、具体拆卸、检查、维护、调试的能力,树立特殊工种必须持证上岗的意识,培养职业精神,为从事相关工作打下基础。

教学方法

项目教学、任务驱动、现场演示、启发引导、分组讨论。

实施地点

智能温室实训室。

设备与工具

智能温室控制系统、万用表、改锥、尺子。

学时

12 学时。

【相关知识链接】

一、可编程控制器(PLC)

(一)PLC 的定义

1987 年,国际电工委员会(IEC)颁布的 PLC 标准草案对 PLC 作了如下定义:“PLC 是一种数字运算操作的电子系统,专为在工业环境下应用而设计。它采用可以编制程序的存储器,用来存储执行逻辑运算、顺序控制、定时、计数和算术运算等操作指令,并通过数字式或模拟式的输入(I)和输出(O)接口,控制各种类型的机械设备或生产过程。”

(二)PLC 的分类

按照 PLC 的硬件结构形式,PLC 可以分为整体固定 I/O 型(图 5-37)、基本单元加扩展型(图 5-38)、模块式(图 5-39)、集成式、分布式 5 种基本结构形式。

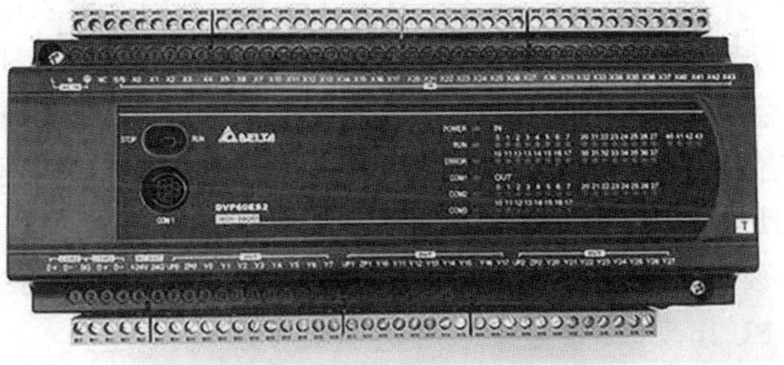

图 5-37　整体固定 I/O 型 PLC

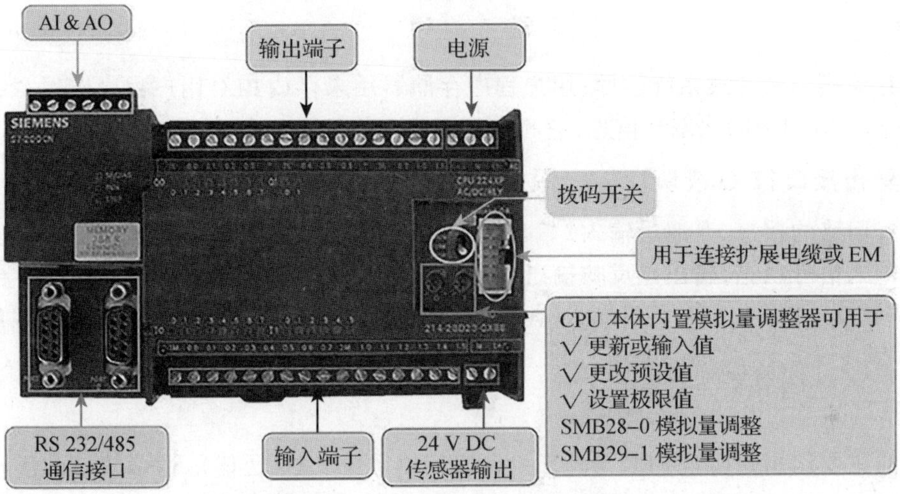

图 5-38　基本单元加扩展型 PLC

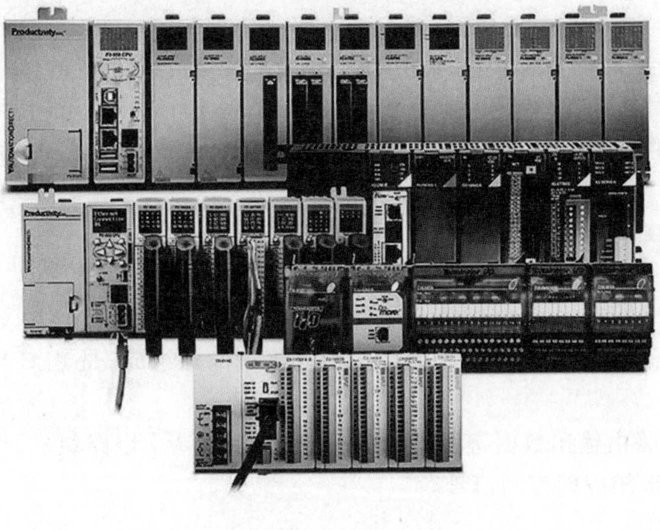

图 5-39　模块式 PLC

（三）PLC 的组成

1. 中央处理单元（CPU）

中央处理单元（CPU）是 PLC 的控制中枢，是 PLC 的核心，起神经中枢作用，每套 PLC 至少有一个 CPU。它按照PLC系统程序赋予的功能接收并存储从编程器输入的用户程序和数据，检查电源、存储器、I/O以及警戒定时器的状态，并能诊断用户程序中的语法错误。当PLC投入运行时，首先它以扫描的方式接收现场各输入装置的状态和数据，并分别存入 I/O 映像区，然后从用户程序存储器中逐条读取用户程序，经过命令解释后，按指令的规定执行逻辑或算数运算的结果被送入 I/O 映像区或数据寄存器内。等所有的用户程序执行完毕之后，最后将I/O映像区的各输出状态或输出寄存器内的数据传送到相应的输出装置，如此循环运行，直到停止运行。

为了进一步提高 PLC 的可靠性，对大型 PLC 还采用双 CPU 构成冗余系统，或者采用三 CPU 的表决式系统。这样，即使某个 CPU 出现故障，整个系统仍能正常运行。

CPU 速度和内存容量是 PLC 的重要参数，它们决定着 PLC 的工作速度、I/O 数量及软件容量等，因此限制着控制规模。

2. 存储器

系统程序存储器用来存放系统软件；用户程序存储器用来存放 PLC 用户程序应用；数据存储器用来存储 PLC 程序执行时的中间状态与信息，它相当于 PC 的内存。

3. 输入 / 输出接口（I/O 模块）

PLC 与电气回路的接口，是通过输入 / 输出（I/O）部分完成的。I/O 模块集成了 PLC 的 I/O 电路，其输入暂存器反映输入信号状态，输出点反映输出锁存器状态。输入模块将电信号变换成数字信号进入 PLC 系统，输出模块相反。I/O 分为开关量输入（DI）、开关量输出（DO）、模拟量输入（AI）、模拟量输出（AO）等模块。

4. 通信接口

通信接口的主要作用是实现 PLC 与外部设备之间的数据交换（通信）。通信接口的形式多样，最基本的有 UBS、RS-232、RS-422、RS-485 等的标准串行接口，可以通过多芯电缆、双绞线、同轴电缆、光缆等进行连接。

5. 电源

PLC 的电源为 PLC 电路提供工作电源，在整个系统中起着十分重要的作用，一个良好的、可靠的电源系统是 PLC 的最基本保障。一般交流电压波动在＋ 10%（＋ 15%）范围内，可以不采取其他措施而将 PLC 直接连接到交流电网上去。电源输入类型有：交流电源（AC 220 V 或 AC 110 V）、直流电源（常用的为 DC 24 V）。

图 5-40 为整体式 PLC 组成框图，图 5-41 为模块式 PLC 组成框图。

（四）接口电路

（1）现场输入接口电路由光耦合电路和微机的输入接口电路组成，是 PLC 与现场控制接口界面的输入通道。

（2）现场输出接口电路由输出数据寄存器、选通电路和中断请求电路组成，PLC通过现场输出接口电路向现场的执行部件输出相应的控制信号。

（3）常用的 I/O 分类。

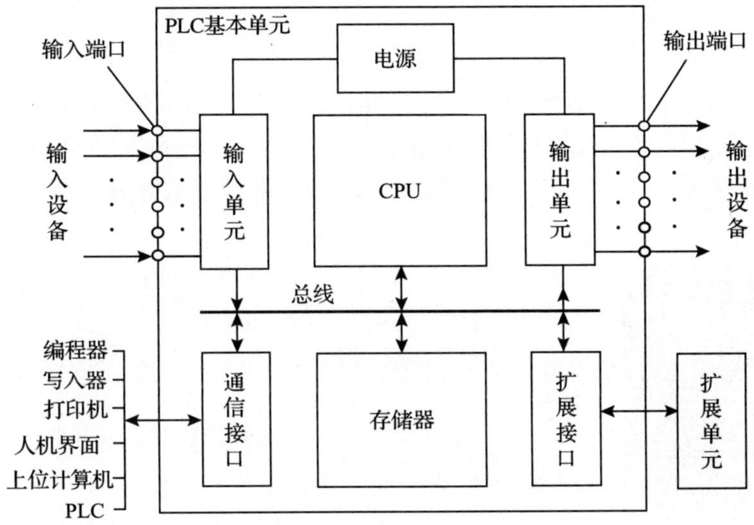

图 5-40　整体式 PLC 组成框图

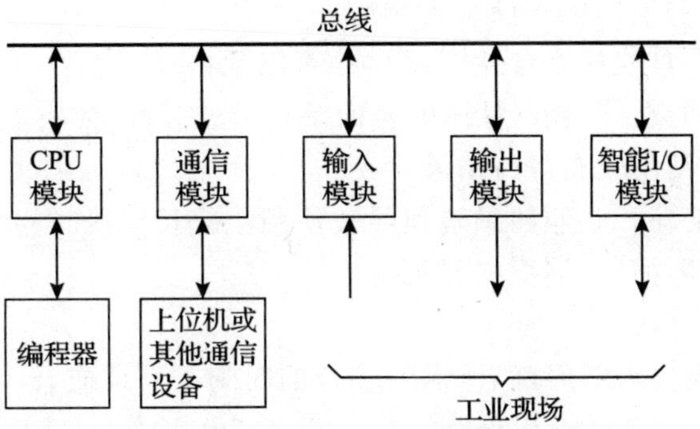

图 5-41　模块式 PLC 组成框图

①开关量：按电压水平分有 AC 220 V、AC 110 V、DC 24 V；按隔离方式分有继电器隔离和晶体管隔离。

②模拟量：按信号类型分有电流型(4 ～ 20 mA，0 ～ 20 mA)、电压型(0 ～ 10 V，0 ～ 5 V，－10 ～ 10 V)等；按精度分有 12 bit、14 bit、16 bit 等。

除了上述通用 I/O 外，还有特殊 I/O 模块，如热电阻、热电偶、脉冲等模块。另外，按 I/O 点数确定模块规格及数量，I/O 模块可多可少，但其最大数受 CPU 所能管理的基本配置能力，即受最大的底板或机架槽数限制。

(五)PLC 的日常维护

(1)保养规程、设备定期测试、调整规定。

①每半年或每季度检查 PLC 柜中接线端子的连接情况，若发现松动应及时重新连接。

②对柜中给主机供电的电源每月重新测量工作电压。

(2)设备定期清扫规定。

①每半年或每季度对 PLC 进行清扫。

②每 3 个月更换电源机架下方过滤网。

二、触摸屏

触摸屏是图式操作终端在工业控制中的通俗叫法，是目前最新的一种交互式图视化人机界面设备。它可以设计及储存数十至数百幅与控制操作相关的黑白或彩色画面，可以直接在屏幕上用手指点击换页或输入操作命令，还可以连接打印机打印报表，是一种理想的操作面板设备，图 5-42 为台达触摸屏外形。

图 5-42　台达触摸屏外形

触摸屏常见故障及处理方法如下。

(1)触摸屏不准故障。

①故障现象。用手指触摸显示器屏幕，此部位不能正常完成对应的操作。

②故障分析和故障处理。这种现象可能是触摸屏在使用一段时间后，屏四周的反射条纹上面被灰尘覆盖，可用一块干的软布进行擦拭，然后断电、重新启动并重新校准。还有可能是触摸屏的反射条纹受到轻微破坏，如果遇到这种情况则将无法完全修复。

(2)触摸屏无响应故障。

①故障现象。不能工作，触摸任何部位都无响应。

②故障分析和故障处理。首先检查各接线接口是否出现松动，然后检查串口及中断号是否有冲突，若有冲突，应调整资源，避开冲突。再检查触摸屏表面是否出现裂缝，如有裂缝应及时更换。还需要检查触摸屏表面是否有尘垢，若有则用软布进行清除。

检查触摸屏的连线是否正确。此外如果触摸屏被使用了较长一段时间(3 ～ 4 年)，发现触摸屏有些区域不能触摸，则可能是触摸屏损坏，请更换触摸屏。

(3)触摸屏响应时间很长故障。

①故障现象。用手指触摸显示器屏幕后，需要较长的时间才有反应。

②故障分析和故障处理。这有可能是触摸屏上粘有移动的水滴，只需用一块干的软布擦拭即可。还有可能是主机档次太低，如时钟频率过低等，如属于这种情况，最好更换主机。

(4)触摸屏局部无响应故障。

①故障现象。用手指触摸显示器屏幕后，局部地方无响应。

②故障分析和故障处理。这有可能是触摸屏反射条纹局部被覆盖，可用一块干的软布擦拭干净。也有可能是触摸屏反射条纹局部被硬物刮掉，这种情况无法修复。

(5)触摸屏使用后触摸无反应故障。

①故障现象。开机后正常使用一段时间后便无反应。

②故障分析和故障处理。某些应用场合，由于接地性能不佳，控制盒外壳布满了大量的静电，因此影响控制盒内部的工作电场，导致触摸逐渐失效。此时用一根导线将控制盒外壳接地，重新启动即可。

(6)触摸屏工作不稳定。

①故障现象。工作极不稳定，有时能正常点击，有时却无反应。

②故障分析和故障处理。针对这种现象，应着重检查各接线接口是否出现松动，串口及中断号是否有冲突。

触摸屏维修还有很多技巧，它的维修方法同一般电器设备的维修是很接近的，不过需要注意的是它本身带有软件程序，很多时候维修要注意不要轻易卸下电池或 RAM 等器件。

三、传感器

在温室控制系统中，常用的传感器有温湿度传感器（图 5-43）、光照度传感器（图 5-44）、二氧化碳传感器（图 5-45）、土壤温度水分传感器（图 5-46）。

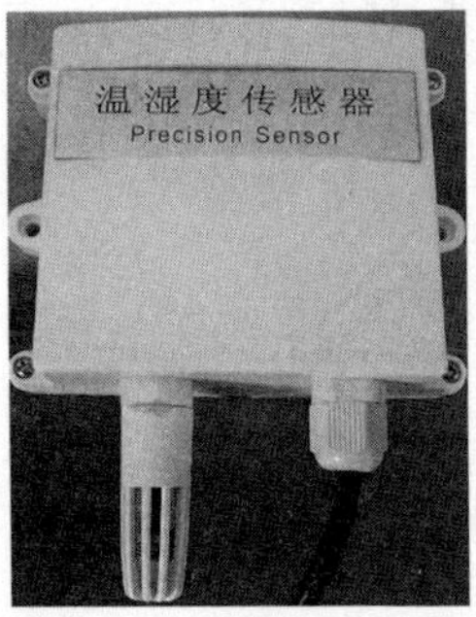

图 5-43　温湿度传感器

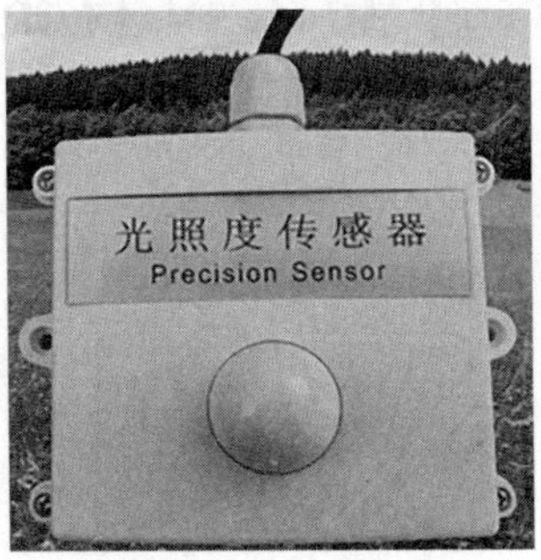

图 5-44　光照度传感器

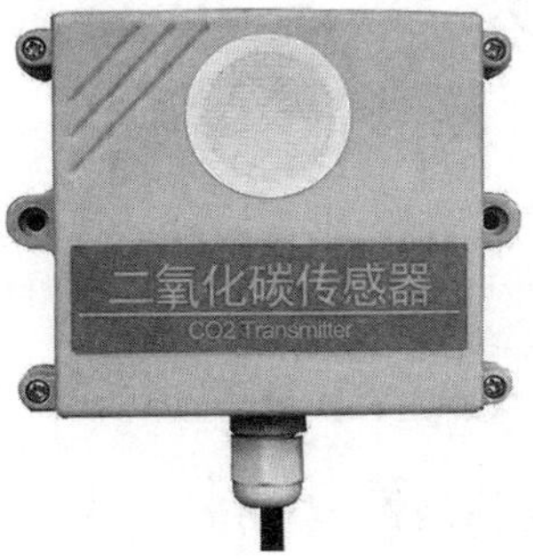

图 5-45　二氧化碳传感器

图 5-46　土壤温度水分传感器

传感器的常见故障及处理方法如下。

（1）全面检查。

对于常用的传感器，使用一段时间后用户需留意其检验、检查数据是否精确，以及各个部件的使用情况等，以防止传感器损坏对测量精度的影响。

（2）清洁和擦拭。

长期使用传感器之后，不可避免地会遇到灰尘和土壤等污染物堆积在上面。如果这些污染物长时间黏附在传感器之上，会慢慢妨碍和影响其传感功能，从而影响其稳定性能。因此，应及时清洁和擦拭传感器。

（3）及时维修。

检修传感器，如果找到故障，需立即维修、替换损毁的零部件，不要继续使用损毁的设备，这不仅会影响传感器，还会给传感数据造成差异，从而影响稳定的数据传输。如果难以维修或不能维修，那可以替换全新的传感器。

四、继电器

继电器是具有隔离功能的自动开关元件，广泛应用于遥控、遥测、通信、自动控制、机电一体化及电力电子设备中，是重要的控制元件之一。

继电器一般都有能反映一定输入变量（电流、电压、功率、阻抗、频率、温度、压力、速度、光等）的感应机构（输入部分），能对被控电路实现通、断控制的执行机构(输出部分)。在继电器的输入部分和输出部分之间，还有对输入量进行耦合隔离、功能处理和对输出部分进行驱动的中间机构(驱动部分)。

中间继电器是控制继电器的一种，一般用作辅助用途，即控制电路要求触头数量较多、容量较大时，通过中间继电器可以增加控制回路数或起信号放大作用。工作时，当线圈的电压达到规定值，中间继电器便工作。常用继电器的外形如图 5-47 所示。

图 5-47　常用继电器的外形

五、控制按钮

控制按钮的日常维护方法见本项目任务三。

任务一 | 电器元器件安装位置的标记

【任务目的】

通过本任务的学习，掌握电器元器件安装位置的标记技能。

【任务准备】

(1)正常运行的智能温室控制器、万用表、改锥、尺子。

(2)电工工作服。

(3)操作人员精神集中，思维清晰。

(4)操作人员熟悉智能温室控制系统的元器件、导线的标识及相关知识。

【任务实施】

步骤一 元器件的标记。对照图5-5、图5-6、图5-12，在智能温室控制系统上标记各实物，各部件可用数字进行标记。

步骤二 导线的标记。

对照图5-48，标记各器件之间连接的导线。

图 5-48 导线的标记

【验收标准】

序号	验收项目	验收内容
1	元器件的标记	元器件的标记技能
2	导线的标记	导线的标记技能

任务二　导线、电器的拆卸

【任务目的】

通过本任务的学习,掌握导线、电器的拆卸技能。

【任务准备】

(1)正常运行的智能温室控制器、万用表、改锥、尺子。
(2)电工工作服。
(3)操作人员精神集中,思维清晰。
(4)操作人员熟悉智能温室控制系统的导线和电器的拆卸技能及相关知识。

【任务实施】

步骤一　导线的拆卸。对照图 5-5、图 5-6,选用合适的改锥进行导线的拆卸。
步骤二　电器的拆卸。对照图 5-12,选用合适的改锥进行电器的拆卸。
(1)PLC 的拆卸。
①拆卸前准备好工具。
②为保障 PLC 的功能不出故障及模板不被损坏,必须使用保护装置并认真做防静电准备工作。
③把 CPU 前操作面板上的方式选择开关从“运行”转到“停”。
④关闭 PLC 供电的总电源,然后关闭其他给模板供电的电源。
⑤下电源机架与机柜相连的螺丝,然后拆下电源机架。
⑥ CPU 主板及 I/O 板可在旋转模板下方的螺丝后拆下。
⑦在拔插模板时,要格外小心,轻拿轻放,并远离产生静电的物品。
(2)触摸屏的拆卸。
拆掉触摸屏与控制器之间的固定端子。
(3)传感器的拆卸。
把各传感器的固定端进行拆卸。
(4)继电器的拆卸。
把各继电器的固定螺栓进行拆卸。
(5)控制按钮和其他开关的拆卸。
把控制按钮和其他开关从控制器上进行拆卸。

【验收标准】

序号	验收项目	验收内容
1	导线的拆卸	进行工具的选择和导线的拆卸
2	电器的拆卸	进行工具的选择和电器的拆卸

任务三 | 各电器元器件的维修、维护

【任务目的】

通过本任务的学习,掌握电器元器件维修、维护的方法。

【任务准备】

(1)正常运行的智能温室控制器、万用表、改锥、尺子。

(2)电工工作服。

(3)操作人员精神集中,思维清晰。

(4)操作人员熟悉智能温室控制系统的各部分电器元器件维修、维护的方法及相关知识。

【任务实施】

步骤一 PLC 的维护、保养。

①接线端子的连接情况,若发现松动应及时重新连接。

②切断给 PLC 供电的电源,把电源机架、CPU 主板及输入/输出板依次拆下,进行吹扫、清扫后再依次原位安装好,认真清扫 PLC 箱内卫生。

(1)检修前准备、检修规程。

①检修前准备好工具。

②为保障元件的功能不出故障及模板不损坏,必须用保护装置并认真做防静电准备工作。

③检修前与调度和操作人员联系好,需挂检修牌处要挂好检修牌。

(2)设备拆装顺序及方法。

①停机检修,必须两个人以上监护操作。

②把 CPU 前操作面板上的方式选择开关从“运行”转到“停”。

③关闭 PLC 供电的总电源,然后关闭其他给模板供电的电源。

④把与电源架相连的电源线记清线号及连接位置后拆下,然后拆下电源机架与机柜相连的螺丝,电源机架就可拆下了。

⑤ CPU 主板及 I/O 板可在旋转模板下方的螺丝后拆下。

(3)检修工艺及技术要求。

①测量电压时,要用数字电压表或精度为 1% 的万能表测量。

②电源机架、CPU 主板都只能在主电源切断后取下。

③在 RAM 模块从 CPU 取下或插入 CPU 之前,要断开 PC 的电源,这样才能保证数据不混乱。

④在取下 RAM 模块之前,检查一下模块电池是否正常工作,如果在电池故障灯亮时取下模块 RAM,内容将丢失。

⑤在输入/输出板取下前也应先关掉总电源,但如果生产需要,I/O 板也可在可编程控制器运行时取下。

⑥在拔插模板时,要格外小心,轻拿轻放,并远离产生静电的物品。

⑦更换元件不得带电操作。

⑧检修后模板安装一定要安插到位。

步骤二 触摸屏的维护、保养。用一块干的软布把触摸屏擦拭干净。

步骤三 继电器的维修、维护。

①经常保持继电器的清洁,接线螺钉应紧固,接触要良好。

②继电器触点的压力、超额行程和分开距离等都应符合要求，触点上不得涂抹润滑油。

③检查衔铁与铁心接触是否紧密，应及时清除接触处的尘埃和污垢。

④由于中间继电器的断开电流能力较差，因此，不能用中间继电器代替交流接触器使用。

⑤在更换继电器时，不要用力太猛，以免损坏有机玻璃外罩，并使触点离开原来位置。

⑥使用时如发现有不正常的噪声，可能是静铁心与衔铁极面间有污垢存在造成的，要进行清理。

步骤四　传感器的维修、维护。

①检修传感器。

②清洁和擦拭。

步骤五　控制按钮的维修、维护。

①按下按钮，常开触头不通。触头氧化，擦拭触头，必要时更换按钮；按钮变形、动触桥不能接触静触头，更换按钮；机械结构卡死，清除按钮内杂物。

②松开按钮，常闭触头不通。触头氧化或有污物，擦拭按钮各触头；弹簧弹力不足，更换或处理弹簧。

③按下按钮，常闭触头不断开。污物过多造成短路，擦拭、清除按钮内杂物；胶木烧焦造成短路，更换按钮。

④松开按钮，常开触头不断开。污物过多造成短路，擦拭、清除按钮内杂物；复位弹簧弹力不足，更换或处理弹簧；胶木烧焦造成短路，更换按钮。

⑤按下按钮，有触电的感觉。接线松动，搭接在按钮外壳上，重新接线，排除搭线现象；按钮内污物较多，清理。

⑥按钮过热。通过按钮的电流过大，重新设计电路；环境温度过高，加强散热措施；指示灯电压过高，降低指示灯电压。

【验收标准】

序号	验收项目	验收内容
1	PLC 的维护、保养	PLC 的维护、保养方法
2	触摸屏的维护、保养	触摸屏的维护、保养方法
3	继电器的维修、维护	继电器的维修、维护方法
4	传感器的维修、维护	传感器的维修、维护方法
5	控制按钮的维修、维护	控制按钮的维修、维护方法

项目四　智能温室控制系统的组装

项目描述

在温室控制系统装调技术中，控制系统的组装属于最重要的专业方面的核心技术。本项目学习智能温室控制系统的组装方法及相关知识。

项目目标

掌握智能温室控制系统中导线的加工、元器件的安装、电路的连接等方面的专业技术，树立特殊工种必须持证上岗的意识，培养职业精神，为从事相关工作打下基础。

教学方法

项目教学、任务驱动、现场演示、启发引导、分组讨论。

实施地点

智能温室实训室。

设备与工具

智能温室控制系统所包含的成套硬件、成套常用电工工具、成套手工焊接工具。

学时

12 学时。

【相关知识链接】

一、导线的加工

（一）导线绝缘层的剥削加工

剥除导线绝缘层，常用钢丝钳或剥线钳、电工刀，钢丝钳或剥线钳适用于剥除绝缘软线和截面积在 2.5 mm^2 及以下的绝缘单芯硬线；电工刀适用于剥除带护套的多芯绝缘硬线和截面积在 2.5 mm^2 以上的绝缘导线。图 5-49 为常见的钢丝钳或剥线钳使用方法，图 5-50 为常见的电工刀使用方法。

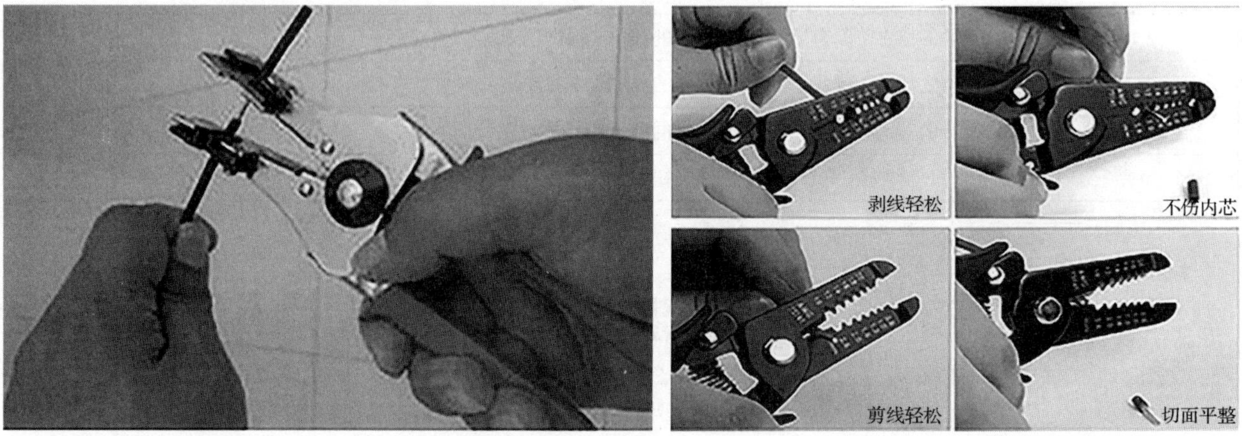

图 5-49　常见的钢丝钳或剥线钳使用方法

（二）导线与接线耳的连接

图 5-51 为常见的接线耳和专用压线钳。导线与接线耳的连接分为两步：第一步为插入线头，如图 5-52 所示；第二步为压线，如图 5-53 所示。

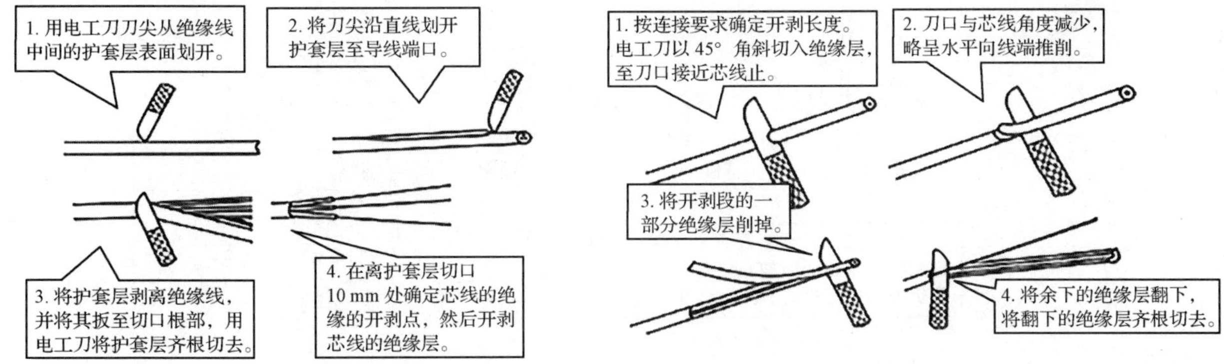

图 5-50　常见的电工刀使用方法

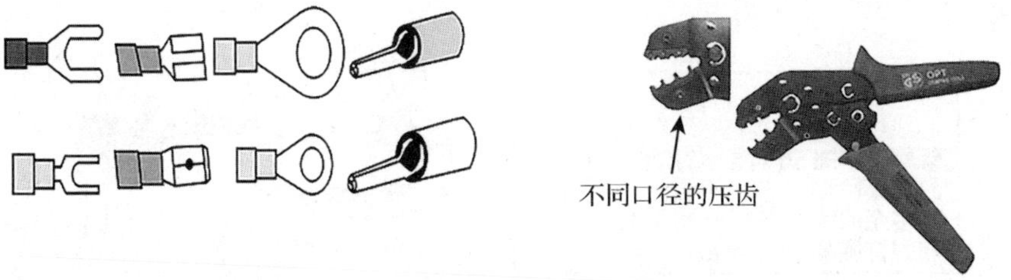

常见的接线耳　　　　接线耳专用压线钳

图 5-51　常见的接线耳和专用压线钳

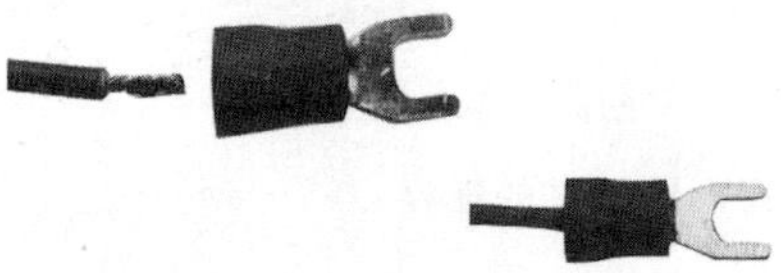

图 5-52　插入线头

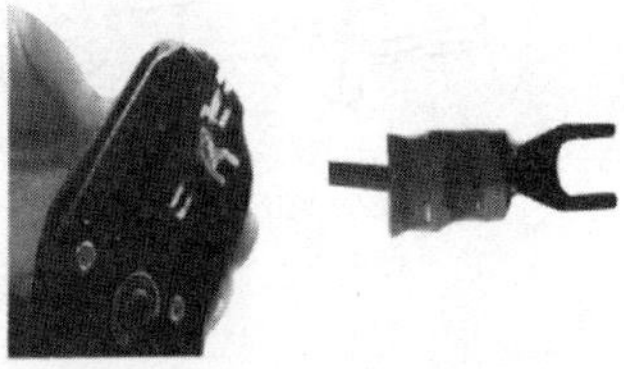

图 5-53　压线

(三)导线和接线桩的连接

常见的导线与接线桩的连接有:线头与针孔式接线桩的连接,如图 5-54 所示;线头与螺钉手压式接线桩的连接,如图 5-55 所示;多芯软线与螺钉平压式接线桩的连接,如图 5-56 所示;导线接头与瓦形接线桩的连接,如图 5-57 所示。

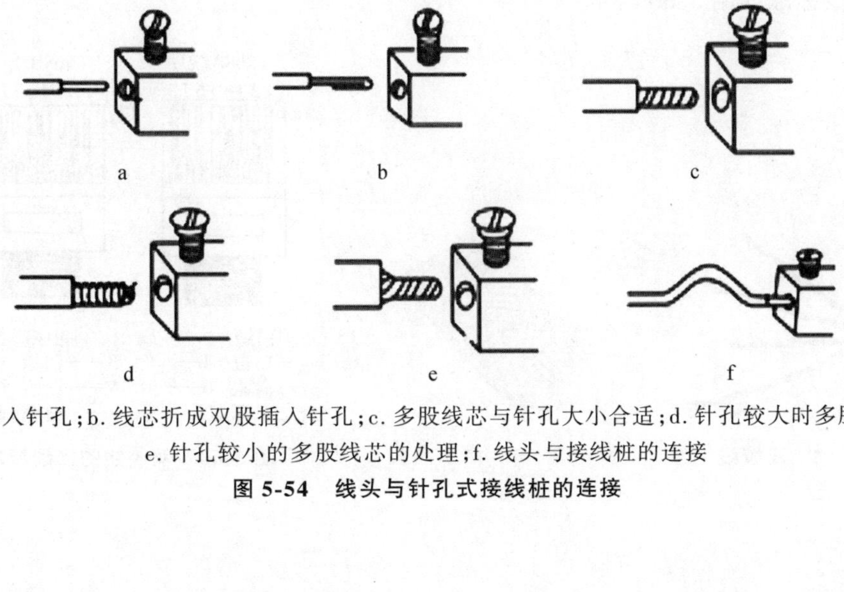

a. 单股线芯插入针孔;b. 线芯折成双股插入针孔;c. 多股线芯与针孔大小合适;d. 针孔较大时多股线芯的处理;e. 针孔较小的多股线芯的处理;f. 线头与接线桩的连接

图 5-54　线头与针孔式接线桩的连接

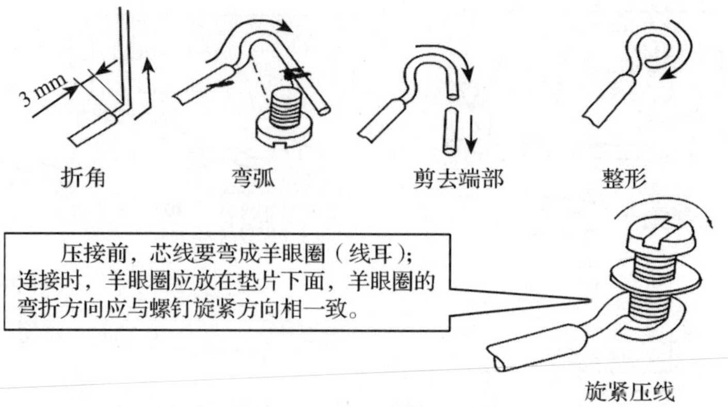

图 5-55　线头与螺钉手压式接线桩的连接

图 5-56　多芯软线与螺钉平压式接线桩的连接

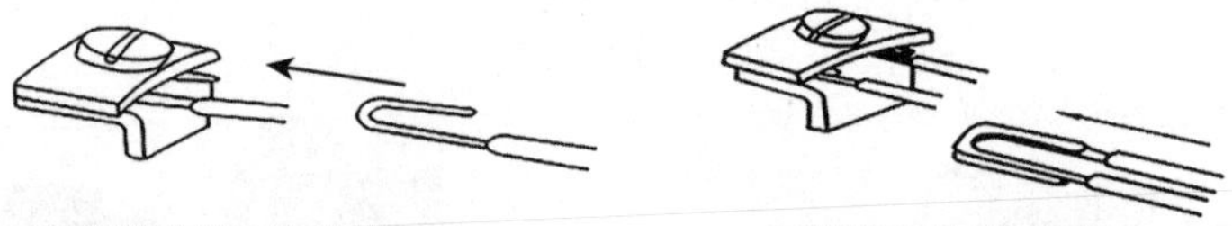

图 5-57　导线接头与瓦形接线桩的连接

（四）双绞线与 RJ-45 水晶头的制作

图 5-58 是双绞线，有塑料外皮，内有 4 对绞合的绝缘芯线，绝缘层的颜色分别为：白橙、橙，白绿、绿，白蓝、蓝，白棕、棕。在网络的数据传输中，用绞合的双线来传输 1 组差分信号。

图 5-59 是 RJ-45 水晶头，有透明的塑料外壳、带压线的卡榫，内排 8 只引脚，有铜片与插入的双绞线压接。

双绞线的接线标准如图 5-60 所示。

图 5-58　双绞线

图 5-59　RJ-45 水晶头

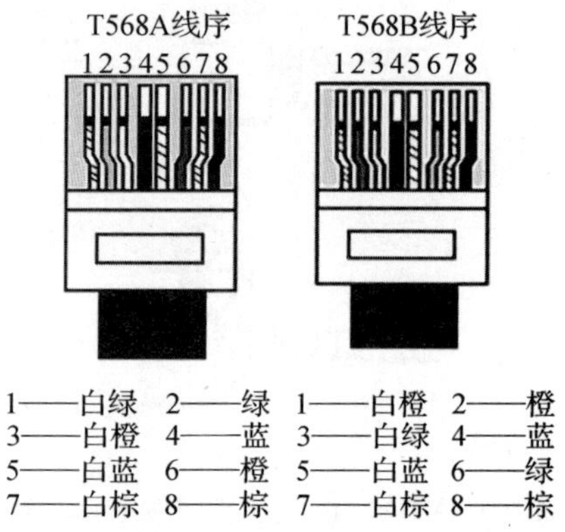

图 5-60　双绞线的接线标准

双绞线与 RJ-45 水晶头的制作步骤如图 5-61 所示，图中第 1 ～ 6 步为用专用剥线器切、剥双绞线的绝缘层；第 7 步为排列线序；第 8 ～ 10 步为将线头剪平并插入水晶头内；第 11 ～ 15 步为压接水晶头。

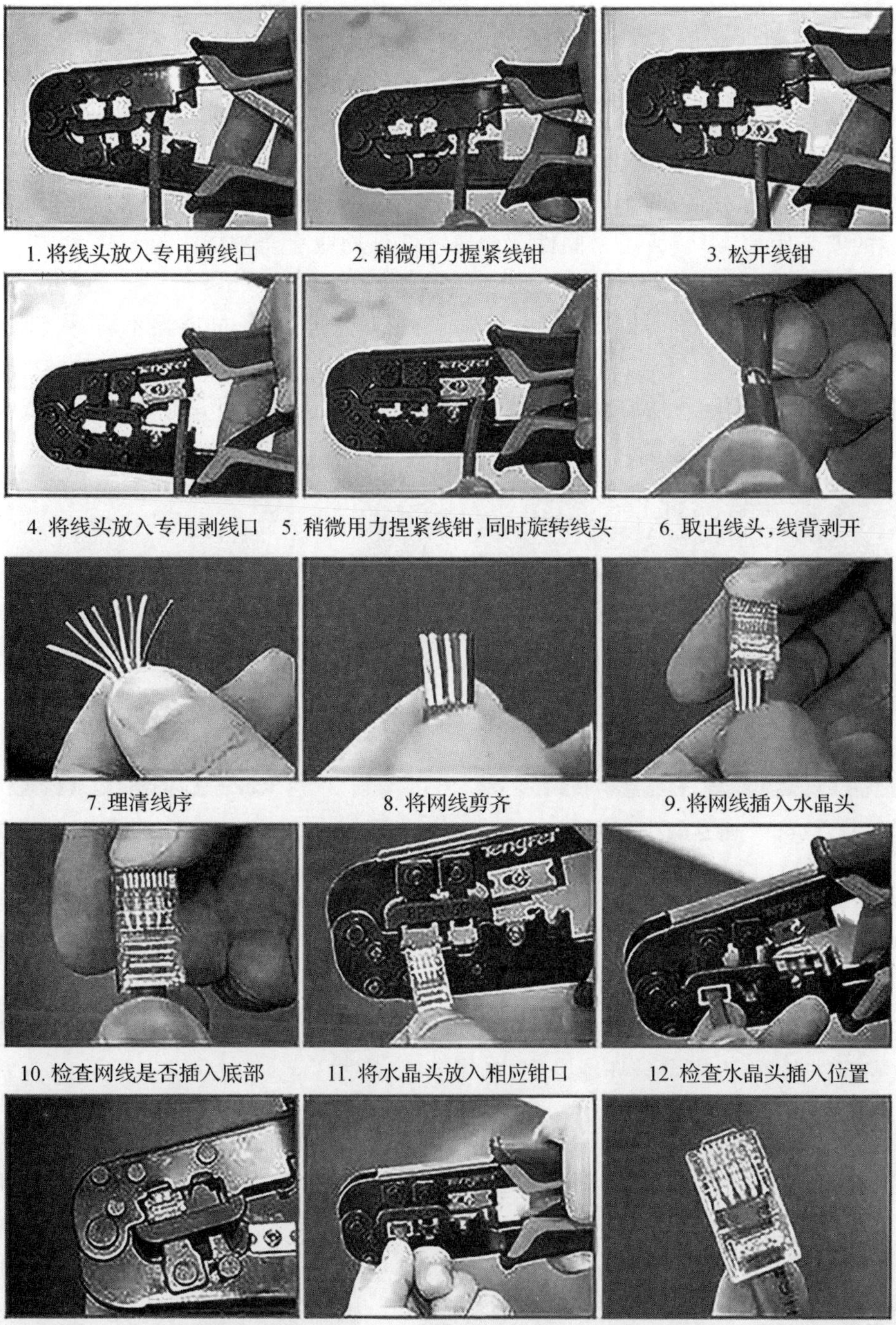

1. 将线头放入专用剪线口　2. 稍微用力握紧线钳　3. 松开线钳

4. 将线头放入专用剥线口　5. 稍微用力捏紧线钳，同时旋转线头　6. 取出线头，线背剥开

7. 理清线序　8. 将网线剪齐　9. 将网线插入水晶头

10. 检查网线是否插入底部　11. 将水晶头放入相应钳口　12. 检查水晶头插入位置

13. 将线钳与水晶头簧片对齐　14. 用手柄压至底部　15. 压接水晶头完成

图 5-61　双绞线与 RJ-45 水晶头的制作步骤

二、电气控制柜元器件安装、布线、电柜布局的规范

（一）元器件安装

安装前：查看安装图纸及技术要求；检查设备型号，元器件型号、规格、数量等与图纸是否相符；按制造厂家规定的安装条件检查元器件有无损坏。

安装时：必须按图安装；元器件组装顺序应由左至右、由上至下；同一型号设备应保证组装一致性；面板、门板上的元器件中心线的高度应符合规定。

安装成设备后：应操作方便、维修容易；各种电气元器件和装置的电气间隙、爬电距离应符合规定；保证一、二次线的安装距离；组装所用紧固件及金属零部件均应有防护层。

具体安装示例如下。

(1)对于主回路上面的元器件来说，一般电抗器、变压器需要接地，断路器不需要接地。图 5-62 为电抗器接地。

(2)所有电器元器件及附件，均应固定安装在支架或底板上，不得悬吊在电器及连线上。图 5-63 为温湿度变送器的固定。

图 5-62　电抗器接地

图 5-63　温湿度变送器的固定

(3)接线面的每个元器件附近都有标志牌，标注应与图纸相符。除元器件本身附有供填写的标志牌外，标志牌不得固定在元器件本体上。另外，端子的标号应完整、清晰，粘贴位置应明确、醒目，如图 5-64 所示。

(4)柜内任意两个金属部件通过螺钉连接时，如有绝缘层均应采用相应规格的接地垫圈，并注意将垫圈齿面接触零部件表面，否则会破坏绝缘层，如图 5-65 所示。

图 5-64　标志牌

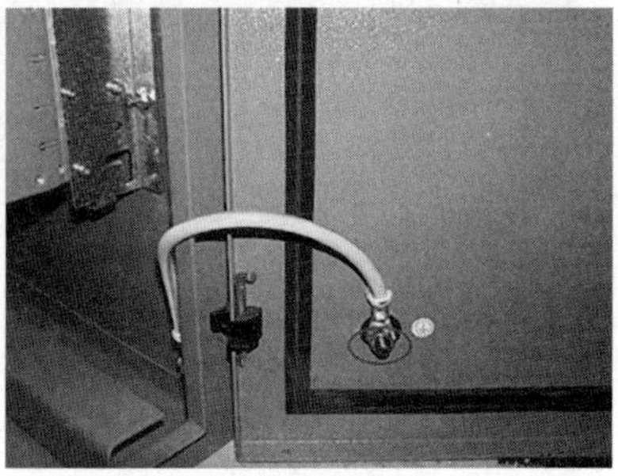

图 5-65　两个金属部件通过螺钉连接

(5)安装因震动易损坏的元器件时，应在元器件和安装板之间加装橡胶垫减震。对于有操作手柄的元器件，应将其调整到位，不得有卡阻现象。

图 5-66 典型的二次连接

（二）二次回路布线

基本要求：按图施工、连线正确。

二次线的连接（螺栓连接、插接、焊接等）均应牢固、可靠，线束应横竖有序、层次分明、整齐美观。同一模块的相同元器件走线方式应一致。图 5-66 为典型的二次连接。

具体接线要求如下：

（1）所有连接导线中间不应有接头。

（2）每个电器元器件的接点最多允许接两根线。

（3）每个端子的接线点一般不宜接两根导线。特殊情况时，如必须接两根导线，则连接必须可靠。

（4）二次线不得从母线相间穿过。

（三）一次回路布线

一次回路布线应尽量选用矩形铜母线，当用矩形母线难以加工时或电流≤ 100 A 时可选用绝缘导线。接地母线与接地端子的连接如图 5-67 所示。

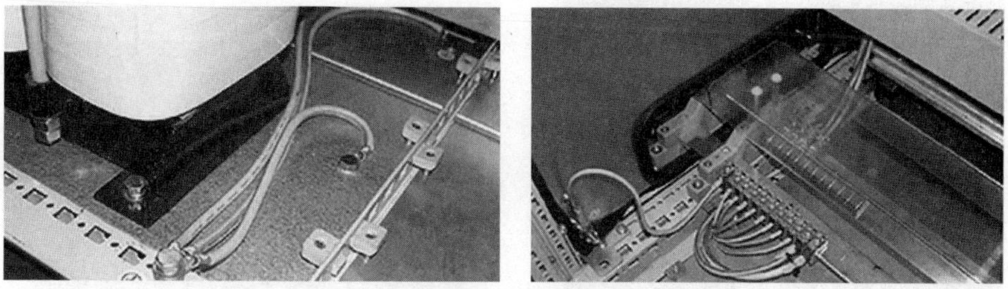

图 5-67 接地母线与接地端子的连接

主回路的连接电路如图 5-68 所示。

电缆连接在面板和门板上时，需要加塑料管和安装线槽（图 5-69），为防止锋利的边缘割伤绝缘层，柜体出线部分必须加塑料护套。

图 5-68 主回路的连接电路

图 5-69 加塑料管和安装线槽

为了提高柜体屏蔽功能，需要外部接线，出线时，需加电磁屏蔽衬垫。柜体与柜门之间的走线，必须加护套，否则容易损坏绝缘层。柜门走线必须加线槽。

（四）电柜布局

如图 5-70 所示，电柜的基本布局应重点注意以下事项。

(1)信号电缆最好只从一侧进入电柜,信号电缆的屏蔽层双端接地,避免使用长电缆。控制电缆最好使用屏蔽电缆。模拟信号的传输线应使用双屏蔽的双绞线。低压数字信号电缆最好使用双屏蔽的双绞线,也可以使用单屏蔽的双绞线。模拟信号和数字信号的传输电缆应该分别屏蔽和走线。不要使 DC 24 V DC 和 AC 115/230 V 信号共用同一条电缆槽。在屏蔽电缆进入电柜的位置,其外部屏蔽部分与电柜嵌板都要接到一个大的金属台面上。

(2)电动机电缆应独立于其他电缆走线,其最小距离为 0.5 m,同时应避免电动机电缆与其他电缆长距离平行走线。如果控制电缆和电源电缆交叉,应尽可能使它们按 90° 角交叉,同时必须用合适的夹子将电动机电缆和控制电缆的屏蔽层固定到安装板上。

(3)为有效地抑制电磁波的辐射和传导,变频器的电动机电缆必须采用屏蔽电缆,屏蔽层的电导必须至少为每相导线芯的电导的 1/10。

(4)中央接地排组和 PE 导电排必须接到横梁上(金属到金属连接),如图 5-71 所示。

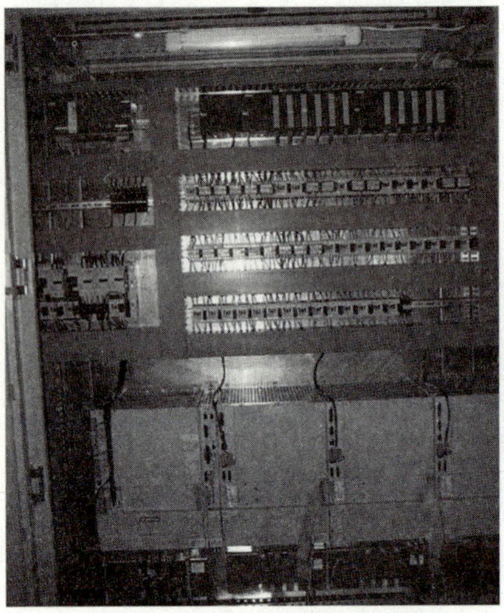

图 5-70　电柜的基本布局

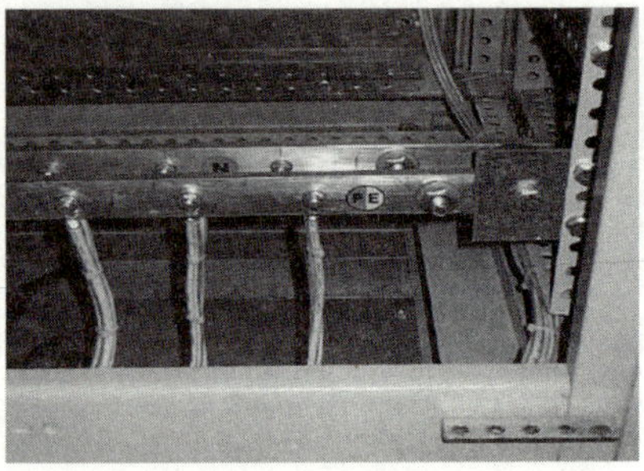

图 5-71　中央接地排组和 PE 导电排的连接

(5)不能将装有显示器的操作面板安装在靠近电缆和带有线圈的设备旁边,如电源电缆、接触器、继电器、螺线管阀、变压器等,因为它们可以产生很强的磁场。

(6)功率部件(变压器、驱动部件、负载功率电源等)与控制部件(继电器控制部分、可编程控制器等)必须要分开安装。

(7)设计控制柜体时要注意 EMC 的区域原则,要把不同的设备规划在不同的区域中。每个区域对噪声的发射和抗扰度有不同的要求,所以在空间上最好用金属壳或在柜体内用接地隔板隔离,并且考虑发热量。对于进风风扇与出风风扇的安装来说,一般发热量大的设备安装在靠近出风口处,进风风扇一般安装在下部,出风风扇安装在柜体的上部。

(8)根据电柜内设备的防护等级,考虑电柜防尘以及防潮功能,使用的设备主要有空调、风扇、热交换器、抗冷凝加热器,应根据柜体的大小选择不同功率的设备。

任务一　导线的加工

【任务目的】

通过本任务的学习,掌握导线的加工方法。

【任务准备】

(1)智能温室控制系统配套导线、万用表、改锥、尺子、钳子。
(2)电工工作服。
(3)操作人员精神集中,思维清晰。
(4)操作人员熟悉智能温室控制系统所含导线的加工方法及相关知识。

【任务实施】

步骤一　导线绝缘层剥削加工,参考图 5-49、图 5-50。
步骤二　导线与接线耳的连接,参考图 5-51。
步骤三　环形导线头的制作,参考图 5-52。
步骤四　双绞线与 RJ-45 水晶头的制作,参考图 5-61。

【验收标准】

序号	验收项目	验收内容
1	导线绝缘层剥削加工	导线绝缘层剥削加工方法
2	导线与接线耳的连接	导线与接线耳的连接方法
3	环形导线头的制作	环形导线头的制作方法
4	双绞线与 RJ-45 水晶头的制作	双绞线与 RJ-45 水晶头的制作方法

任务二　元器件的安装

【任务目的】

通过本任务的学习,掌握元器件的安装技能。

【任务准备】

(1)智能温室控制器成套元器件、万用表、改锥、尺子、钳子。
(2)电工工作服。
(3)操作人员精神集中,思维清晰。
(4)操作人员熟悉智能温室控制系统的元器件安装方法及相关知识。

【任务实施】

步骤一　元器件的清点。
智能温室控制系统的电气元器件包括工控机、PLC 主机等,具体见表 5-3。

表 5-3　电气元器件明细表

分类	名称	规格型号	件 / 台
控制器	工控机	触摸一体机:12.1 寸电容触摸一体机(i3、4G、64G)	1

续表 5-3

分类	名称	规格型号	件 / 台
控制器	PLC 主机	DVP14SS211R	1
	PLC 扩展模块	DVP16SP11R	1
信息获取	空气温湿度传感器	内置精装探头，RS485	1
	土壤温湿度传感器	RS485，土壤温度 + 水分，RS-WS-N01-TR	1
	光照度传感器	量程：0 ～ 20 WLux，输出 RS485	1
	二氧化碳传感器	485 内置单 CO_2 + 温湿度 0 ～ 5000 PPM，进口 GE 传感器	1
	USB 转 RS485	UT-890，0.5 m	5
	USB 扩展 HUB	4 口 HUB，0.5 m	1
元器件	交流漏电保护器	DZ47sLE，10A，2P	1
	直流断路器	DZ47sZ，20A，1P	1
	主控开关	MLD-020PE	1
	急停按钮	LAY5-BS542，1NO1NC，开孔 ϕ22 mm	1
	按钮开关	FA38 红色无灯自复，开孔 ϕ22 mm	2
	按钮开关	FA38 绿色无灯自复，开孔 ϕ22 mm	2
	按钮开关	短柄二挡旋钮，一开一闭（LA38），开孔 ϕ22 mm	4
	三色灯	DC24V，三色 + 蜂鸣器（5002TJ，5 线）	1
	指示灯	AD16-22，绿色，220 V	1
	开关电源	SE-600-24	1
	PVC 线槽	30 mm *30 mm，灰色，带槽盖，5 m	1
	铝导轨	C45 铝导轨	1
	双层型接线端子	SAKDK4	30
	螺钉横联件	SAKQ4/10	2
	螺钉横联件	SAKQ4/3	2
	挡板	SAKAP（2.5-4）/SAKAK4	1
	端子排通用卡扣	E-UK	2
	电动开窗器	DC 24 V，行程 200 mm	1
	电动窗帘	0.8 ～ 1.5 m，DC 24 V（定制款）	1
	散热扇	DC 24 V，120 mm *120 mm *25 mm	2
	百叶窗	ZL803（带胶圈）	2
	金属网罩	12038 金属网	2
	补光灯	T8 一体，DC 24 V，标准款，白，0.9 W	1
	隔膜水泵	20 W，DC 24 V，2203 螺纹回流	1
	暖风机	200 W，DC 24 V（暖风除雾器）	1
	微型功率继电器	MY3N，DC 24 V	4
	微型功率继电器用底座	PYF11 A	4

续表 5-3

分类	名称	规格型号	件 / 台
元器件	小型功率继电器	LY2N,DC 24 V	2
	小型功率继电器用底座	PTF08A-E	2
	电控箱	700 mm *500 mm *200 mm(宽 * 高 * 深)	1
	电磁阀	2W15015B	2
	插座	413 K(三插位总开关)	1
	插头	10 A,三插头 GNT-10	1
	多芯线	3*1.5mm^2,4 m	1

步骤二　元器件的安装。

①控制器的安装。

②传感器的安装。

③其他元器件的安装。

【验收标准】

序号	验收项目	验收内容
1	关键元器件的清点	关键元器件的清点
2	元器件的安装	元器件的安装技能

任务三　电路的连接

【任务目的】

通过本任务的学习,掌握各电器元器件之间不同电路的连接方法。

【任务准备】

(1)智能温室控制器成套元器件、导线、万用表、改锥、尺子、钳子。

(2)电工工作服。

(3)操作人员精神集中,思维清晰。

(4)操作人员熟悉智能温室控制系统的各部分电器元器件不同电路的连接方法及相关知识。

【任务实施】

步骤一　工控机、信号照明灯、电源模块电路的连接。

步骤二　输入、输出电路的连接。

步骤三　PLC 控制电路的连接。

步骤四　通信线的连接。

【验收标准】

序号	验收项目	验收内容
1	工控机、信号照明灯、电源模块电路的连接	工控机、信号照明灯、电源模块电路的连接技能
2	输入、输出电路的连接	输入、输出电路的连接技能
3	PLC 控制电路的连接	PLC 控制电路的连接技能
4	通信线的连接	通信线的连接技能

项目五　智能温室控制系统的调试

项目描述

在温室控制系统装调技术中，控制系统的调试是最后的关键技术。本项目学习智能温室控制系统的调试方法及相关知识。

项目目标

掌握智能温室控制系统整体调试的方法，能进行断电测试、各硬件通电调试、整体通电调试，学会进行软件、硬件结合工作模式的调整，树立特殊工种必须持证上岗的意识，培养职业精神，为从事相关工作打下基础。

教学方法

项目教学、任务驱动、现场演示、启发引导、分组讨论。

实施地点

智能温室实训室。

设备与工具

智能温室控制系统、成套常用电工工具、成套手工焊接工具。

学时

10 学时。

【相关知识链接】

一、电路检查与调试方法

（一）目测检查

按电路图或接线图，从电源端开始，逐段核对接线及接线端子处线号是否正确、检查导线节点是否符合要求、压接是否牢固、接触是否良好等，即：

(1)检查原理图上线号和接好的电路上对应位置的线号是否一致。

(2)检查接线端是否最多只接了 2 根线。

(3)检查接线端压接是否牢固，用手是否能将线拉出来。

(4)检查接线端是否压到导线的绝缘层。

(二)仪表调试

对完成接线的三相异步电动机正反转控制电路进行仪表调试，如图 5-72 所示。

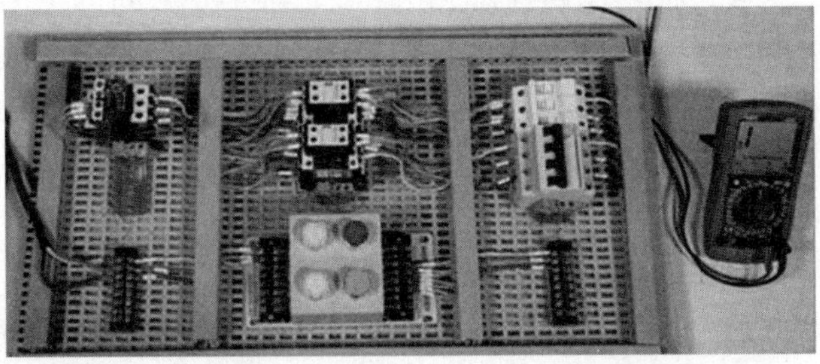

图 5-72　三相异步电动机正反转控制电路的实物接线

1. 对主电路进行调试

(1)当没有对电路做任何操作时，用万用表欧姆挡测量，L1-L2 、L2-L3、L1-L3 之间的阻值为无穷大。

(2)当开关 QS 闭合，手动接通 KM1，此时 L1-L2、L2-L3、L1-L3 之间的阻值相等且为电动机的 3 个线圈电阻值的混联值。

(3)当开关 QS 闭合，手动接通 KM2，此时 L1-L2、L2-L3、L1-L3 之间的阻值相等且为电动机的 3 个线圈电阻值的混联值。

(4)当开关 QS 闭合，同时手动接通 KM1 、KM2，此时 L1-L3 之间的阻值为几欧(短路)，L1-L2、L2-L3 之间的电阻相等且为电动机的 3 个线圈电阻值的混联值。

2. 对控制电路进行调试

对三相异步电动机接触器联锁正反转控制电路进行调试，电路原理如图 5-73 所示。

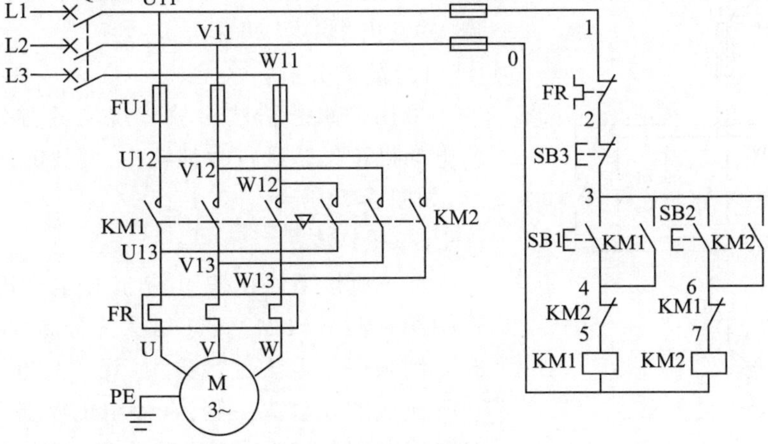

图 5-73　电路原理

(1)当对电路没有做任何操作时,用万用表欧姆挡测量,此时 1-0 之间的阻值为无穷大。

(2)按下按钮 SB1、按下按钮 SB2、手动接通 KM1、手动接通 KM2,这 4 种情况相同,此时 1-0 之间的电阻值为交流接触器线圈的电阻。

(3)同时按下按钮 SB1、SB2,此时 1-0 之间的电阻值为 2 个交流接触器线圈电阻的并联值。

(4)先按下交流接触器 KM2 蓝色动铁心部分,模拟反转自锁吸合,再按下按钮 SB1,根据电路图,因电气连锁功能,此时电阻值不变化,为交流接触器 KM2 的线圈电阻值。

(5)先按下交流接触器 KM1 蓝色动铁心部分,模拟正转自锁吸合,再按下按钮 SB2,根据电路图,因电气连锁功能,此时电阻值不变化,为交流接触器 KM1 的线圈电阻值。

(6)同时按下按钮 KM1、KM2,根据电路原理图分析,此时 1-0 之间的电阻值应为无穷大。

(7)先按下按钮 SB1,再按下按钮 SB3,模拟停止功能,此时 1-0 之间的电阻值由线圈电阻变为无穷大。

(8)先按下按钮 SB2,再按下按钮 SB3,模拟停止功能,此时 1-0 之间的电阻值由线圈电阻变为无穷大。

(三)通电检测

在电路断电检查完成后,进行通电检测。通电检测的步骤如下。

(1)在确保断电检查没有短路现象的前提下,接通电源,将空气断路器合闸。

(2)用试电笔检测三相电是否有输出,试电笔发光说明三相电有输出,正常。用试电笔检测网孔板是否带电,没有发光说明网孔板没有“碰壳”等漏电现象,正常。

(3)用万用表检测三相电之间的线电压,在 380 V ± 7% 的误差内,即正常工作情况。

(4)按下正转启动按钮,观察电机旋转方向与状况。

(5)按下反转启动按钮,观察电动机状态,无变化为正常状态。

(6)按下停止按钮,观察电动机转速是否缓缓下降,直至停止。

(7)待电动机停转后,按下反转启动按钮,观察电动机工作状态,并判断旋转方向是否与正转相反。

(8)按下正转启动按钮,观察电动机状态,无变化为正常状态。

(9)按下停止按钮,观察电动机转速是否缓缓下降,直至停止。

二、电路的故障及检修方法

1. 电动机正反转运行时都缺相

(1)故障现象。

按下正、反转启动按钮 SB1 或 SB2 后,接触器 KM1 或 KM2 均获电开始工作,但电动机的转子均未转动或转得很慢,并发出“嗡嗡”声。

(2)故障分析。

采用逻辑分析法对故障现象进行分析可知,这是典型的电动机正反转运行时都缺相,其故障最小范围可用虚线表示,如图 5-74 所示。

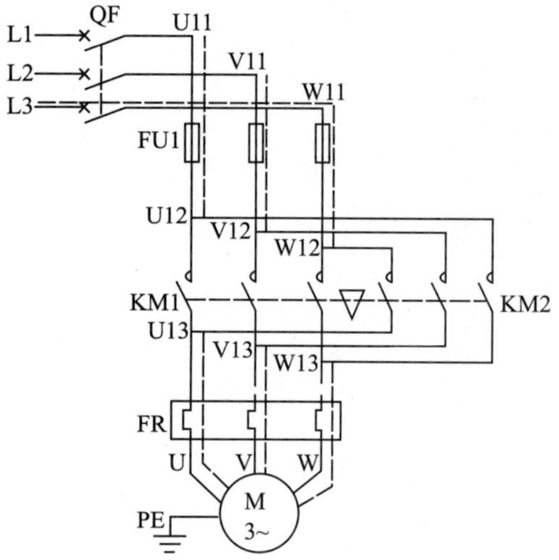

图 5-74　故障现象 1——故障最小范围

(3)检修方法。

首先应按下停止按钮 SB3,使电动机迅速停止。然后以接触器 KM1 或 KM2 的主触头为分界点,与电源相接的静触头一侧采用量电法进行检测,观察其电压是否正常;而与电动机连接的动触头一侧,在停电的状态下,采用电阻测量法对万用表的电阻挡进行通路检测,如图 5-75 所示。

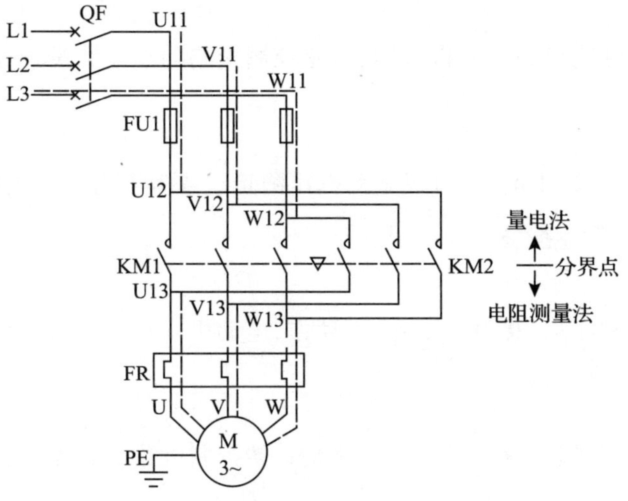

图 5-75　故障现象 1——检测方法

2. 电动机反向运行时缺相

(1)故障现象。

按下正转启动按钮 SB1 后，接触器 KM1 获电开始工作，电动机运行正常；当按下反转启动按钮 SB2 后，接触器 KM2 获电开始工作，但电动机的转子未转动或转得很慢，并发出“嗡嗡”声。

(2)故障分析。

采用逻辑分析法对故障现象进行分析可知，这是电动机反向运行时缺相，其故障最小范围可用虚线表示，如图 5-76 所示。

(3)检修方法。

首先应按下停止按钮 SB3，使电动机迅速停止，然后以接触器 KM2 的主触头为分界点，与电源相接的静触头一侧采用量电法进行检测，观察其电压是否正常；而与电动机连接的动触头一侧，在停电的状态下，采用电阻测量法对万用表的电阻挡进行通路检测，如图 5-77 所示。

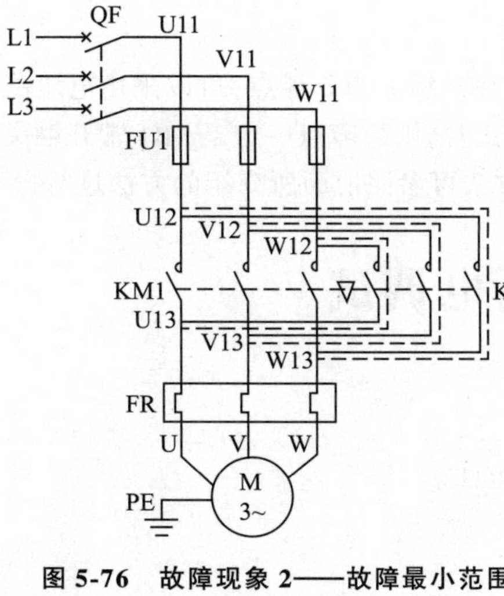

图 5-76　故障现象 2——故障最小范围

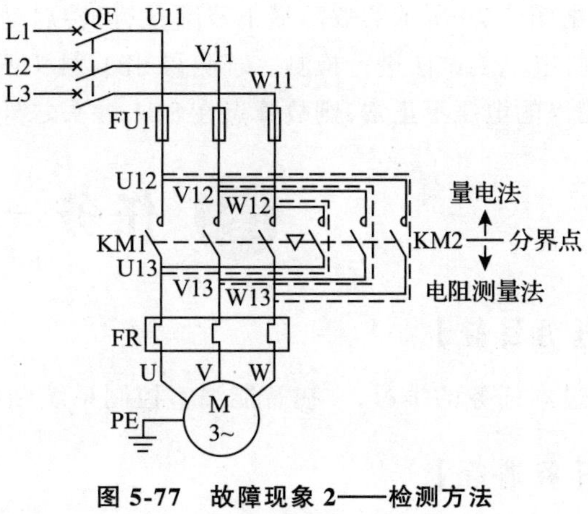

图 5-77　故障现象 2——检测方法

3. 控制电路的总电路没接通

(1)故障现象。

当按下正、反转启动按钮 SB1 或 SB2 后，接触器 KM1 或 KM2 均不动作，电动机不转。

(2)故障分析。

采用逻辑分析法对故障现象进行分析可知,这是控制电路的总电路没接通,其故障最小范围可用虚线表示,如图 5-78 所示。

(3)检修方法。

根据图 5-78 所示的故障最小范围,可以采用电压测量法或者采用验电笔测试法进行检测。

4. 正转控制电路的元器件损坏

(1)故障现象。

当按下正转启动按钮 SB1 后,接触器 KM1 不动作,电动机不转。但按下反转启动按钮 SB2 后,接触器 KM2 动作,电动机启动运行。

(2)故障分析。

采用逻辑分析法对故障现象进行分析可知,这是正转控制电路的元器件损坏,其故障最小范围可用虚线表示,如图 5-79 所示。

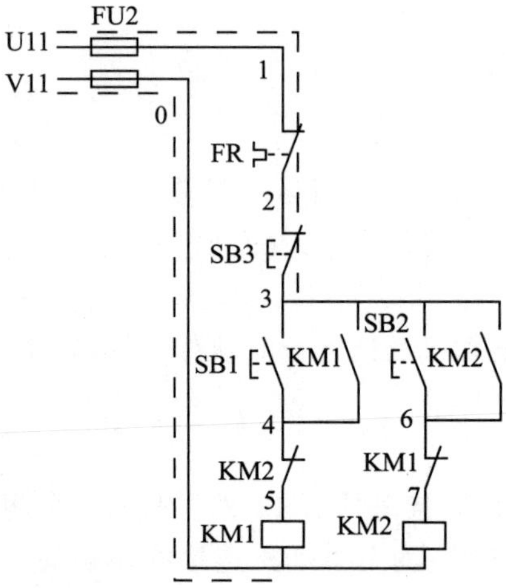

图 5-78　故障现象 3——故障最小范围

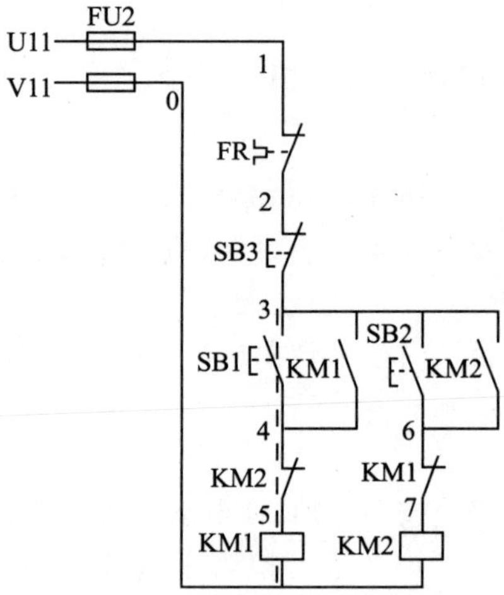

图 5-79　故障现象 4——故障最小范围

(3)检修方法。

根据图 5-79 所示的故障最小范围,以正转启动按钮 SB1 常开触头为分界点,可以采用电压测量法或者采用验电笔测试法进行检测。若测得 SB1 触头两端的电压正常,则故障点一定是 SB1 常开触头接触不良;若测得的电压不正常,则故障点在 SB1 触头之外,其检测方法可参照前面所介绍的方法进行操作。

任务一 | 断电调试

【任务目的】

通过本任务的学习,掌握智能温室控制系统断电调试的方法。

【任务准备】

(1)连接完整的智能温室控制系统、万用表、改锥、尺子、钳子。

(2)电工工作服。

(3)操作人员精神集中,思维清晰。

(4)操作人员熟悉电气控制系统断电调试方法及相关知识。

【任务实施】

步骤一　调试主电路 1。断开 QF1，用万用表欧姆挡测量电路中每条导线是否连接可靠。

步骤二　调试主电路 2。断开 QF2，用万用表欧姆挡测量电路中每条导线是否连接可靠。

步骤三　调试 PLC 接线电路。断开 QF2，用万用表欧姆挡测量电路中每条导线是否连接可靠。

【验收标准】

序号	验收项目	验收内容
1	断电调试主电路 1	断电调试主电路 1 的技能
2	断电调试主电路 2	断电调试主电路 2 的技能
3	断电调试 PLC 接线电路	断电调试 PLC 相关电路的技能

任务二　各硬件通电调试

【任务目的】

通过本任务的学习，掌握智能温室控制系统各硬件通电调试的方法。

【任务准备】

(1)连接完整的智能温室控制系统、万用表、改锥、尺子、钳子。

(2)电工工作服。

(3)操作人员精神集中，思维清晰。

(4)操作人员熟悉电气控制系统各硬件通电调试方法及相关知识。

【任务实施】

步骤一　调试主电路 1。合上 QF1、SA1，用万用表交流电压挡测量电路中交流电路部分每个电器两端电压是否与实际值相符合，用万用表直流电压挡测量电路中直流电路部分每个电器两端电压是否与实际值相符合。

步骤二　调试主电路 2。合上 QF1、SA1、QF2，用万用表直流电压挡测量电路中直流电路部分每个电器两端电压是否与实际值相符合。

步骤三　调试 PLC 接线电路。合上 QF1、SA1、QF2，用万用表直流电压挡测量电路中直流电路部分每个电器两端电压是否与实际值相符合。

【验收标准】

顺序	验收项目	验收内容
1	通电调试主电路 1	通电调试主电路 1 的技能
2	通电调试主电路 2	通电调试主电路 2 的技能
3	通电调试 PLC 接线电路	通电调试 PLC 相关电路的技能

任务三 | 整体通电调试

【任务目的】

通过本任务的学习,掌握智能温室控制系统整体通电调试的方法。

【任务准备】

(1)连接完整的智能温室控制系统、万用表、改锥、尺子、钳子。

(2)电工工作服。

(3)操作人员精神集中,思维清晰。

(4)操作人员熟悉电气控制系统整体通电调试的方法及相关知识。

【任务实施】

步骤一 参照图 5-80,分析整体电路的工作原理。

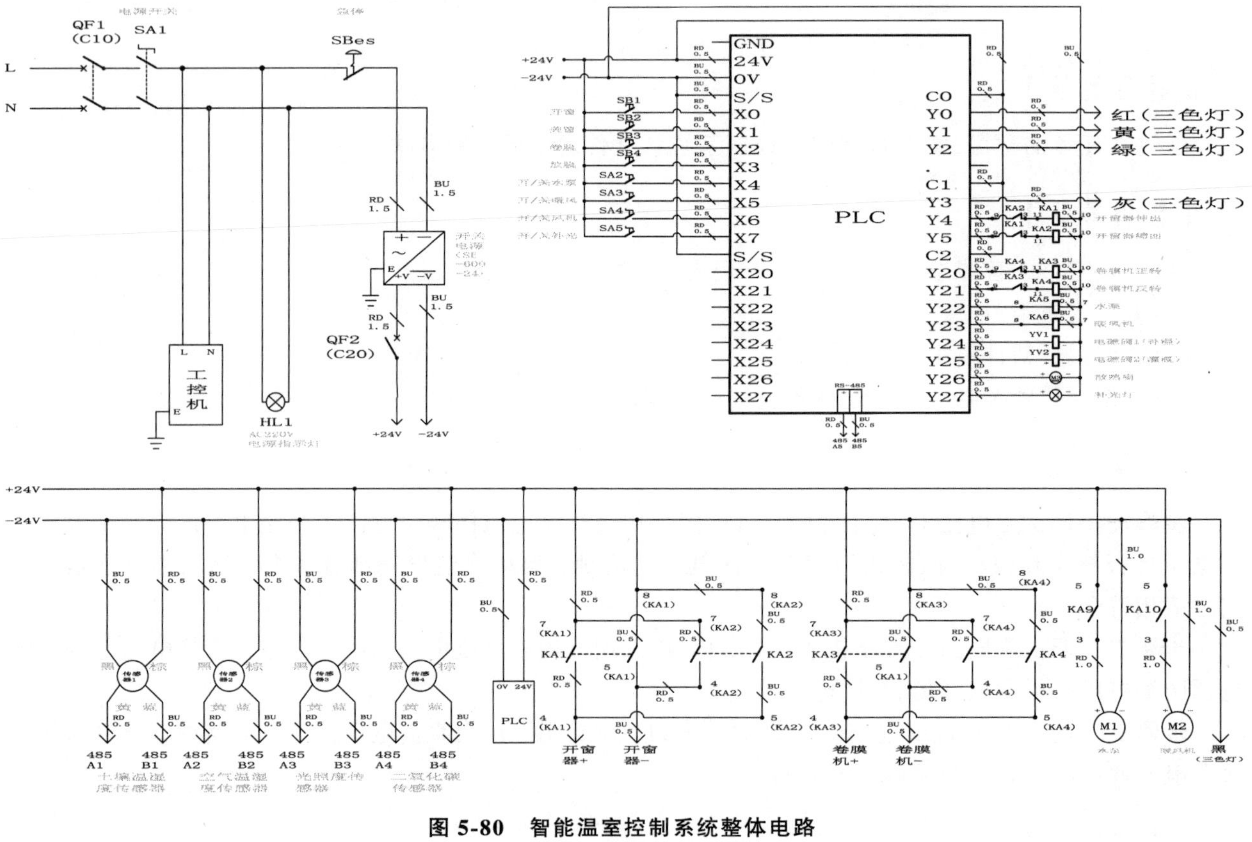

图 5-80 智能温室控制系统整体电路

步骤二 合上 QF1,旋转 SA1 到闭合状态,观察 HL1 和工控制机状态。HL1 亮,则工控制机处于通电状态。

步骤三 合上 QF2,观察输入、输出状态。工控机进入工作状态,显示当时各参数值。

步骤四 手动操作各输入电器元器件,观察输出。

通过“开窗”“关窗”按钮,把窗户调节到需要的位置。

通过“收帘”“放帘”按钮，把窗帘调节到需要的位置。

通过旋转“喷灌开关”，控制智能温室环境试验台的喷灌量。

通过旋转“加热开关”，控制智能温室环境试验台的暖风机的开启与关闭。

通过旋转“通风开关”，控制智能温室环境试验台的风机的开启与关闭。

通过旋转“补光灯开关”，控制智能温室环境试验台的补光灯的开启与关闭。

步骤五　软件操作，观察整体状态。点按“工控机开关”，进入 Windows 操作系统，打开软件进行环境数据获取、环境数据调控、环境数据自动控制、退出系统、关闭等操作。

【验收标准】

序号	验收项目	验收内容
1	分析整体电路的工作原理	整体电路的工作原理和作用
2	合上电源开关	电路合上开关从大到小的原则技能
3	面板上电器元件的操作	整体电路输入电器元件的操作技能
4	工控机上软件的操作	整体软件的操作技能

参考文献

[1]李树海,马国宝. 电工(低压运行维修)[M]. 北京:化学工业出版社,2006.
[2]叶克. 新编电工基础实用技术[M]. 湖南:湖南科学技术出版社,2010.
[3]北京市安全生产技术服务中心. 低压电工作业安全理论知识[M]. 北京:团结出版社,2016.
[4]北京市安全生产技术服务中心. 低压电工作业实操训练手册[M]. 北京:团结出版社,2016.
[5]曹菁. 三菱 PLC、触摸屏和变频器应用技术项目教程[M]. 北京:机械工业出版社,2021.
[6]卓陈祥,黄晓然. 电气控制技术项目教程[M]. 北京:机械工业出版社,2023.
[7]林修杰,黄祥本. 电子装配工艺实践教程[M]. 北京:机械工业出版社,2023.

温室控制系统
装调技术项目教程

(技能工单)

学校:____________________

班级:____________________

学号:____________________

姓名:____________________

目录

模块 1　安全用具的使用

模块 2　安全操作技术

模块 3　安全隐患排除

模块 4　现场应急处置

模块 5　智能温室装调

模块1　安全用具的使用

项目1　电工仪表

在温室控制系统装调技术中，应用较多的电工仪表有万用表、交流钳形电流表、接地电阻测试仪和兆欧表，本项目学习这几种仪表的相关知识。

1.1　信息收集（成绩：________）

1. 仪表的准备

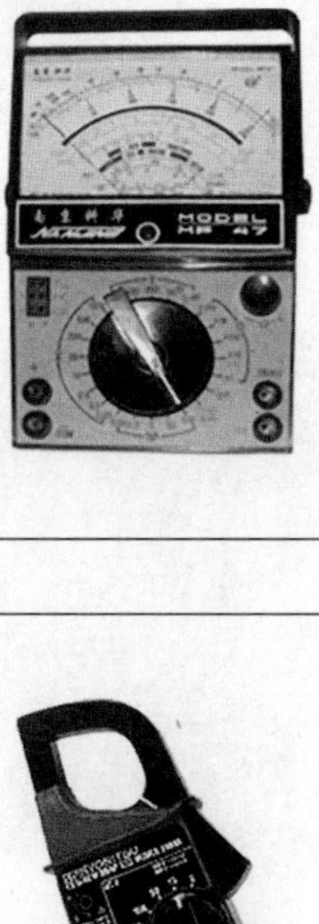

(1)这是________________________，它的作用为____________________。

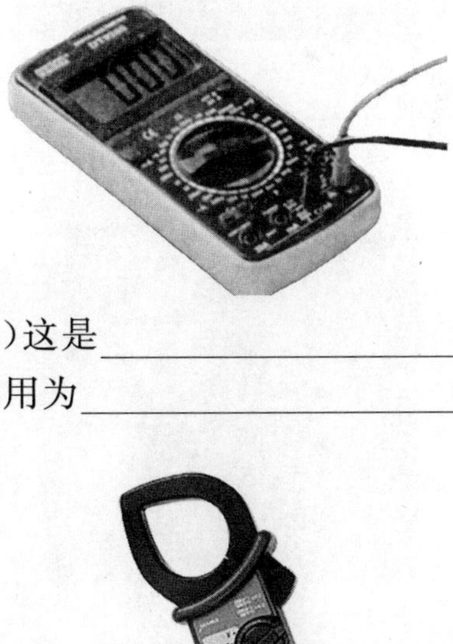

(2)这是________________________，它的作用为____________________。

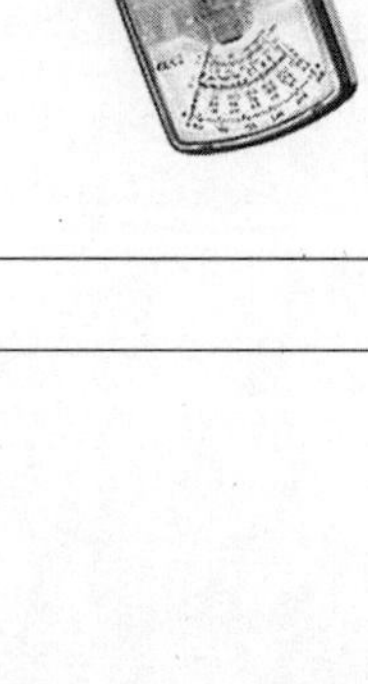

(3)这是________________________，它的作用为____________________。

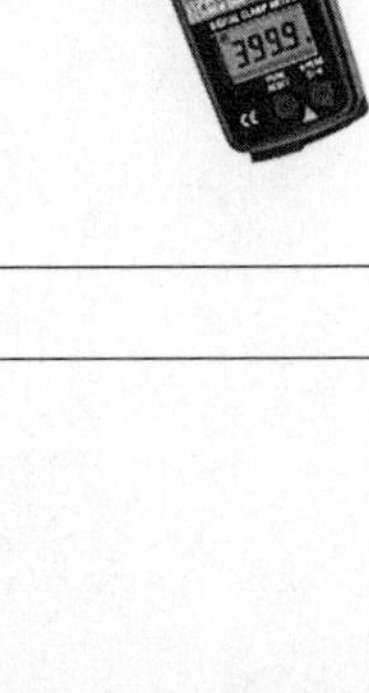

(4)这是________________________，它的作用为____________________。

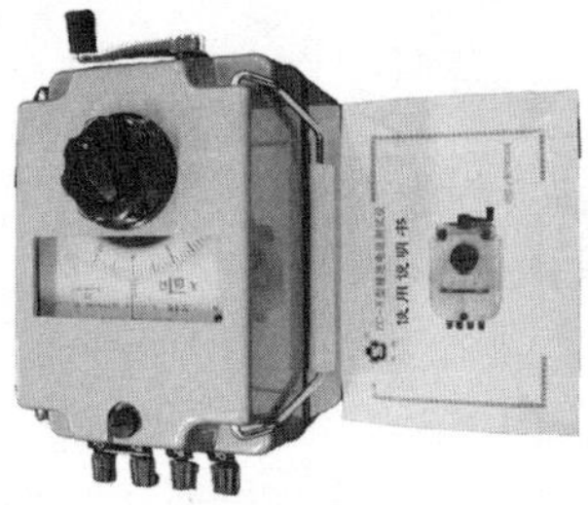

(5)这是________________________，它的作用为______________________。

(6)这是________________________，它的作用为______________________。

2. 读数

（根据实际读数，图片仅为参考）

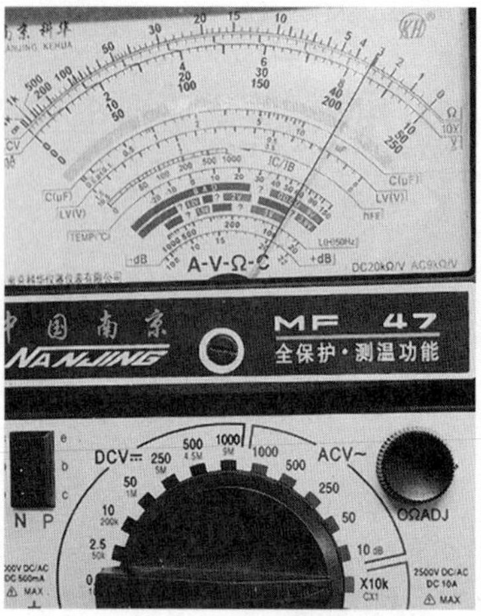

(1)______________________。

(2)______________________。

(3)______________________。

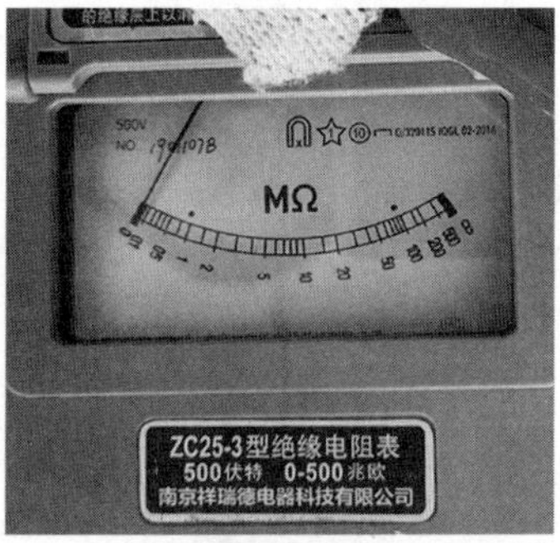

(4)______________________。

1.2　制订计划（成绩：________）

1. 通过查阅资料，分组讨论，制订任务实施计划

工具及设备准备	指针式万用表、数字式万用表、钳形电流表、接地电阻测量仪等，电工工具包	是否清点： □ 是　　□ 否
操作流程	作业项目	操作要领

2. 根据作业计划，完成小组成员任务分工

操作人：________　　记录员：________

监护人：________　　展示员：________

1.3　任务实施（成绩：________）

1. 指针式万用表测量交流电压

步骤一：____

____

步骤二：____

____

步骤三：____

____

步骤四：____

____

步骤五：____

____

2. 指针式万用表测量直流电压

步骤一：____

____

步骤二：____

____

步骤三：____

____

步骤四：____

____

步骤五：____

____

3. 数字式万用表测量交流电压

步骤一：____

____

步骤二：____

____

步骤三：____

____

步骤四：____

____

步骤五：____

____

4. 数字式万用表测量直流电压

步骤一：____

____

步骤二：____

____

步骤三：____

____

步骤四：____

____

步骤五：____

____

步骤六：____

____

5. 指针式万用表测量电阻

步骤一：____

____

步骤二：____

____

步骤三：______

步骤四：______

步骤五：______

步骤六：______

6. 数字式万用表测量电阻

步骤一：______

步骤二：______

步骤三：______

步骤四：______

步骤五：______

7. 交流钳形电流表测量交流电流

步骤一：______

步骤二：______

步骤三：______

步骤四：______

步骤五：______

步骤六：______

8. 接地电阻检测

步骤一：______

步骤二：____

____

步骤三：____

____

步骤四：____

____

9. 低压四芯铠装电力电缆绝缘电阻检测

步骤一：____

____

步骤二：____

____

步骤三：____

____

步骤四：____

____

10. 三相异步电动机运行异常绝缘电阻检测

步骤一：____

____

步骤二：____

____

步骤三：____

____

步骤四：____

____

步骤五：____

____

步骤六：____

____

11. 低压电力电容运行异常绝缘电阻检测

步骤一：____

____

步骤二：____

____

步骤三：____

____

步骤四：____

____

步骤五：____

____

步骤六：____

____

1.4　评价反馈

1. 根据自己在课堂中的实际表现进行自我反思和自我评价

自我反思：____

____

自我评价：____

____

2. 实训成绩单

评价项目	评价标准	分值	得分
接收工作任务	明确工作任务，思路清晰	5	
信息收集	掌握工作相关知识和操作要领	15	
制订计划	计划合理可行	10	
任务实施	操作前设备工具和场地的准备工作	10	
	正确选择指针式万用表并测量	10	
	正确选择数字式万用表并测量	10	
	正确选择兆欧表并测量	5	
	正确选择接地电阻仪并测量	5	
	正确选择钳形电流表并测量	10	
7S 管理	能按照 7S 管理的内容进行任务实施	10	
职业素质	团队协作、沟通表达	10	
综合评价			

项目 2　登杆作业安全用具

在实际的大棚或温室输配电过程中，经常会进行杆上作业，本项目学习登杆作业的相关知识。

2.1　信息收集（成绩：________）

1. 仪表的准备

（1）这是____________，它的作用为____________。

（2）这是____________，它的作用为____________。

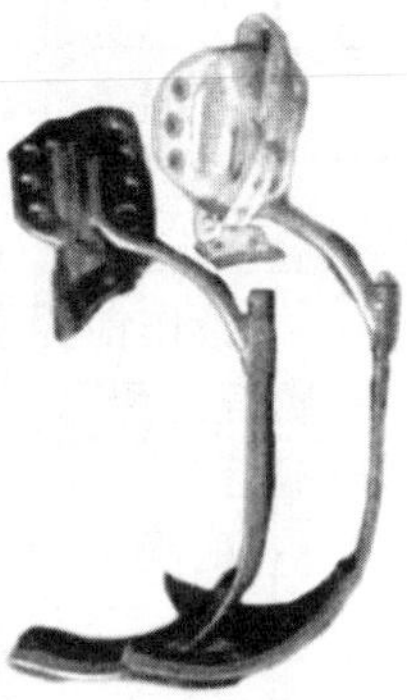

（3）这是____________，它的作用为____________。

2. 检查内容

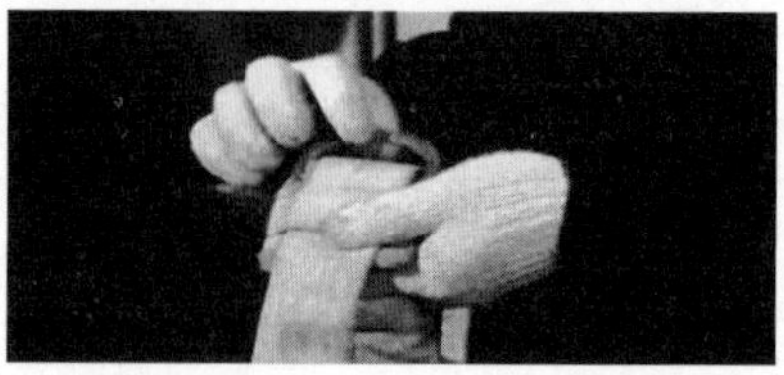

（1）____________。

（2）____________。

2.2　制订计划（成绩：________）

1. 通过查阅资料，分组讨论，制订任务实施计划

<table>
<tr><td rowspan="2">工具及设备准备</td><td rowspan="2">安全帽、脚扣、安全带、登杆场所</td><td>是否清点：</td></tr>
<tr><td>□ 是　　　□ 否</td></tr>
<tr><td rowspan="5">操作流程</td><td>作业项目</td><td>操作要领</td></tr>
<tr><td></td><td></td></tr>
<tr><td></td><td></td></tr>
<tr><td></td><td></td></tr>
<tr><td></td><td></td></tr>
</table>

2. 根据作业计划，完成小组成员任务分工

操作人：__________　　记录员：__________

监护人：__________　　展示员：__________

2.3　任务实施（成绩：________）

1. 完成登杆作业安全用具的检查

步骤一：____

____

步骤二：____

____

步骤三：____

____

2. 完成登杆作业安全用具的演示

步骤一：____

____

步骤二：____

____

2.4 评价反馈

1. 根据自己在课堂中的实际表现进行自我反思和自我评价

自我反思：____

____

自我评价：____

____

2. 实训成绩单

评价项目	评价标准	分值	得分
接收工作任务	明确工作任务，思路清晰	5	
信息收集	掌握工作相关知识和操作要领	15	
制订计划	计划合理可行	10	
任务实施	操作前设备工具和场地的准备工作	10	
	正确选择登杆作业安全用具	10	
	进行登杆作业安全用具的检查	10	
	进行登杆作业杆基的检查	5	
	进行安全防护	5	
	演示登杆	10	
7S 管理	能按照 7S 管理的内容进行任务实施	10	
职业素质	团队协作、沟通表达	10	
综合评价			

项目 3　电工绝缘手套

绝缘手套是大棚或温室电力运行维护、检修过程中常用的安全器具和重要的绝缘防护装备，本项目学习电工绝缘手套及其他绝缘装备的相关知识。

3.1 信息收集（成绩：________）

(1)这是________________________，它的作用为____________________。

(2)这是________________________，它的作用为____________________。

(3)这是____________________，它的作用为____________________。

3.2 制订计划（成绩：________）

1. 通过查阅资料，分组讨论，制订任务实施计划

工具及设备准备	绝缘手套、绝缘鞋、绝缘垫、绝缘台	是否清点： □ 是　　□ 否
操作流程	作业项目	操作要领

2. 根据作业计划，完成小组成员任务分工

操作人：__________　　记录员：__________

监护人：__________　　展示员：__________

3.3 任务实施（成绩：________）

1. 电工绝缘手套的检查

步骤一：____

____

步骤二：____

____

步骤三：____

____

2. 电工绝缘手套的使用

步骤：____

____

3.4 评价反馈

1. 根据自己在课堂中的实际表现进行自我反思和自我评价

自我反思：____

____

自我评价：____

____

2. 实训成绩单

评价项目	评价标准	分值	得分
接收工作任务	明确工作任务，思路清晰	5	
信息收集	掌握工作相关知识和操作要领	15	
制订计划	计划合理可行	10	
任务实施	操作前设备工具和场地的准备工作	10	
	检查合格标识	10	
	检查有效期	10	
	检查外观	5	
	检查漏气	5	
	正确使用	10	
7S 管理	能按照 7S 管理的内容进行任务实施	10	
职业素质	团队协作、沟通表达	10	
综合评价			

项目 4　低压验电笔

验电笔,俗称电笔,是一种常用的电工工具。它可以用来判断电路中的零线和火线,也可以用来判断电器是否存在漏电现象,是大棚或温室电力运行维护、检修过程中常用的电工工具。本项目学习低压验电笔及其他常用电工工具的相关知识。

4.1　信息收集(成绩:________)

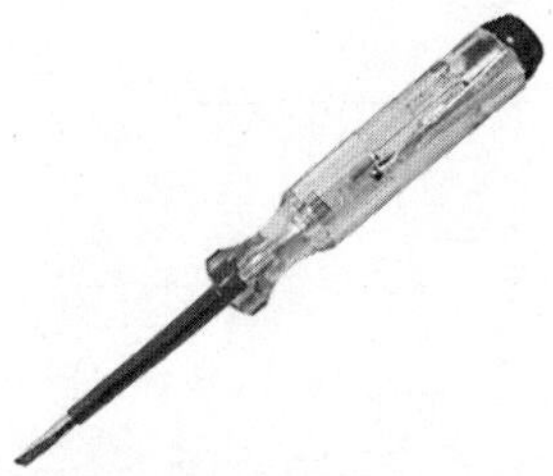

(1)这是________________________,
它的作用为____________________。

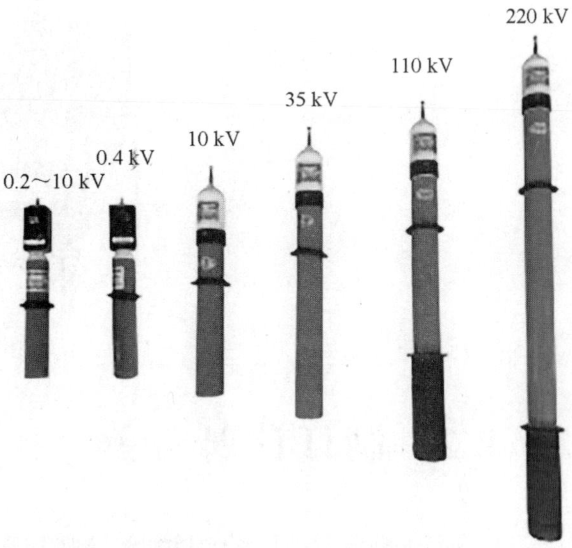

(2)这是________________________,
它的作用为____________________。

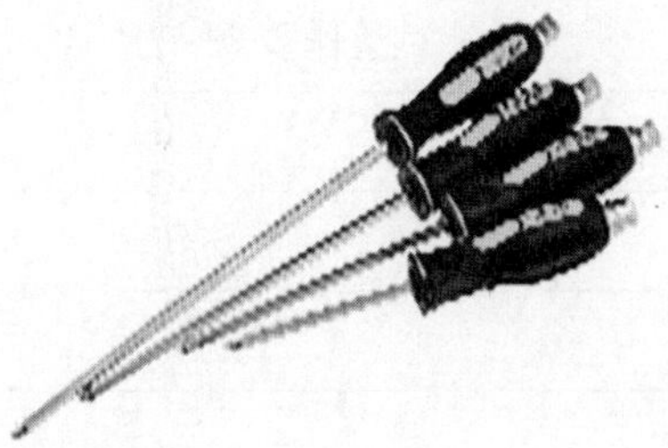

(3)这是________________________,
它的作用为____________________。

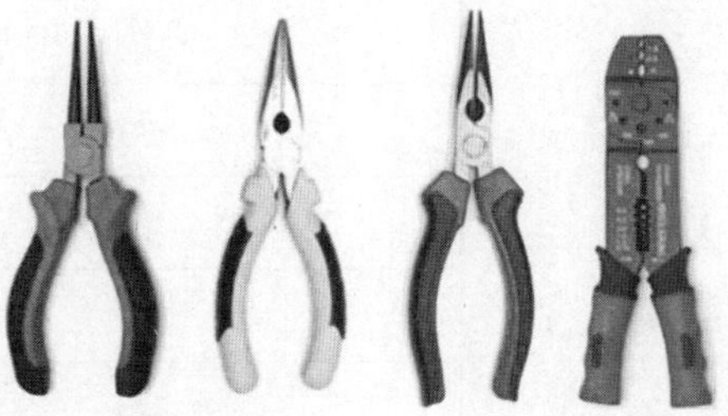

(4)这是________________________,
它的作用为____________________。

(5)这是____________________，它的作用为____________________。

(6)这是____________________，它的作用为____________________。

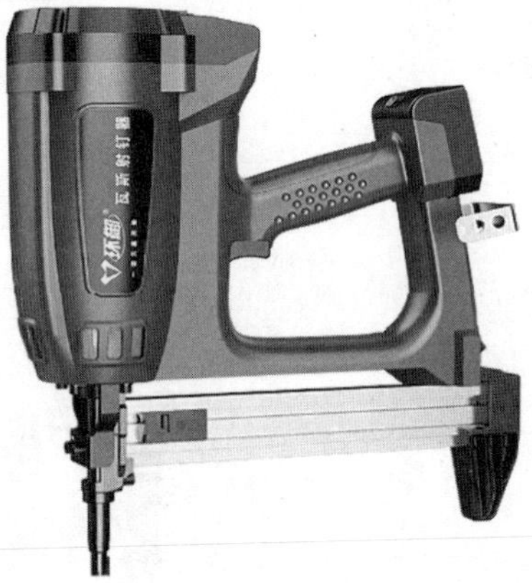

(7)这是____________________，它的作用为____________________。

4.2　制订计划(成绩:________)

1. 通过查阅资料,分组讨论,制订任务实施计划

工具及设备准备	成套电工工具	是否清点: □ 是　　□ 否
操作流程	作业项目	操作要领

2. 根据作业计划,完成小组成员任务分工

操作人:__________　　记录员:__________

监护人:__________　　展示员:__________

4.3　任务实施（成绩：________）

1. 低压验电笔的检查

步骤一：________________________________

____

步骤二：________________________________

____

2. 低压验电笔的使用

步骤一：________________________________

____

步骤二：________________________________

____

4.4　评价反馈

1. 根据自己在课堂中的实际表现进行自我反思和自我评价

自我反思：________________________________

____

自我评价：________________________________

____

2. 实训成绩单

评价项目	评价标准	分值	得分
接收工作任务	明确工作任务，思路清晰	5	
信息收集	掌握工作相关知识和操作要领	15	
制订计划	计划合理可行	10	
任务实施	操作前设备工具和场地的准备工作	10	
	检查笔外观	10	
	持笔部位	10	
	检查电笔	5	
	正确测试	5	
	测试结果	10	
7S 管理	能按照 7S 管理的内容进行任务实施	10	
职业素质	团队协作、沟通表达	10	
综合评价			

项目 5　停电检修作业

停电检修是大棚或温室的一项常规工作，主要目的是对设备进行日常检修运维，确保其用电安全可靠运行。本项目学习停电检修作业的相关知识。

5.1　信息收集（成绩：________）

（1）这是____________________，它的作用为____________________。

（2）这是________________________，它的作用为____________________。

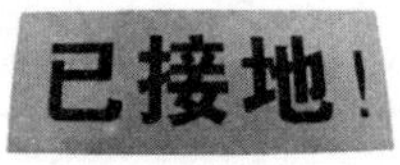

（3）这是________________________，它的作用为____________________。

5.2　制订计划（成绩：________）

1. 通过查阅资料，分组讨论，制订任务实施计划

工具及设备准备	常用标示牌	是否清点： □ 是　　□ 否
操作流程	作业项目	操作要领

2. 根据作业计划，完成小组成员任务分工

操作人：__________　　记录员：__________

监护人：__________　　展示员：__________

5.3　任务实施（成绩：________）

1. 设备检修

步骤：____

2. 电路检修

步骤一：____

步骤二：____

5.4　评价反馈

1. 根据自己在课堂中的实际表现进行自我反思和自我评价

自我反思：____

自我评价：____

2. 实训成绩单

评价项目	评价标准	分值	得分
接收工作任务	明确工作任务，思路清晰	5	
信息收集	掌握工作相关知识和操作要领	15	
制订计划	计划合理可行	10	
任务实施	操作前设备工具和场地的准备工作	10	
	设备检修	15	
	电路检修	15	
	已挂地线	10	
7S 管理	能按照 7S 管理的内容进行任务实施	10	
职业素质	团队协作、沟通表达	10	
综合评价			

模块 2　安全操作技术

项目 1　　三相异步电动机接线操作

在温室控制系统装调技术中，三相异步电动机单向运行和三相异步电动机正反转运行电路是最基本的动力电路，本项目学习这两种电路的相关知识。

1.1　信息收集（成绩：________）

1. 元器件的准备

（1）这是____________________，选择时应注意____________________。

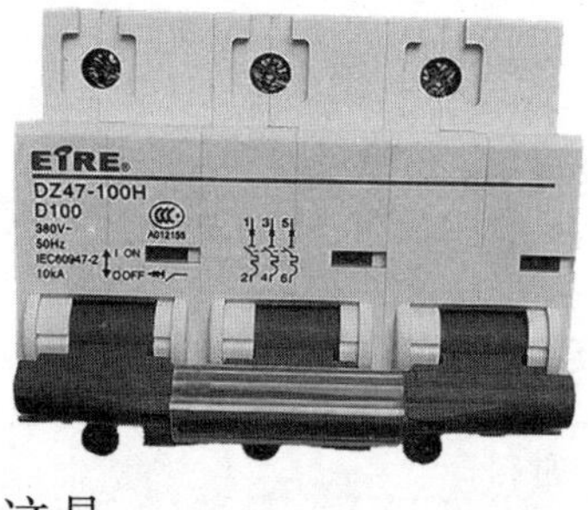

（2）这是____________________，应选型号为____________________。

（3）这是____________________，应选型号为____________________。

（4）这是____________________，应选型号为____________________。

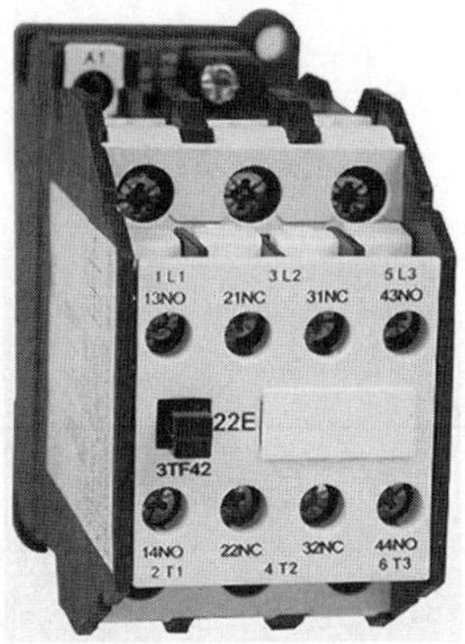

（5）这是＿＿＿＿＿＿＿＿＿＿＿＿＿＿＿＿，应选型号为＿＿＿＿＿＿＿＿＿＿＿＿＿＿＿。

（6）这是＿＿＿＿＿＿＿＿＿＿＿＿＿＿＿＿，应选型号为＿＿＿＿＿＿＿＿＿＿＿＿＿＿＿。

2. 电路图准备

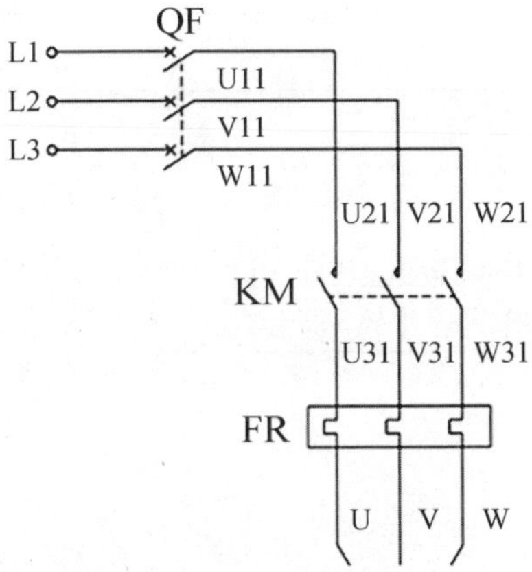

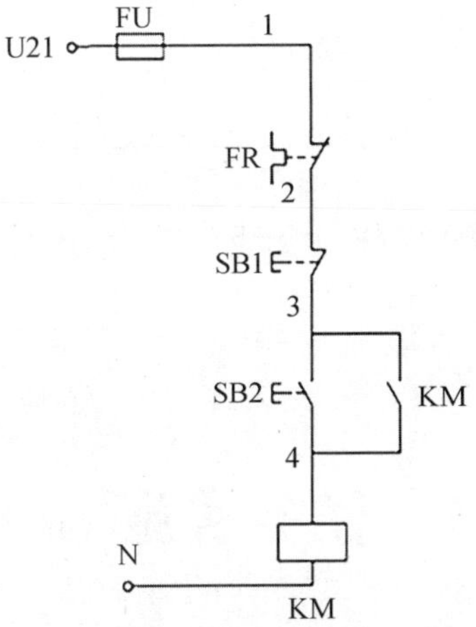

（1）这是三相异步电动机＿＿＿＿＿＿原理图。

（2）这是三相异步电动机＿＿＿＿＿＿原理图。

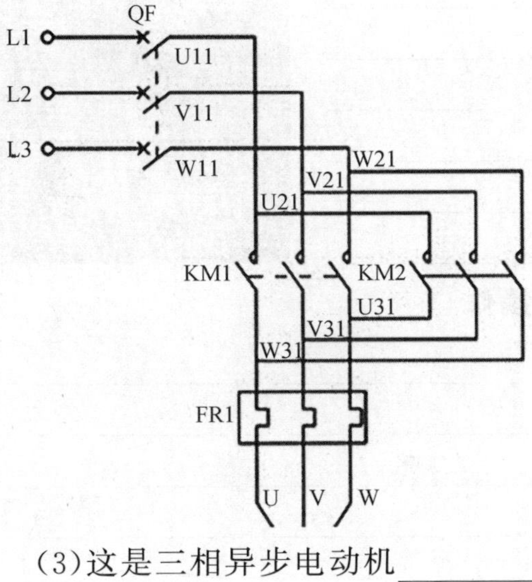

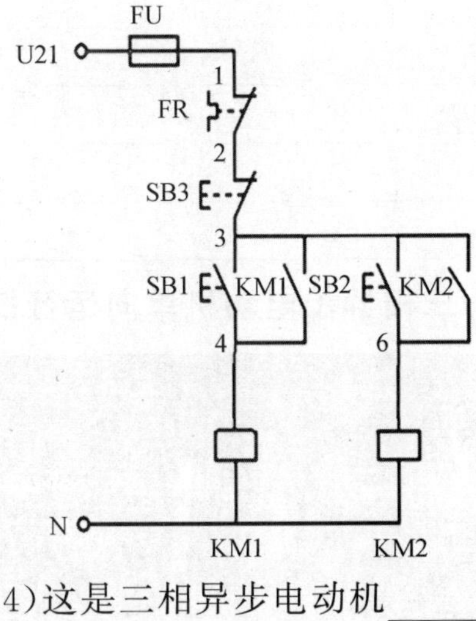

（3）这是三相异步电动机＿＿＿＿＿＿原理图。

（4）这是三相异步电动机＿＿＿＿＿＿原理图。

1.2 制订计划（成绩：________）

1. 通过查阅资料，分组讨论，制订任务实施计划

工具及设备准备	断路器、熔断器、接触器、热保护器、导线、三相异步电动机、控制按钮、电工工具包	是否清点： □ 是　　□ 否
操作流程	作业项目	操作要领

2. 根据作业计划，完成小组成员任务分工

操作人：__________　　记录员：__________

监护人：__________　　展示员：__________

1.3 任务实施（成绩：________）

1. 三相异步电动机单向运行主回路的接线操作

步骤一：____

____

____

步骤二：____

____

2. 三相异步电动机单向运行控制回路的接线操作

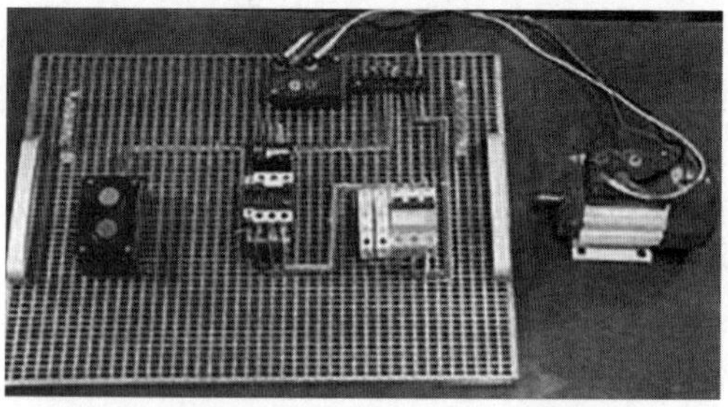

步骤一：____

____

步骤二：____

____

步骤三：____

____

3. 三相异步电动机正反转运行主回路的接线操作

步骤一：______________________________

____

____

____

步骤二：______________________________

____

____

4. 三相异步电动机正反转运行控制回路的接线操作

步骤一：______________________________

____

步骤二：______________________________

____

步骤三：______________________________

____

1.4 评价反馈

1. 根据自己在课堂中的实际表现进行自我反思和自我评价

自我反思：______________________________

____

自我评价：______________________________

____

2. 实训成绩单

评价项目	评价标准	分值	得分
接收工作任务	明确工作任务，思路清晰	5	
信息收集	掌握工作相关知识和操作要领	15	
制订计划	计划合理可行	10	
任务实施	操作前设备工具和场地的准备工作	10	
	能识别导线（规格 BV-4 mm^2，BVR-1.5 mm^2）并进行加工和连接	10	
	能选择熔断器（规格为 RT18-32，4A）并进行检测和安装、连接	10	

续表

评价项目	评价标准	分值	得分
任务实施	能选择接触器(规格为 AC 380 V,3 P,30 A,线圈电压 AC 380 V)并进行检测和安装、连接	5	
	能选择热保护器(规格为热元件＞25 A,整定值＝22 A)并进行检测和安装、连接	5	
	能选择按钮并进行检测、安装、连接	10	
7S 管理	能按照 7S 管理的内容进行任务实施	10	
职业素质	团队协作、沟通表达	10	
综合评价			

项目 2　计量接线

在实际的温室控制系统中，计量电路是必不可少的电路，本项目学习 5 种计量电路的相关知识。

2.1　信息收集（成绩：________）

1. 元器件的准备

(1)这是______________________，选择注意事项为____________________。

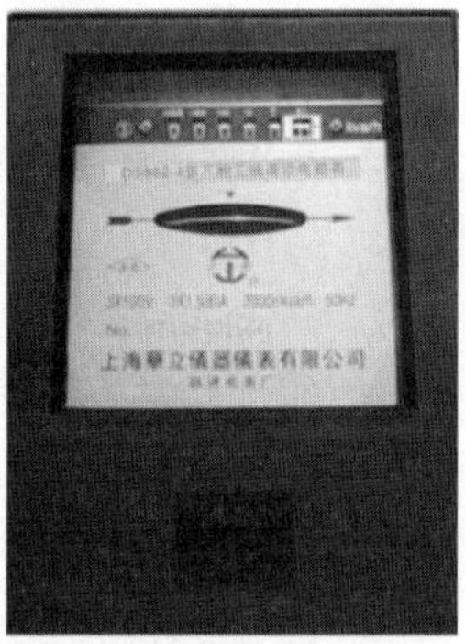

(2)这是______________________，选择注意事项为____________________。

(3)这是____________________，选择注意事项为____________________。

(4)这是____________________，其特点为____________________。

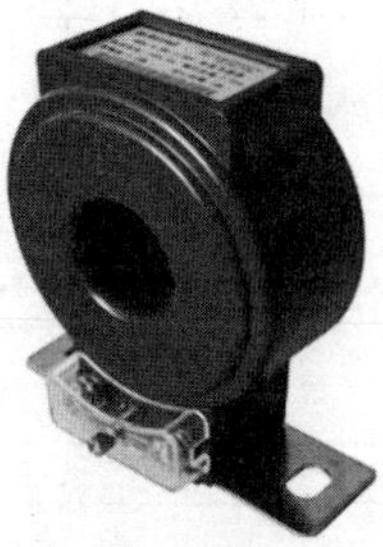

(5)这是____________________，接线时注意事项为____________________。

2. 电路图准备

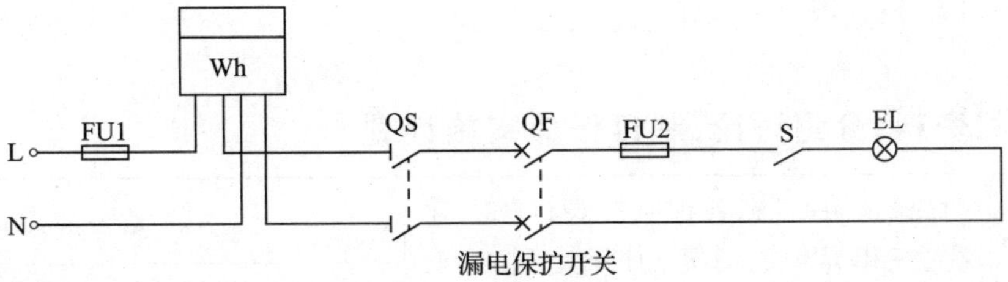

(1)这是____________________原理图。

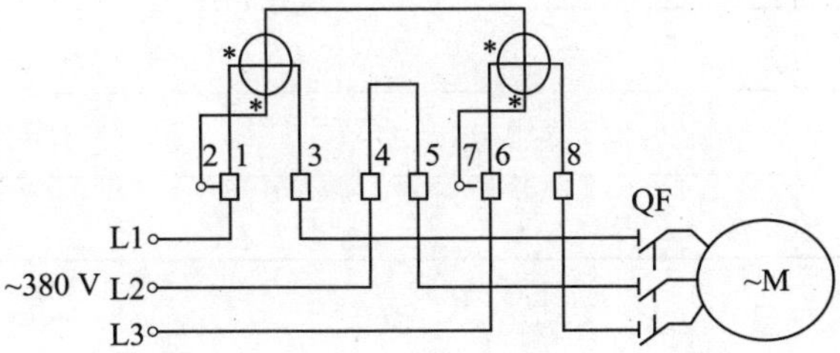

(2)这是____________________原理图。

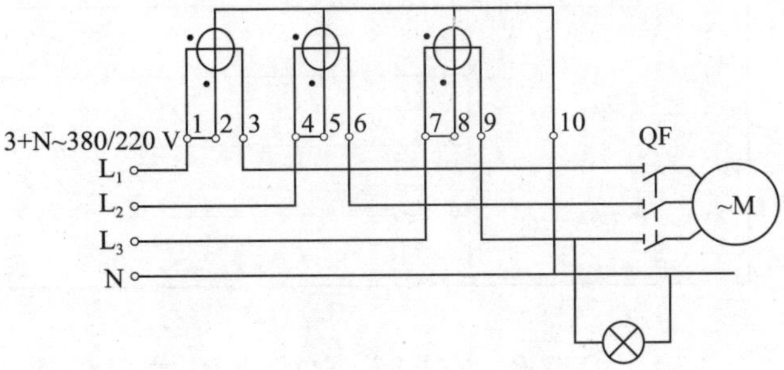

(3)这是____________________原理图。

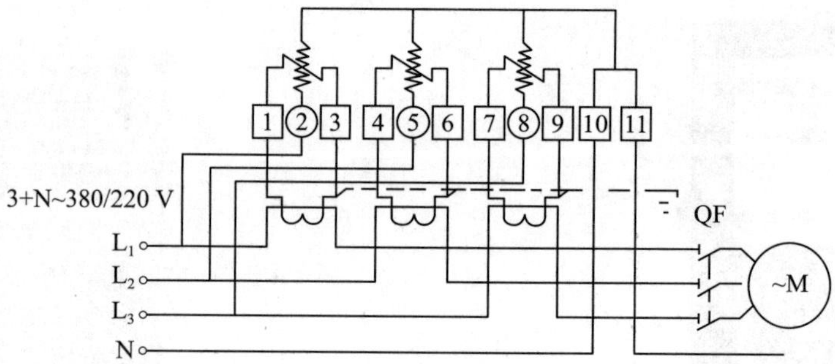

（4）这是________________原理图。

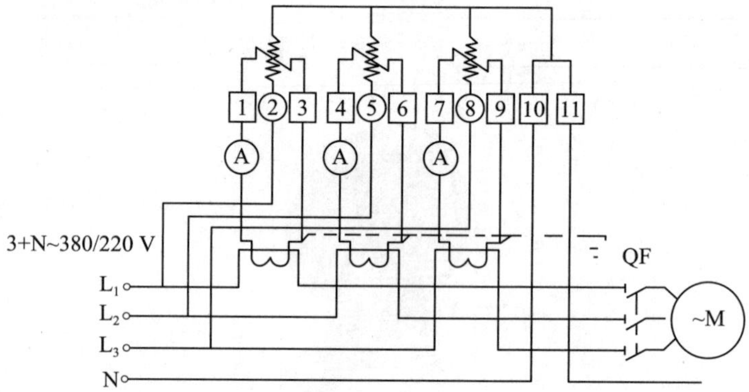

（5）这是________________原理图。

2.2 制订计划（成绩：________）

1. 通过查阅资料，分组讨论，制订任务实施计划

工具及设备准备	断路器、熔断器、各种电能表、灯泡、导线、三相异步电动机、刀开关、电工工具包	是否清点： □ 是　　□ 否
操作流程	作业项目	操作要领

2. 根据作业计划，完成小组成员任务分工

操作人：________　　记录员：________

监护人：________　　展示员：________

2.3　任务实施（成绩：________）

1. 补光灯计量接线

步骤一：________________

步骤二：________________

步骤三：________________

2. 电动机计量接线

步骤一：________________

步骤二：________________

步骤三：________________

3. 动力和补光混合计量接线

步骤一：________________

步骤二：________________

步骤三：________________

4. 互感器接入式电能表计量接线

步骤一：________________

步骤二：________________

步骤三：________________

5. 电动机与三相电流表计量接线

步骤一：____

____

步骤二：____

____

步骤三：____

____

2.4 评价反馈

1. 根据自己在课堂中的实际表现进行自我反思和自我评价

自我反思：____

____

自我评价：____

____

2. 实训成绩单

评价项目	评价标准	分值	得分
接收工作任务	明确工作任务，思路清晰	5	
信息收集	掌握工作相关知识和操作要领	15	
制订计划	计划合理可行	10	
任务实施	操作前设备工具和场地的准备工作	10	
	补光灯计量接线	10	
	电动机计量接线	5	
	动力和补光混合计量接线	10	
	互感器接入式电能表计量接线	10	
	电动机与三相电流表计量接线	5	
7S 管理	能按照 7S 管理的内容进行任务实施	10	
职业素质	团队协作、沟通表达	10	
综合评价			

项目 3　补光灯接线

在实际的温室控制系统中，补光灯电路是最基本的电路，本项目学习 3 种补光灯电路的相关知识。

3.1　信息收集（成绩：________）

1. 元器件的准备

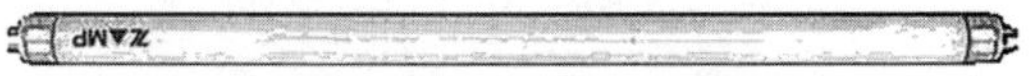

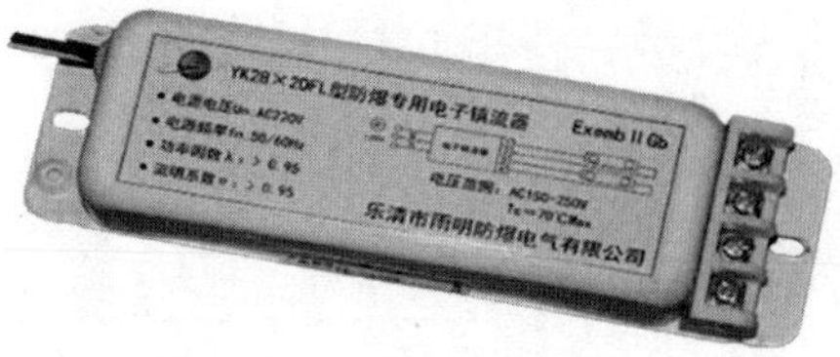

（1）这是________________________，其作用为____________________。

（2）这是________________________，选择注意事项为____________________。

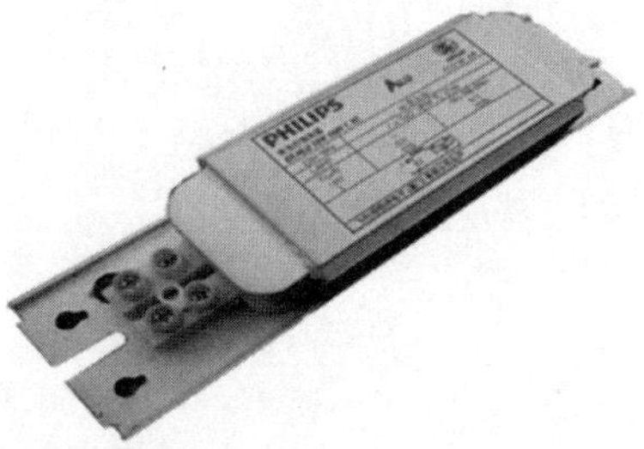

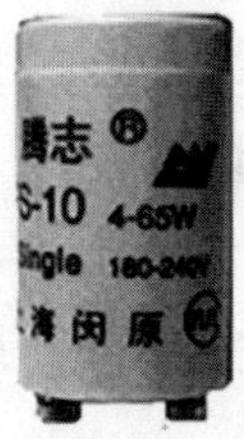

（3）这是________________________，选择注意事项为____________________。

（4）这是________________________，其工作原理为____________________。

2. 电路图准备

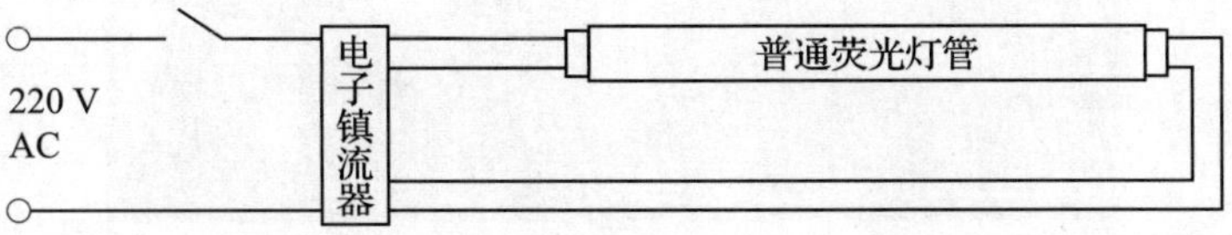

（1）这是____________________图。

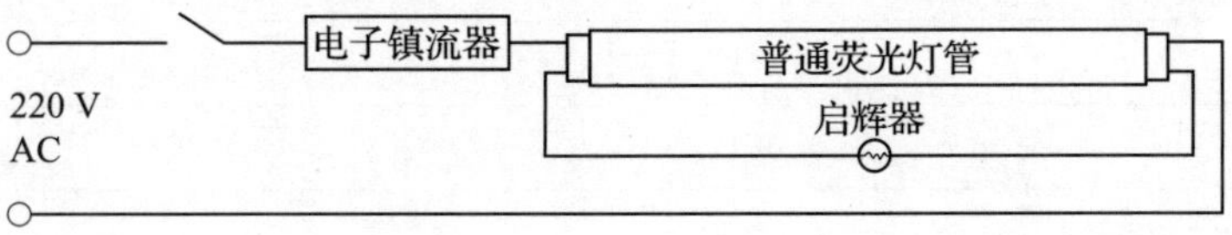

（2）这是____________________图。

3. 思考题：日光灯电路常见故障及检修方法

____

____

____

3.2 制订计划（成绩：________）

1. 通过查阅资料，分组讨论，制订任务实施计划

工具及设备准备	螺口灯泡、电感式日光电路成套元器件、电子式日光电路成套元器件、导线、刀开关、电工工具包	是否清点： □ 是　　□ 否
操作流程	作业项目	操作要领

2. 根据作业计划，完成小组成员任务分工

操作人：________　　记录员：________

监护人：________　　展示员：________

3.3 任务实施（成绩：________）

1. 电子式单管日光灯电路接线

步骤一：______________________________

____

步骤二：______________________________

____

步骤三：______________________________

____

2. 电感式单管日光灯电路接线

步骤一：____

____

步骤二：____

____

步骤三：____

____

3. 线吊式螺口照明灯接线

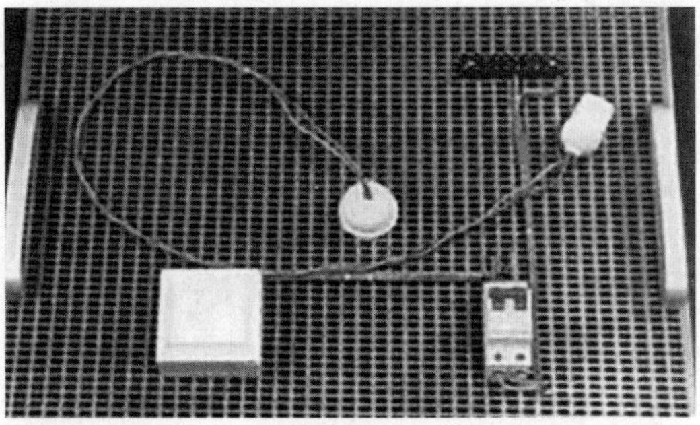

步骤一：____

____

步骤二：____

____

步骤三：____

____

3.4　评价反馈

1. 根据自己在课堂中的实际表现进行自我反思和自我评价

自我反思：____

____

自我评价：____

____

2. 实训成绩单

评价项目	评价标准	分值	得分
接收工作任务	明确工作任务，思路清晰	5	
信息收集	掌握工作相关知识和操作要领	15	
制订计划	计划合理可行	10	
任务实施	操作前设备工具和场地的准备工作	10	
	电子式单管日光灯电路接线	10	
	电感式单管日光灯电路接线	15	
	线吊式螺口照明灯接线	15	
7S 管理	能按照 7S 管理的内容进行任务实施	10	
职业素质	团队协作、沟通表达	10	
综合评价			

项目 4　漏电断路器配插座接线

在实际的温室控制系统中，漏电断路器配插座接线是最基本的接线，本项目学习漏电断路器配插座接线的相关知识。

4.1　信息收集（成绩：________）

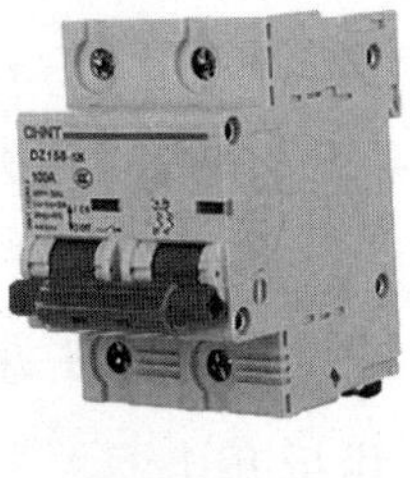

（1）这是____________。　（2）这是____________。　（3）这是____________。

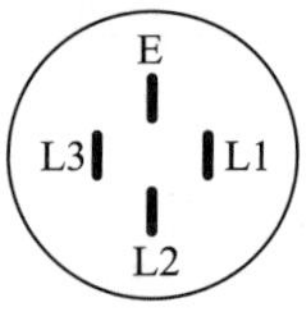

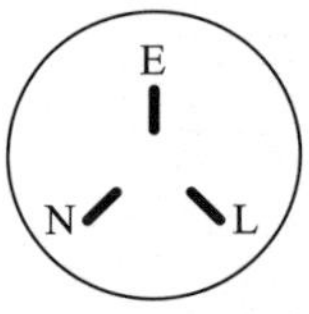

（4）接线口诀：____________________。

4.2　制订计划（成绩：________）

1. 通过查阅资料，分组讨论，制订任务实施计划

<table>
<tr><td rowspan="2">工具及设备准备</td><td rowspan="2">漏电断路器、插座、导线、电工工具包</td><td>是否清点：</td></tr>
<tr><td>□ 是　　　□ 否</td></tr>
<tr><td rowspan="5">操作流程</td><td>作业项目</td><td>操作要领</td></tr>
<tr><td></td><td></td></tr>
<tr><td></td><td></td></tr>
<tr><td></td><td></td></tr>
<tr><td></td><td></td></tr>
</table>

2. 根据作业计划，完成小组成员任务分工

操作人：__________　　　　记录员：__________

监护人：__________　　　　展示员：__________

4.3　任务实施（成绩：________）

1. 漏电断路器配 3 孔插座接线

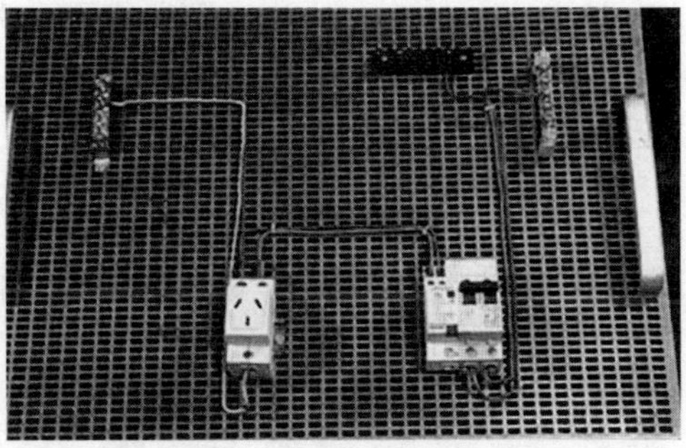

步骤一：________________________________

____

____

步骤二：________________________________

____

____

____

2. 漏电断路器配 4 孔插座接线

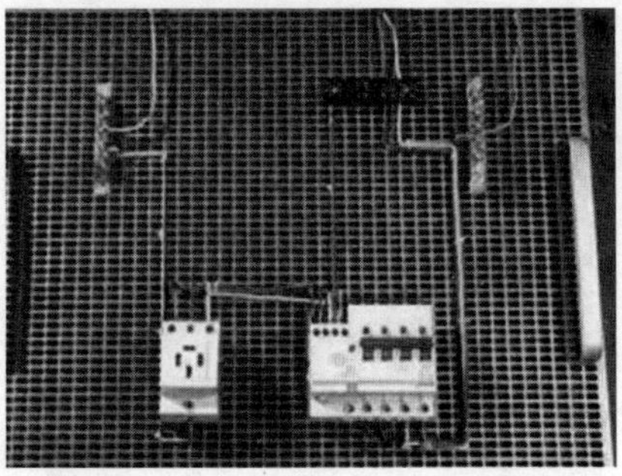

步骤一：________________________________

____

____

步骤二：________________________________

____

____

4.4 评价反馈

1. 根据自己在课堂中的实际表现进行自我反思和自我评价

自我反思：____

____

____

____

自我评价：____

____

____

____

2. 实训成绩单

评价项目	评价标准	分值	得分
接收工作任务	明确工作任务，思路清晰	5	
信息收集	掌握工作相关知识和操作要领	15	
制订计划	计划合理可行	10	
任务实施	操作前设备工具和场地的准备工作	10	
	漏电断路器配 3 孔插座接线	20	
	漏电断路器配 4 孔插座接线	20	
7S 管理	能按照 7S 管理的内容进行任务实施	10	
职业素质	团队协作、沟通表达	10	
综合评价			

项目 5　运行电路停电检修

在实际的温室控制系统中，经常进行运行电路停电检修，本项目学习运行电路停电检修的相关知识。

5.1　信息收集(成绩:________)

(1)这是________________,其组成部分有________________。

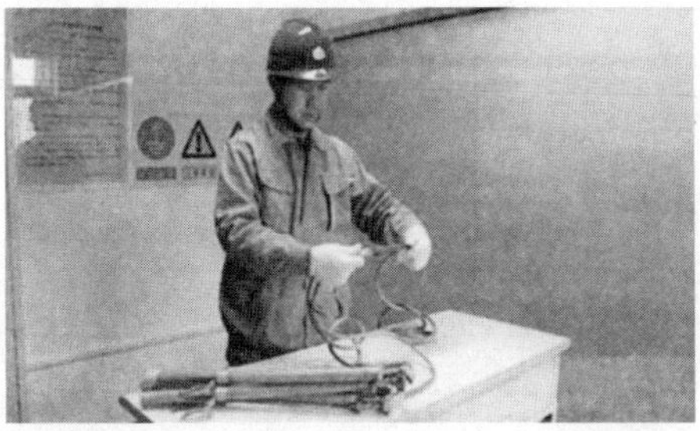

(2)这是________________。

(3)这是________________。

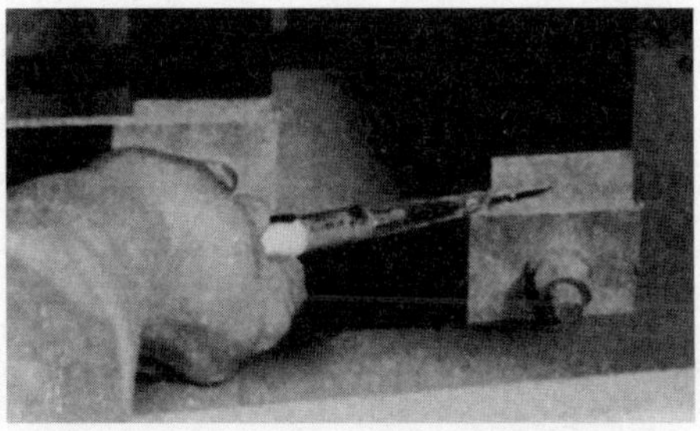

(4)这是________________。

(5)这是________________。

(6)这是________________。

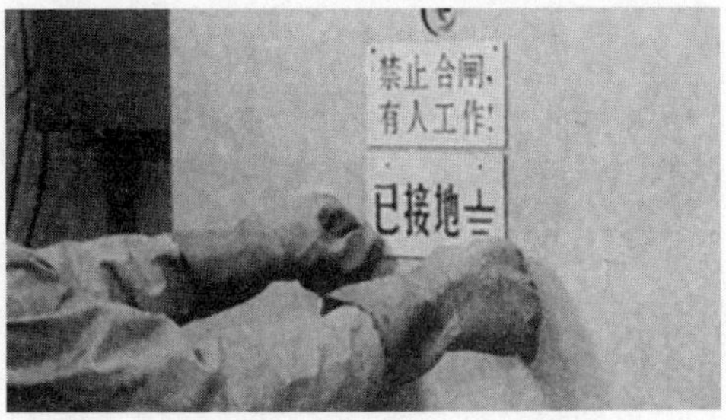

(7)这是________________。

5.2 制订计划（成绩：________）

1. 通过查阅资料，分组讨论，制订任务实施计划

工具及设备准备	临时接地线若干，绝缘手套、安全帽、绝缘鞋若干，验电器若干，安全标示牌若干，电工工具包	是否清点： □ 是　　□ 否
操作流程	作业项目	操作要领

2. 根据作业计划，完成小组成员任务分工

操作人：________　　记录员：________

监护人：________　　展示员：________

5.3 任务实施（成绩：________）

运行电路停电检修

步骤一：________

步骤二：________

步骤三：________

步骤四：________

步骤五：________

5.4 评价反馈

1. 根据自己在课堂中的实际表现进行自我反思和自我评价

自我反思：______________________________

____

____

自我评价：______________________________

____

____

2. 实训成绩单

评价项目	评价标准	分值	得分
接收工作任务	明确工作任务，思路清晰	5	
信息收集	掌握工作相关知识和操作要领	15	
制订计划	计划合理可行	10	
任务实施	操作前设备工具和场地的准备工作	10	
	准备地线	10	
	停电	10	
	验电	10	
	挂临时地线	5	
	挂标示牌	5	
7S 管理	能按照 7S 管理的内容进行任务实施	10	
职业素质	团队协作、沟通表达	10	
综合评价			

项目 6 刀闸开关和配电室操作

在实际的大型温室控制系统中，有专用的刀闸开关和配电室，本项目学习刀闸开关和配电室操作的相关知识。

6.1 信息收集（成绩：________）

(1)这是____________________。

(2)这是____________________。

(3)这是____________________。

(4)这是____________________。

(5)这是____________________。

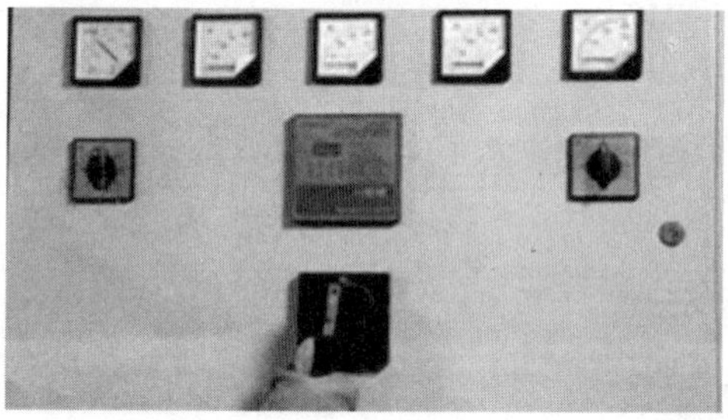

(6)这是____________________。

(7)这是____________________。

6.2　制订计划（成绩：________）

1. 通过查阅资料，分组讨论，制订任务实施计划

工具及设备准备	绝缘手套、安全帽、绝缘鞋若干、配电室全套装备实景或模拟场景、电工工具包	是否清点： □ 是　　□ 否
操作流程	作业项目	操作要领

2. 根据作业计划，完成小组成员任务分工

操作人：__________　　记录员：__________

监护人：__________　　展示员：__________

6.3　任务实施（成绩：________）

1. 411 刀闸带 411-1、411-2 出线开关的退出运行操作

步骤一：____________________

步骤二：____________________

步骤三：____________________

步骤四：____________________

步骤五：____________________

步骤六：____________________

2. 411 刀闸带 411-1、411-2 出线开关的投入运行操作

步骤一：____________________

步骤二：____

____

步骤三：____

____

步骤四：____

____

步骤五：____

____

步骤六：____

____

步骤七：____

____

3. 配电室主进柜、出线柜及电容柜开关全部退出运行操作

步骤一：____

____

步骤二：____

____

步骤三：____

____

步骤四：____

____

步骤五：____

____

4. 配电室主进柜、出线柜及电容柜开关全部投入运行操作

步骤一：____

____

步骤二：____

____

步骤三：____

____

步骤四：____

____

步骤五：____

____

步骤六：____

____

步骤七：____

____

6.4 评价反馈

1. 根据自己在课堂中的实际表现进行自我反思和自我评价

自我反思：____

____

自我评价：____

____

2. 实训成绩单

评价项目	评价标准	分值	得分
接收工作任务	明确工作任务，思路清晰	5	
信息收集	掌握工作相关知识和操作要领	15	
制订计划	计划合理可行	10	
任务实施	操作前设备工具和场地的准备工作	10	
	411 刀闸带 411-1、411-2 出线开关退出运行操作	10	
	411 刀闸带 411-1、411-2 出线开关投入运行操作	10	
	配电室主进柜、出线柜及电容柜开关全部退出运行操作	10	
	配电室主进柜、出线柜及电容柜开关全部投入运行操作	10	
7S 管理	能按照 7S 管理的内容进行任务实施	10	
职业素质	团队协作、沟通表达	10	
综合评价			

项目 7　电开水器的接线

在实际的温室控制系统中，为了安全，经常有漏电断路器配工业五孔插座接线，本项目借用实际电开水器的接线学习漏电断路器配工业五孔插座接线的相关知识。

7.1 信息收集（成绩：________）

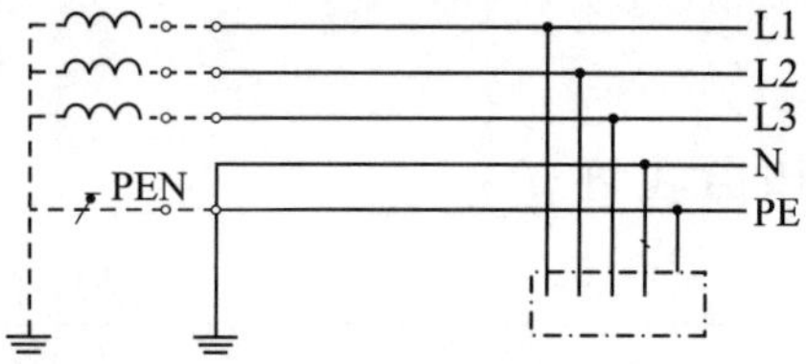

（1）这是________________，其组成部分有________________。（2）这是________________。

7.2 制订计划（成绩：________）

1. 通过查阅资料，分组讨论，制订任务实施计划

工具及设备准备	规格为 380 V 三极四线 16 A，30 mA/01 s 的漏电新路器若干，规格为 BV-2.5 mm^2 的导线若干，规格为 380 V，五孔 16 A 的插座若干，电工工具包	是否清点： □ 是　　□ 否
操作流程	作业项目	操作要领

2. 根据作业计划，完成小组成员任务分工

操作人：__________　　　　记录员：__________

监护人：__________　　　　展示员：__________

7.3 任务实施（成绩：________）

电开水器的接线

步骤一：____

____

步骤二：____

____

步骤三：____

____

步骤四：____

____

7.4 评价反馈

1. 根据自己在课堂中的实际表现进行自我反思和自我评价

自我反思：____

____

自我评价：____

____

2. 实训成绩单

评价项目	评价标准	分值	得分
接收工作任务	明确工作任务，思路清晰	5	
信息收集	掌握工作相关知识和操作要领	15	
制订计划	计划合理可行	10	
任务实施	操作前设备工具和场地的准备工作	10	
	选择断路器	10	
	选用插座	10	
	接线	10	
	试电	10	
7S 管理	能按照 7S 管理的内容进行任务实施	10	
职业素质	团队协作、沟通表达	10	
综合评价			

模块3　安全隐患排除

项目1　低压配电柜柜体及柜门的安全隐患排除

在实际的温室中，低压配电柜柜体及柜门存在安全隐患，本项目学习低压配电柜柜体及柜门的安全隐患排除的相关知识。

1.1　信息收集（成绩：________）

（1）这是____________________场景。

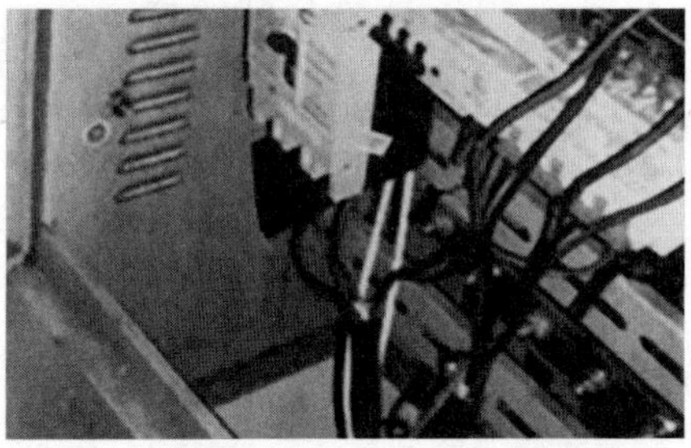

（2）这是柜体没接____________________。

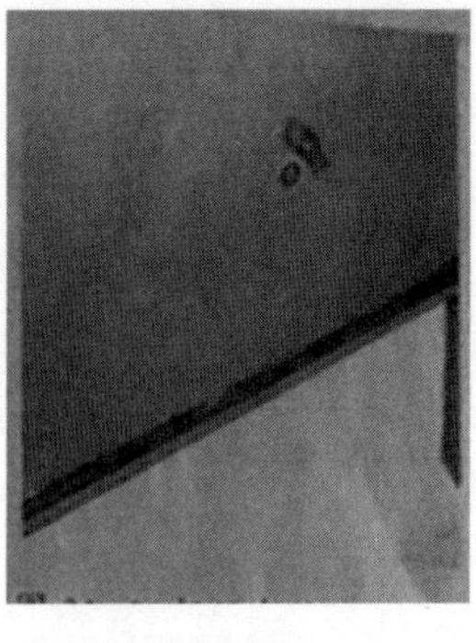

（3）这是柜门没接________________。

1.2　制订计划（成绩：________）

1. 通过查阅资料，分组讨论，制订任务实施计划

工具及设备准备	配电柜或模拟场景	是否清点： □ 是　　□ 否
操作流程	作业项目	操作要领

2. 根据作业计划，完成小组成员任务分工

操作人：________　　　　记录员：________

监护人：________　　　　展示员：________

1.3　任务实施（成绩：________）

1. 低压配电柜柜体的安全隐患排除

步骤：________________

____

____

2. 低压配电柜柜门的安全隐患排除

步骤：________________

____

____

1.4　评价反馈

1. 根据自己在课堂中的实际表现进行自我反思和自我评价

自我反思：________________

____

自我评价：________________

____

2. 实训成绩单

评价项目	评价标准	分值	得分
接收工作任务	明确工作任务,思路清晰	5	
信息收集	掌握工作相关知识和操作要领	15	
制订计划	计划合理可行	10	
任务实施	操作前设备工具和场地的准备工作	10	
	柜体未接保护线安全风险	15	
	柜门未接保护线安全风险	15	
	隐患后果	10	
7S 管理	能按照 7S 管理的内容进行任务实施	10	
职业素质	团队协作、沟通表达	10	
综合评价			

项目 2　低压配电室的安全风险识别和隐患排除

在实际的温室中,低压配电室存在安全隐患,本项目学习低压配电室的安全风险识别和隐患排除的相关知识。

2.1　信息收集(成绩:________)

(1)这是________________。

(2)这是________________。

(3)这是____________________,有____________________后患。

2.2 制订计划(成绩:__________)

1. 通过查阅资料,分组讨论,制订任务实施计划

工具及设备准备	低压配电室或模拟场景	是否清点: □ 是 □ 否
操作流程	作业项目	操作要领

2. 根据作业计划,完成小组成员任务分工

操作人:__________ 记录员:__________

监护人:__________ 展示员:__________

2.3 任务实施(成绩:__________)

1. 识别安全风险

步骤:____

____

____

____

____

____

____

2. 排除风险隐患

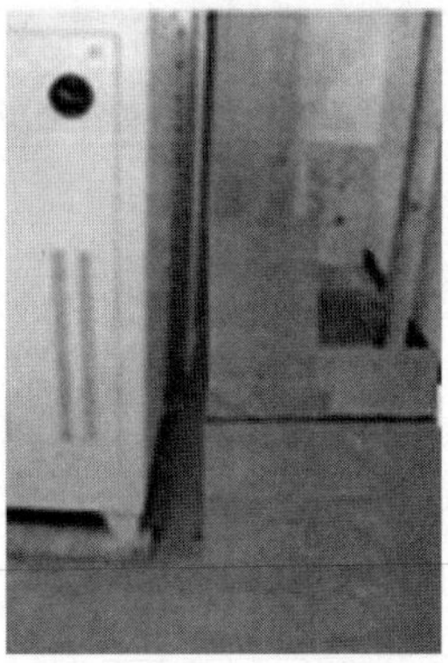

步骤：________________

____

____

____

____

____

____

____

2.4 评价反馈

1. 根据自己在课堂中的实际表现进行自我反思和自我评价

自我反思：________________

____

自我评价：________________

____

2. 实训成绩单

评价项目	评价标准	分值	得分
接收工作任务	明确工作任务，思路清晰	5	
信息收集	掌握工作相关知识和操作要领	15	
制订计划	计划合理可行	10	
任务实施	操作前设备工具和场地的准备工作	10	
	电缆沟盖板上未铺设绝缘胶垫安全隐患	15	
	沟盖板与金属线槽接触安全隐患	15	
	安全隐患排除	10	
7S 管理	能按照 7S 管理的内容进行任务实施	10	
职业素质	团队协作、沟通表达	10	
综合评价			

项目 3 车间配电箱的安全风险识别和隐患排除

在实际的温室中，车间配电箱存在安全隐患，本项目学习车间配电箱的安全风险识别和隐患排除的相关知识。

3.1 信息收集（成绩：________）

(1)这是____________________。

(2)这是____________________，排除方法____________________。

(3)这是____________________，排除方法____________________。

(4)这是____________________，排除方法____________________。

3.2 制订计划（成绩：________）

1. 通过查阅资料，分组讨论，制订任务实施计划

工具及设备准备	车间配电箱或模拟场景	是否清点： □ 是　　□ 否
操作流程	作业项目	操作要领

2. 根据作业计划,完成小组成员任务分工

操作人：__________　　　　　　　　　　　　记录员：__________

监护人：__________　　　　　　　　　　　　展示员：__________

3.3　任务实施（成绩：________）

1. 车间配电箱的安全风险识别

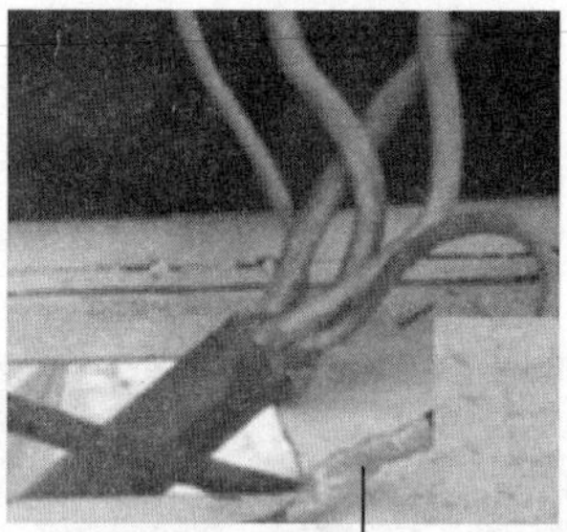

步骤一：____

____

步骤二：____

____

步骤三：____

____

2. 车间配电箱的安全风险隐患排除

步骤一：____

____

步骤二：____

____

步骤三：____

____

3.4　评价反馈

1. 根据自己在课堂中的实际表现进行自我反思和自我评价

自我反思：____

____

____

____

自我评价：____

____

____

____

2. 实训成绩单

评价项目	评价标准	分值	得分
接收工作任务	明确工作任务，思路清晰	5	
信息收集	掌握工作相关知识和操作要领	15	
制订计划	计划合理可行	10	
任务实施	操作前设备工具和场地的准备工作	10	
	多路保护线未采用 PE 汇流排压接安全隐患	10	
	铝管压接铜导线安全隐患	10	
	压接螺栓丝扣未露出安全隐患	10	
	多路线一点压接易接触不良，故障查路困难的隐患后果	5	
	铝管压铜线易氧化的隐患后果	5	
	螺栓丝扣未露出会因震动等原因引发螺母松动或脱落隐患后果	5	
7S 管理	能按照 7S 管理的内容进行任务实施	10	
职业素质	团队协作、沟通表达	10	
综合评价			

项目 4　电气控制室的安全风险识别和隐患排除

在实际的温室中，电气控制室存在安全隐患，本项目学习电气控制室的安全风险识别和隐患排除的相关知识。

4.1　信息收集（成绩：________）

(1)这是________________。

(2)这存在________________安全风险，排除方法________________（只写一种）。

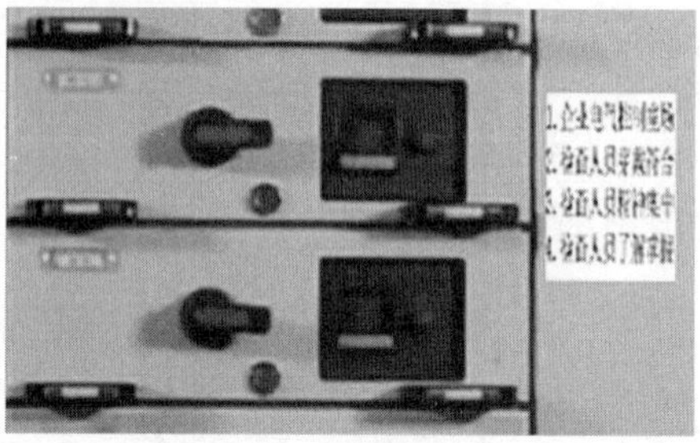

(3)这存在________________安全风险，排除方法________________（只写一种）。

(4)这存在________________安全风险，排除方法________________（只写一种）。

4.2　制订计划（成绩：________）

1. 通过查阅资料，分组讨论，制订任务实施计划

工具及设备准备	电气控制室或模拟场景	是否清点： □ 是　　□ 否
操作流程	作业项目	操作要领

2. 根据作业计划，完成小组成员任务分工

操作人：________　　记录员：________

监护人：________　　展示员：________

4.3　任务实施（成绩：________）

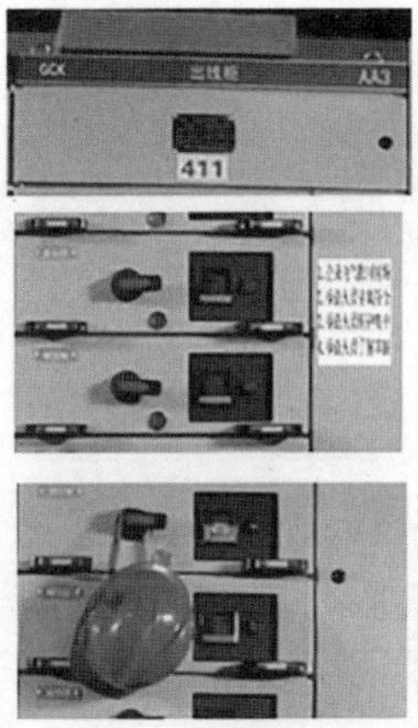

1. 电气控制室的安全风险识别

步骤一：________________________________

____

步骤二：________________________________

____

步骤三：________________________________

____

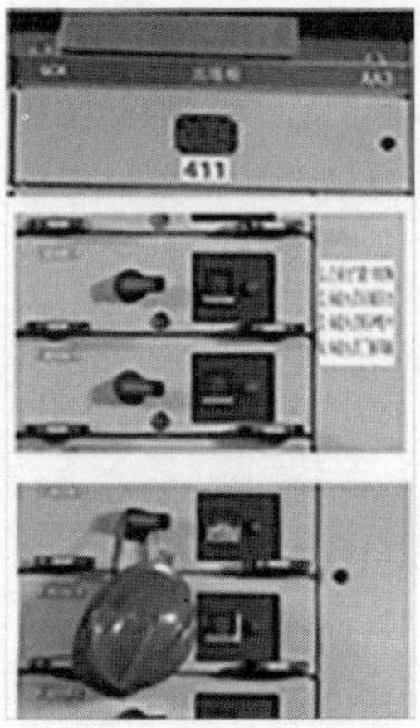

2. 电气控制室的安全隐患排除

步骤一：________________________________

____

____

步骤二：________________________________

____

____

步骤三：________________________________

____

4.4 评价反馈

1. 根据自己在课堂中的实际表现进行自我反思和自我评价

自我反思：____

____

自我评价：____

____

2. 实训成绩单

评价项目	评价标准	分值	得分
接收工作任务	明确工作任务，思路清晰	5	
信息收集	掌握工作相关知识和操作要领	15	
制订计划	计划合理可行	10	
任务实施	操作前设备工具和场地的准备工作	10	
	控制柜上堆杂物安全隐患	10	
	控制柜门贴无关标识安全隐患	10	
	控制柜门悬挂杂物安全隐患	10	
	堆放杂物影响设备散热，火灾扩大事故的隐患后果	5	
	无关标识分散注意力的隐患后果	5	
	悬挂杂物影响正常巡视，影响安全操作的隐患后果	5	
7S 管理	能按照 7S 管理的内容进行任务实施	10	
职业素质	团队协作、沟通表达	10	
综合评价			

模块4　现场应急处置

项目　触电现场急救的5项操作

在温室控制系统装调技术中，触电事故是最严重的安全事故，本项目学习现场应急处理的相关知识。

1.1　信息收集（成绩：________）

1. 触电与急救知识准备

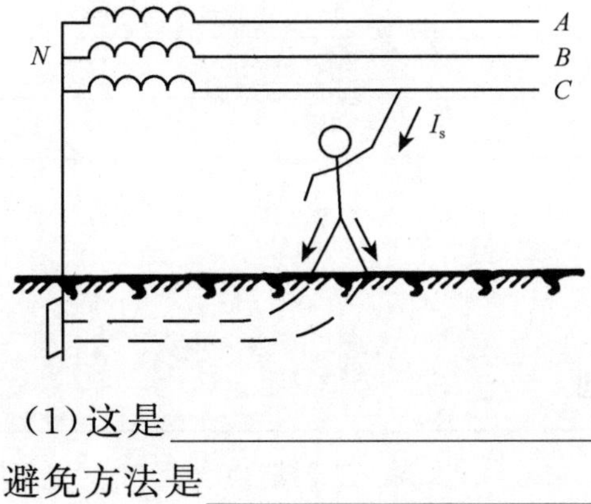

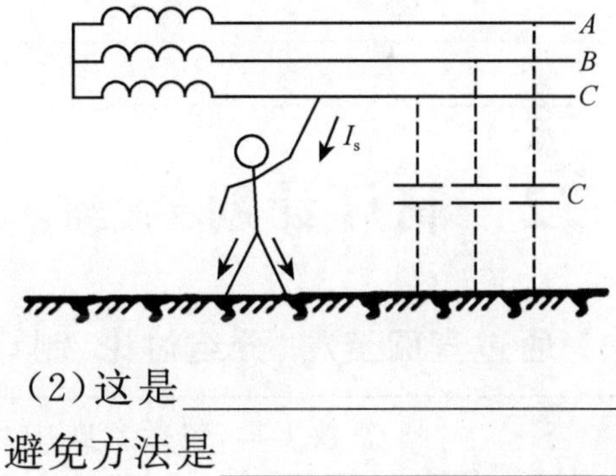

（1）这是________________触电，避免方法是________________。

（2）这是________________触电，避免方法是________________。

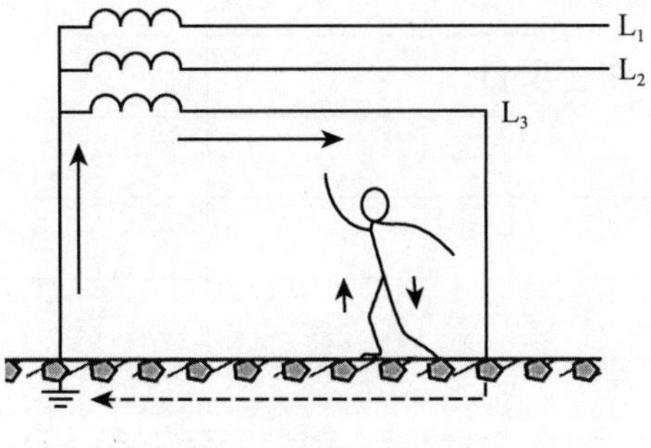

（3）这是________________触电，避免方法是________________。

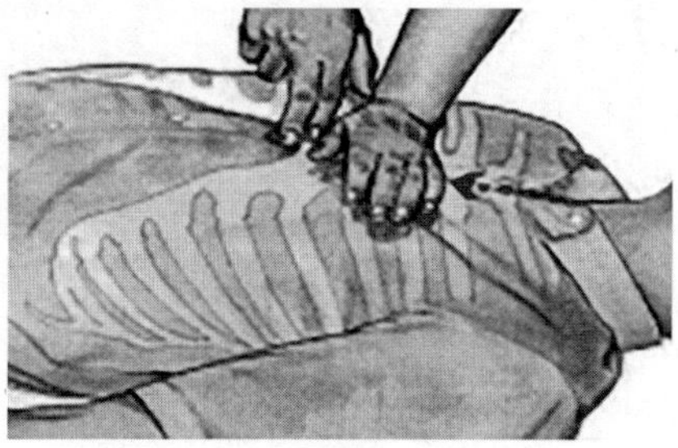

（4）按压位置选择为______________。

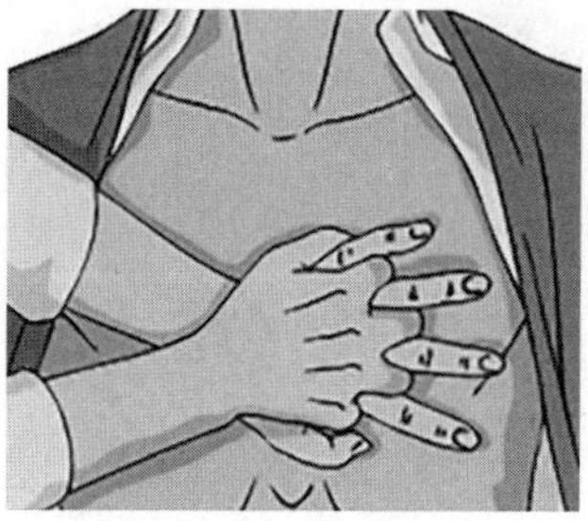

（5）按压姿势为______________。

2. 基本概念知识准备

（1）人体电阻：

____

（2）电流对人体的伤害：

____

（3）电击事故的种类：

____

（4）急救注意事项：

____

1.2 制订计划（成绩：__________）

1. 通过查阅资料，分组讨论，制订任务实施计划

<table>
<tr><td rowspan="2">工具及设备准备</td><td rowspan="2">急救工具，包括急救中可能用到的干燥木柄等用具，用于急救的人体模特等，灭火器。</td><td>是否清点：</td></tr>
<tr><td>□ 是　　□ 否</td></tr>
<tr><td rowspan="5">操作流程</td><td>作业项目</td><td>操作要领</td></tr>
<tr><td></td><td></td></tr>
<tr><td></td><td></td></tr>
<tr><td></td><td></td></tr>
<tr><td></td><td></td></tr>
</table>

2. 根据作业计划，完成小组成员任务分工

操作人：__________ 记录员：__________
监护人：__________ 展示员：__________

1.3 任务实施（成绩：________）

1. 脱离电源

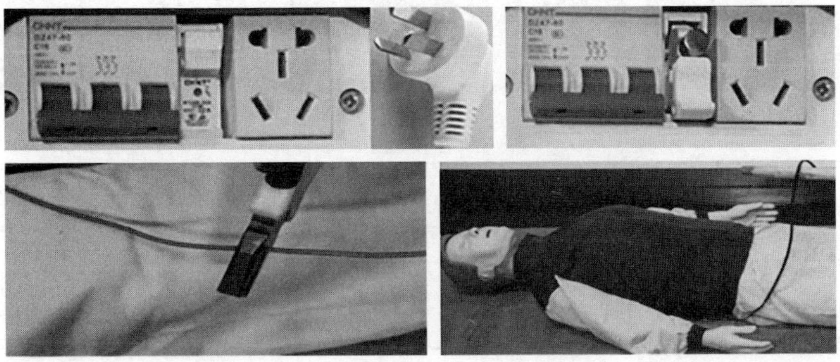

步骤一：____
____
步骤二：____
____
步骤三：____
____

2. 体征判断

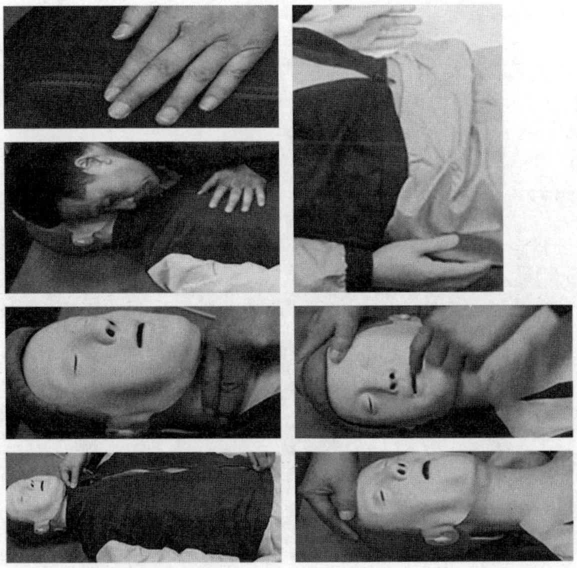

步骤一：____
____

步骤二：

步骤三：

3. 胸外按压

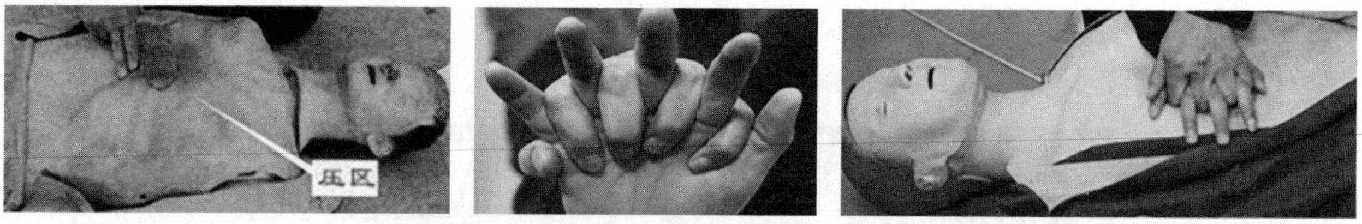

步骤一：

步骤二：

4. 人工呼吸

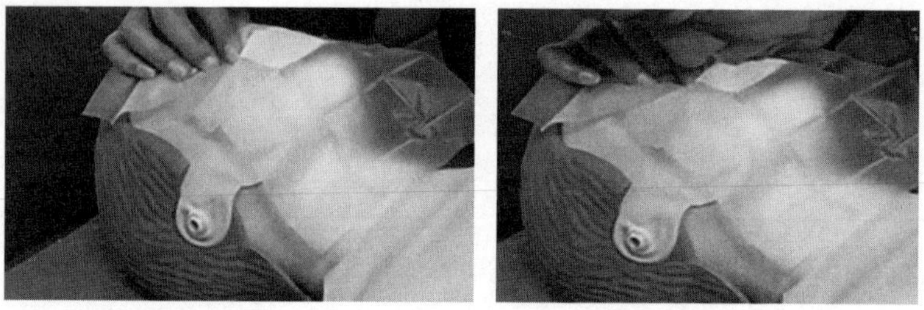

步骤一：

步骤二：

5. 灭火

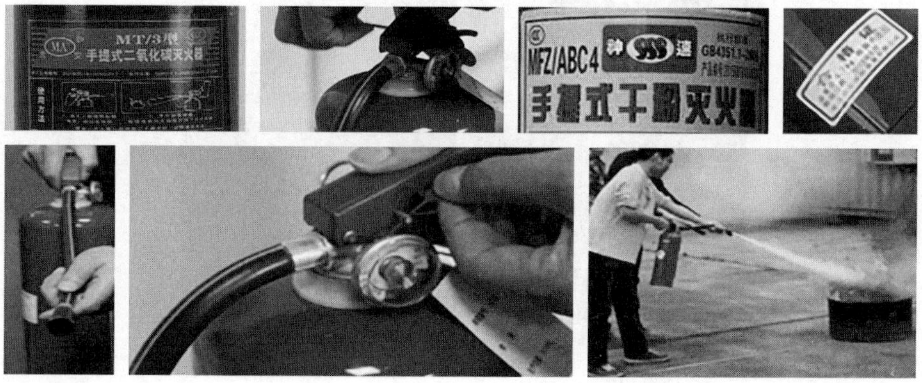

步骤一：

步骤二：____

____

步骤三：____

____

1.4 评价反馈

1. 根据自己在课堂中的实际表现进行自我反思和自我评价

自我反思：____

____

自我评价：____

____

2. 实训成绩单

评价项目	评价标准	分值	得分
接收工作任务	明确工作任务，思路清晰	5	
信息收集	掌握工作相关知识和操作要领	15	
制订计划	计划合理可行	10	
任务实施	操作前设备工具和场地的准备工作	10	
	脱离电源	5	
	体征判断	10	
	胸外按压	5	
	人工呼吸	5	
	选灭火器	5	
	查有效期	5	
	正确使用灭火器	5	
7S 管理	能按照 7S 管理的内容进行任务实施	10	
职业素质	团队协作、沟通表达	10	
综合评价			

模块 5　智能温室装调

项目 1　智能温室控制系统图的绘制

在温室控制系统中，所涉及的图包括电气设备布置图、电气设备接线图、电气控制原理图、系统的外形图，本项目学习这 4 种图形的相关知识。

1.1　信息收集（成绩：________）

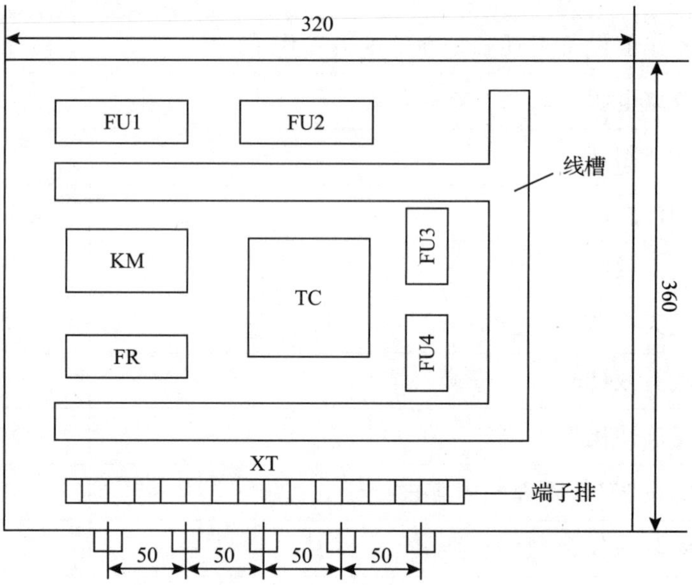

（1）这是____________________图。

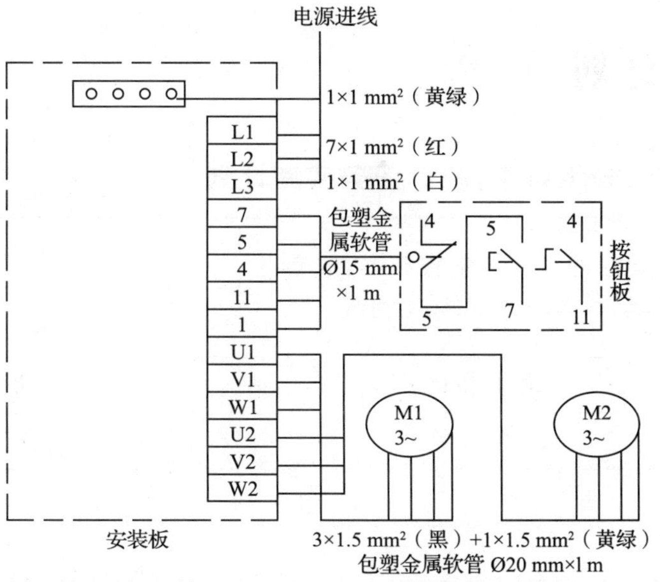

(2)这是________________图。

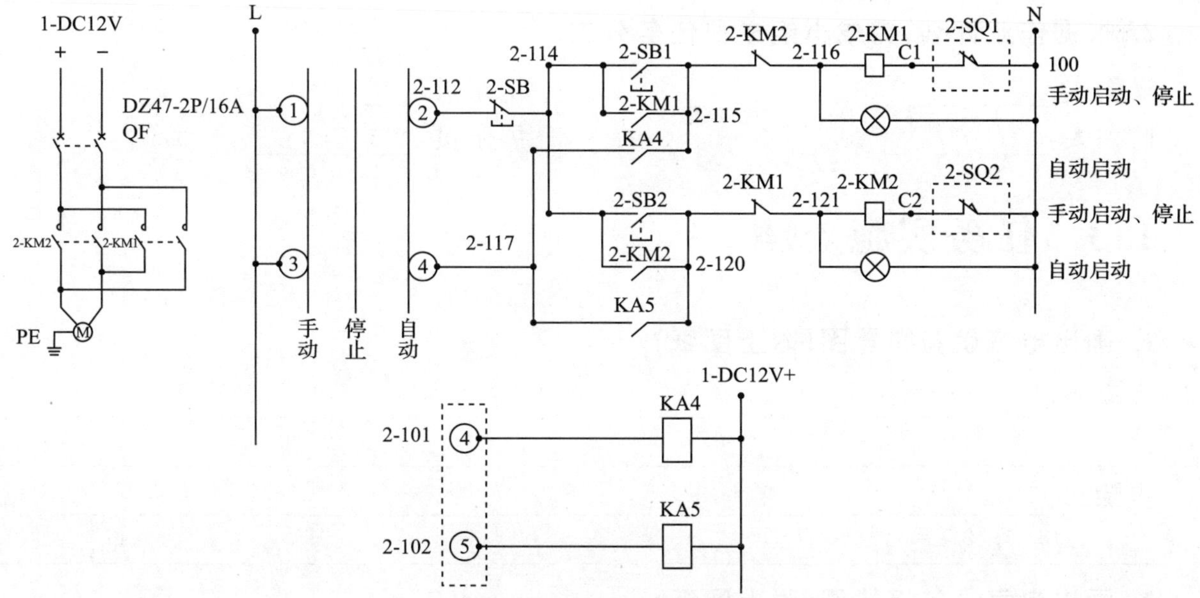

(3)这是________________图。

(4)这是________________图。

1.2 制订计划（成绩：________）

1. 通过查阅资料，分组讨论，制订任务实施计划

工具及设备准备	正常运行的智能温室控制器、成套电工工具、成套绘图工具、绘图纸	是否清点： □ 是　　□ 否
操作流程	作业项目	操作要领

2. 根据作业计划，完成小组成员任务分工

操作人：__________　　记录员：__________

监护人：__________　　展示员：__________

1.3 任务实施（成绩：________）

1. 画出电气设备布置图（附上图纸）

步骤一：______________________________

____

步骤二：______________________________

____

2. 画出电气设备接线图（附上图纸）

步骤一：______________________________

____

步骤二：______________________________

____

3. 画出电气控制原理图（附上图纸）

步骤一：______________________________

____

步骤二：______________________________

____

4. 画出系统的外形图(附上图纸)

步骤一：____

____

步骤二：____

____

1.4　评价反馈

1. 根据自己在课堂中的实际表现进行自我反思和自我评价

自我反思：____

____

自我评价：____

____

2. 实训成绩单

评价项目	评价标准	分值	得分
接收工作任务	明确工作任务，思路清晰	5	
信息收集	掌握工作相关知识和操作要领	15	
制订计划	计划合理可行	10	
任务实施	操作前设备工具和场地的准备工作	10	
	能画出电气设备布置图	10	
	能画出电气设备接线图	10	
	能画出电气控制原理图	10	
	能画出系统的外形图	10	
7S 管理	能按照 7S 管理的内容进行任务实施	10	
职业素质	团队协作、沟通表达	10	
综合评价			

项目 2　智能温室控制系统的作用和工作原理

在温室控制系统中，控制系统的作用和工作原理属于最重要的专业技术领域，本项目学习控制系统的作用和工作原理的相关知识。

2.1 信息收集（成绩：________）

(1)这是强调________________________标签。

(2)这是强调________________________标签。

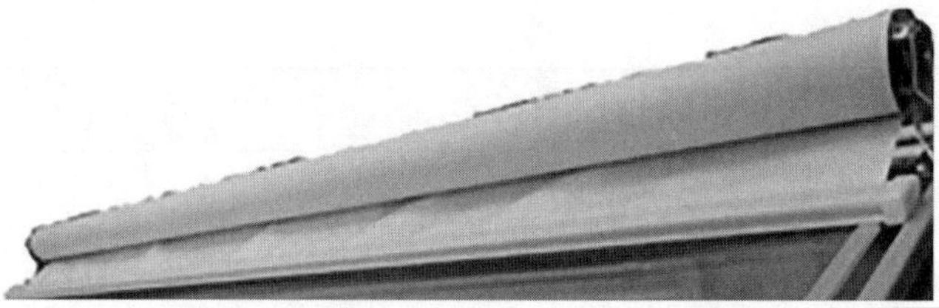

(3)这是________________________图。

(4)这是________________________图。

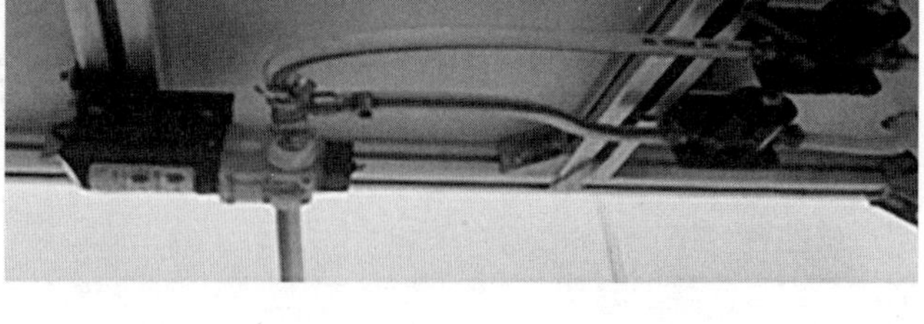

(5)这是______________________图。

2.2　制订计划（成绩：________）

1. 通过查阅资料，分组讨论，制订任务实施计划

工具及设备准备	正常运行的智能温室控制系统	是否清点： □ 是　　□ 否
操作流程	作业项目	操作要领

2. 根据作业计划，完成小组成员任务分工

操作人：________　　记录员：________

监护人：________　　展示员：________

2.3　任务实施（成绩：________）

1. 写出控制系统的作用

步骤一：________________________________

____

步骤二：________________________________

____

2. 写出控制系统的工作原理

步骤一：________________________________

____

步骤二：________________________________

____

2.4　评价反馈

1. 根据自己在课堂中的实际表现进行自我反思和自我评价

自我反思：______________________________

____

自我评价：____

____

2. 实训成绩单

评价项目	评价标准	分值	得分
接收工作任务	明确工作任务，思路清晰	5	
信息收集	掌握工作相关知识和操作要领	15	
制订计划	计划合理可行	10	
任务实施	操作前设备工具和场地的准备工作	10	
	能实际操作系统	10	
	能写出控制系统的作用	10	
	能写出控制系统的工作原理	10	
	能处理突发事项	10	
7S 管理	能按照 7S 管理的内容进行任务实施	10	
职业素质	团队协作、沟通表达	10	
综合评价			

项目 3　智能温室控制系统的拆卸

在温室控制系统装调技术中，其控制系统的拆卸是非常重要的专业技术之一，本项目学习智能温室控制系统的拆卸方法及相关知识。

3.1　信息收集（成绩：________）

1. 图形知识的准备

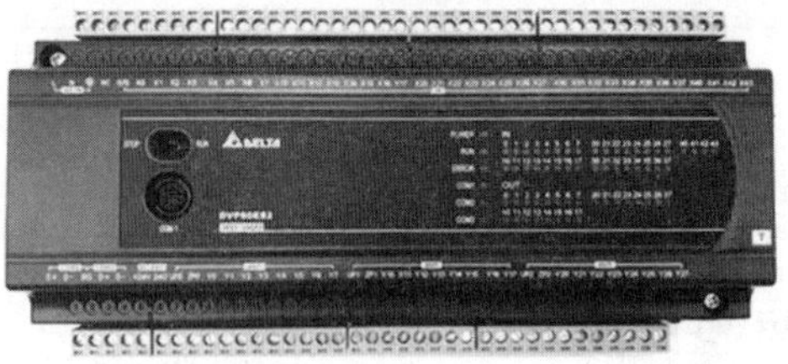

(1)这是________________________。

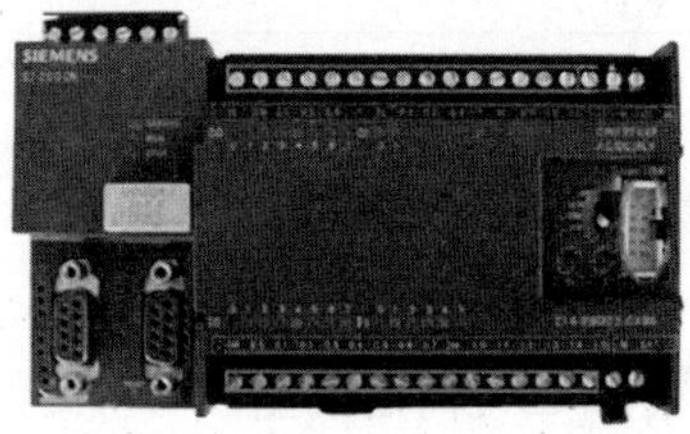

(2)这是________________________。

(3)这是__________________。

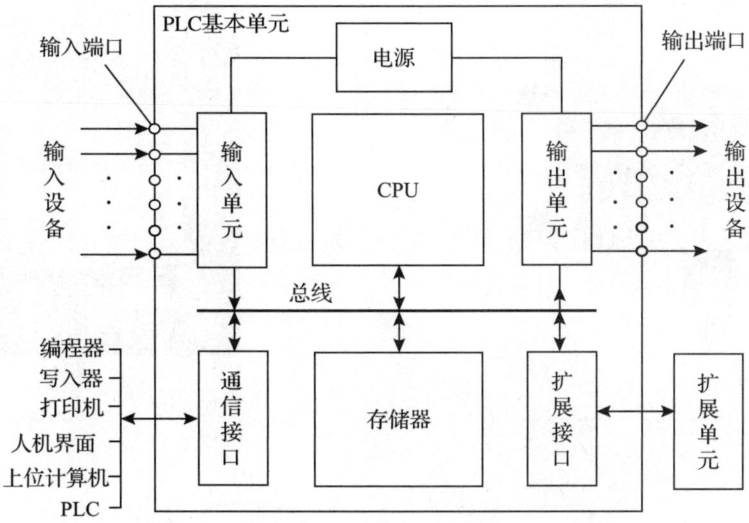
PLC基本单元
输入端口
电源
输出端口
输入设备
输入单元
CPU
输出单元
输出设备
总线
编程器
写入器
打印机
人机界面
上位计算机
PLC
通信接口
存储器
扩展接口
扩展单元

(4)这是__________________。

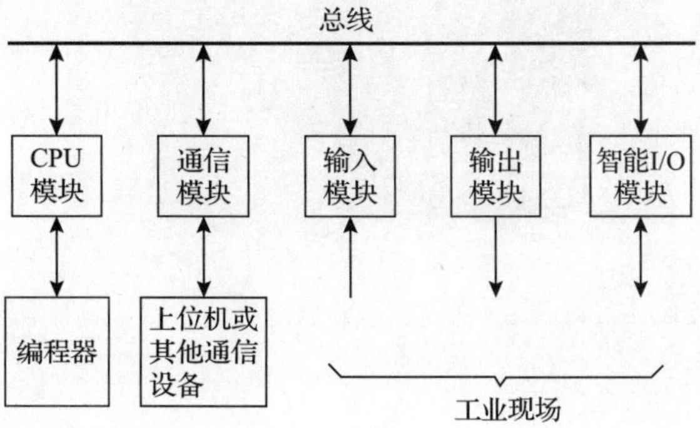
总线
CPU模块
通信模块
输入模块
输出模块
智能I/O模块
编程器
上位机或其他通信设备
工业现场

(5)这是__________________。

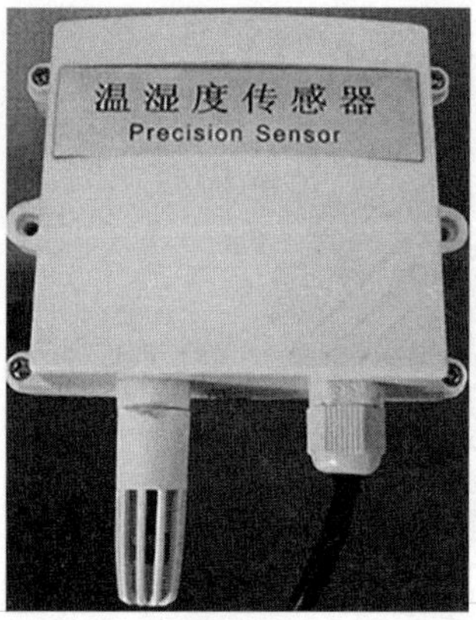

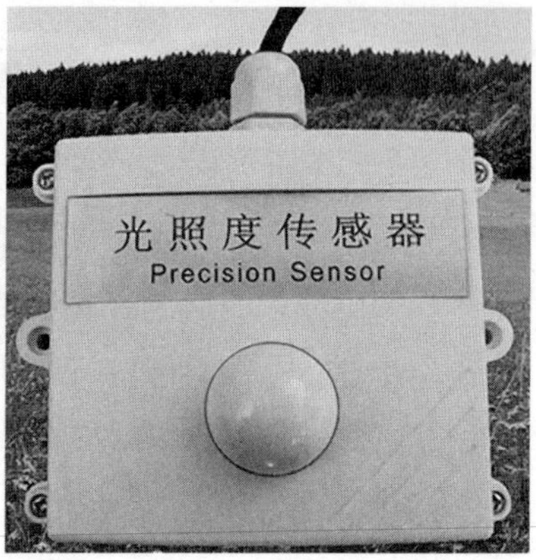

(6)这是____________________。　　(7)这是____________________。

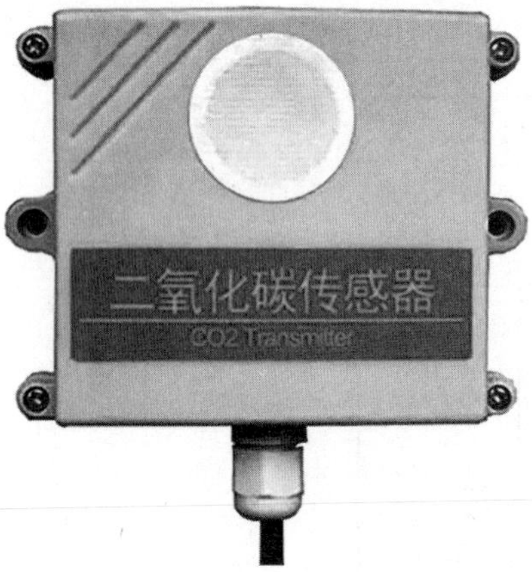

(8)这是____________________。　　(9)这是____________________。

(10)这是____________________。

2. 理论知识准备

(1)写出此次拆除导线有多少,列出其型号：

____

____

(2)写出此次用拆卸工具的使用方法：

____

____

(3)写出此次拆卸的电器名称和数量：

____

____

(4)写出此系统电器的维护、维修方法：

____

____

3.2　制订计划（成绩：________）

1. 通过查阅资料，分组讨论，制订任务实施计划

工具及设备准备	正常运行的智能温室控制器、万用表、改锥、尺子	是否清点： □ 是　　　□ 否
操作流程	作业项目	操作要领

2. 根据作业计划，完成小组成员任务分工

操作人：________　　　　记录员：________

监护人：________　　　　展示员：________

3.3　任务实施（成绩：________）

1. 电器元器件安装位置的标记

步骤一：______________________________

____

步骤二：______________________________

____

2. 控制系统的拆卸

步骤一：______________________________

____

步骤二：____

____

3. 各电器元器件的维修、维护，画出各元器件的图形并写明其作用（附上图纸和文字）

步骤一：____

____

步骤二：____

____

步骤三：____

____

步骤四：____

____

3.4 评价反馈

1. 根据自己在课堂中的实际表现进行自我反思和自我评价

自我反思：____

____

自我评价：____

____

2. 实训成绩单

评价项目	评价标准	分值	得分
接收工作任务	明确工作任务，思路清晰	5	
信息收集	掌握工作相关知识和操作要领	15	
制订计划	计划合理可行	10	
任务实施	操作前设备工具和场地的准备工作	10	
	能正确标记电器元件安装位置	10	
	能进行系统的拆卸	10	
	能进行各电器元器件的维修、维护，画出各元器件的图形并写明其作用	10	
	能处理突发事项	10	
7S 管理	能按照 7S 管理的内容进行任务实施	10	
职业素质	团队协作、沟通表达	10	
综合评价			

项目 4　智能温室控制系统的组装

在温室控制系统装调技术中，其控制系统的组装是最重要的专业方面的核心技术，本项目学习智能温室控制系统的组装方法及相关知识。

4.1 信息收集（成绩：________）

1. 图形知识的准备

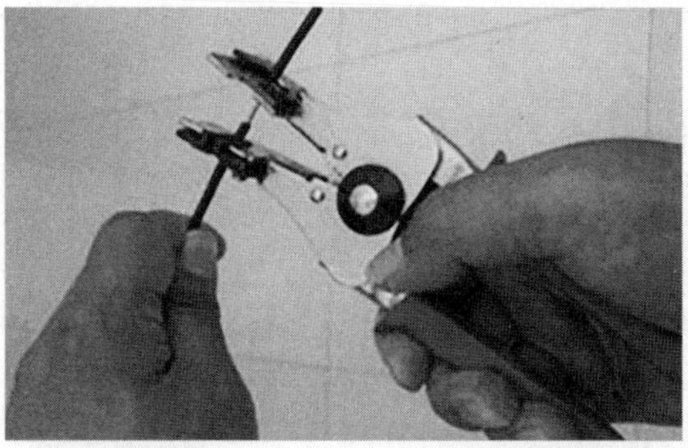

（1）这是进行________操作。

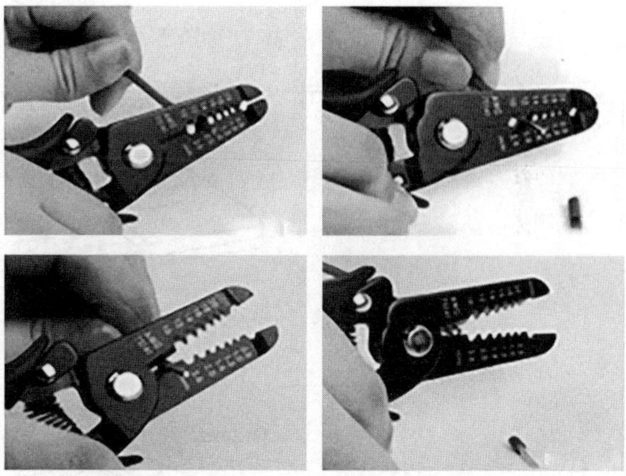

（2）这是进行________操作。

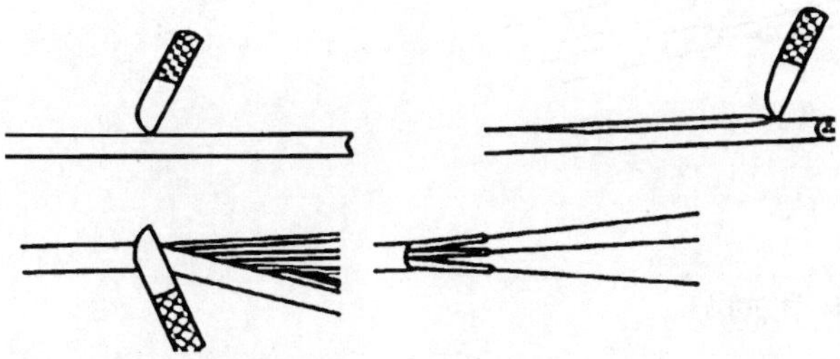

（3）这是进行________操作。

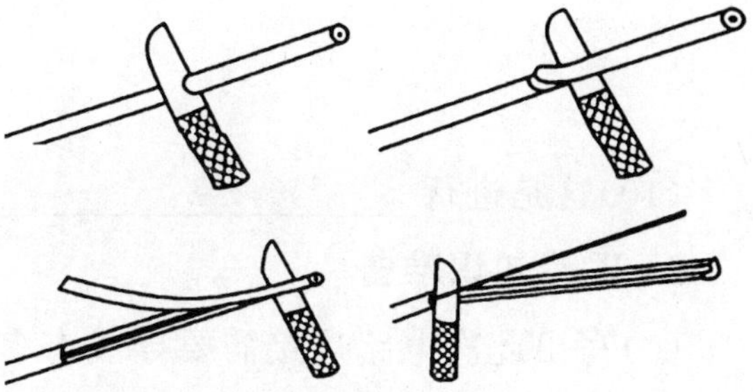

（4）这是进行________操作。

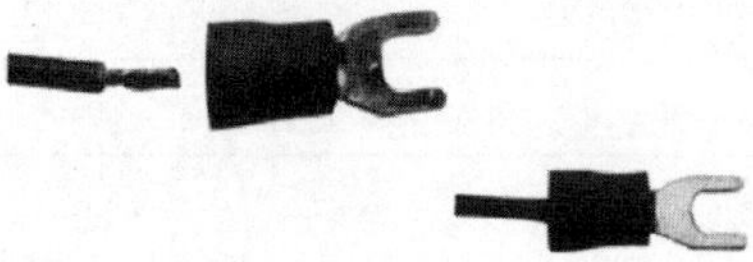

（5）这是进行________操作。

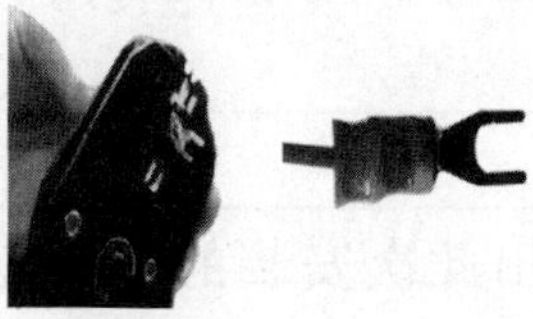

（6）这是进行________操作。

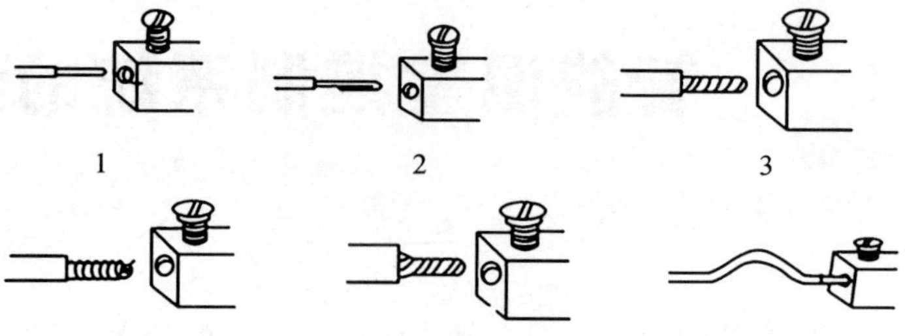

(7)这是进行____________________操作。

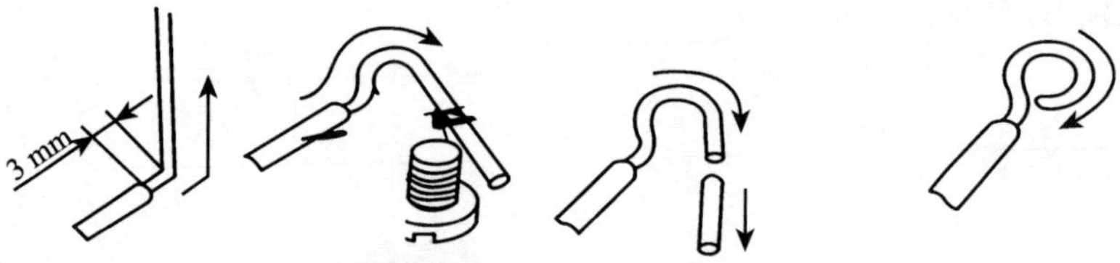

(8)这是进行____________________操作。

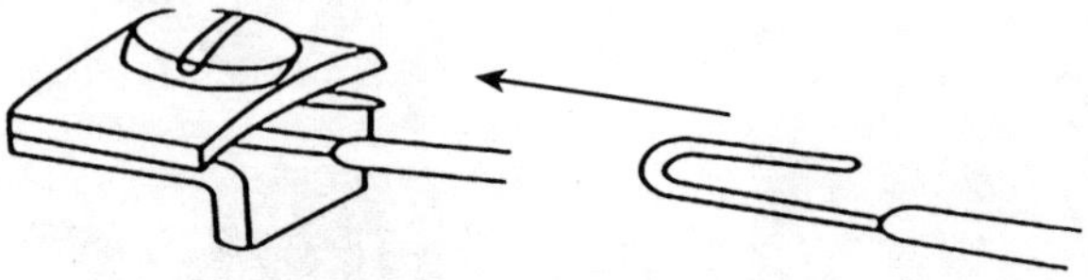

(9)这是进行____________________操作。

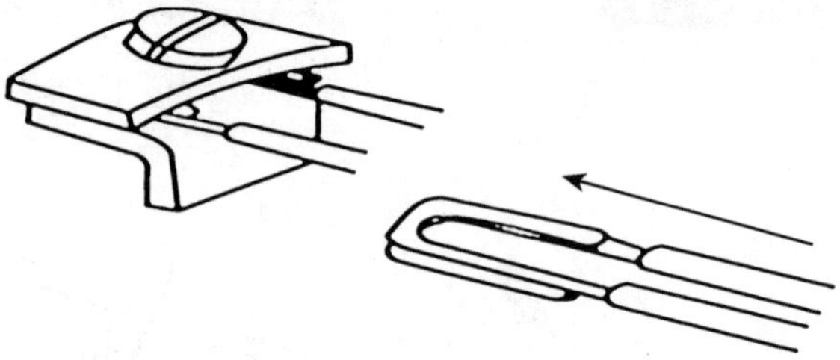

(10)这是进行____________________操作。

2. 理论知识准备

(1)写出此次电路连接需要导线有多少,列出其型号：

____

____

(2)写出此次用组装工具的使用方法：

____

____

(3)写出此次安装的电器名称和数量：

____

____

(4)写出此系统电路连接的方法：

____

____

____

4.2 制订计划（成绩：________）

1. 通过查阅资料，分组讨论，制订任务实施计划

<table>
<tr><td rowspan="2">工具及设备准备</td><td rowspan="2">智能温室控制器成套元器件、万用表、改锥、尺子、钳子</td><td>是否清点：</td></tr>
<tr><td>□ 是　　□ 否</td></tr>
<tr><td rowspan="5">操作流程</td><td>作业项目</td><td>操作要领</td></tr>
<tr><td></td><td></td></tr>
<tr><td></td><td></td></tr>
<tr><td></td><td></td></tr>
<tr><td></td><td></td></tr>
</table>

2. 根据作业计划，完成小组成员任务分工

操作人：__________　　记录员：__________

监护人：__________　　展示员：__________

4.3 任务实施（成绩：________）

1. 导线的加工

步骤一：____

____

步骤二：____

____

步骤三：____

____

步骤四：____

____

2. 元器件的安装

步骤一：____

____

步骤二：______________________________

____

3. 电路的连接

步骤一：______________________________

____

步骤二：______________________________

____

步骤三：______________________________

____

步骤四：______________________________

____

4.4 评价反馈

1. 根据自己在课堂中的实际表现进行自我反思和自我评价

自我反思：______________________________

____

自我评价：______________________________

____

2. 实训成绩单

评价项目	评价标准	分值	得分
接收工作任务	明确工作任务，思路清晰	5	
信息收集	掌握工作相关知识和操作要领	15	
制订计划	计划合理可行	10	
任务实施	操作前设备工具和场地的准备工作	10	
	能正确进行导线的加工	10	
	能正确进行元器件的安装	10	
	能正确进行电路的连接	10	
	能处理突发事项	10	
7S 管理	能按照 7S 管理的内容进行任务实施	10	
职业素质	团队协作、沟通表达	10	
综合评价			

项目 5　智能温室控制系统的调试

在温室控制系统装调技术中，其控制系统的调试是最后的关键技术，本项目学习智能温室控制系统的调试方法及相关知识。

5.1 信息收集（成绩：________）

1. 图形知识的准备

（1）在三相异步电动机接触器联锁控制电路中，若按下正、反转启动按钮 SB1 或 SB2 后，接触器 KM1 或 KM2 均获电动作，但电动机的转子均未转动或转得很慢，并发出“嗡嗡”声，其故障最小范围已经用虚线表示，则属于__________故障。

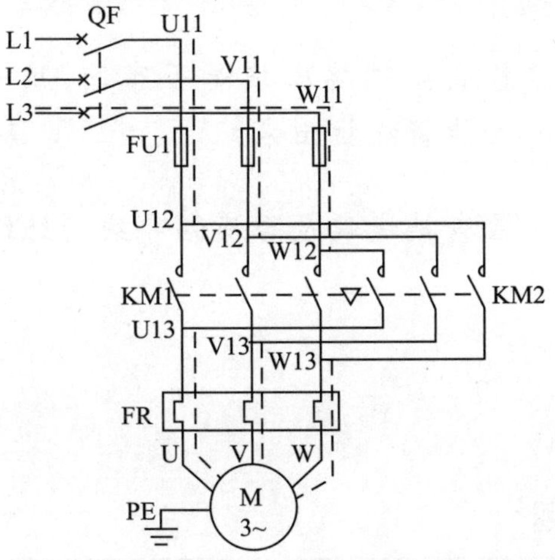

（2）按下正转启动按钮 SB1 后，接触器 KM1 获电动作，电动机运行正常；当按下反转启动按钮 SB2 后，接触器 KM2 获电动作，但电动机的转子未转动或转得很慢，并发出“嗡嗡”声，其故障最小范围已经用虚线表示，则属于__________故障。

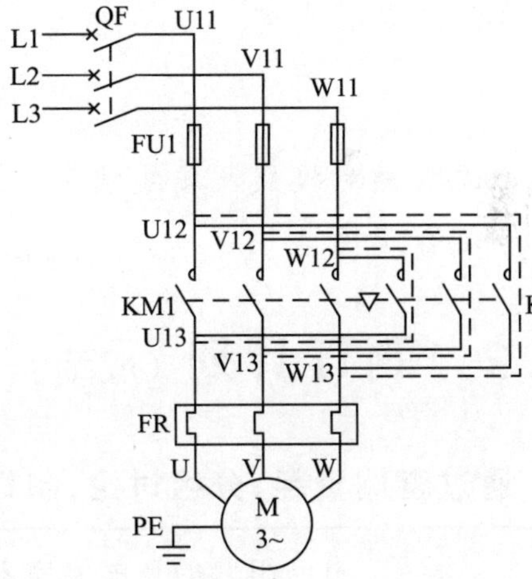

（3）当按下正、反转启动按钮 SB1 或 SB2 后，接触器 KM1 或 KM2 均不动作，电动机不转，其故障最小范围已经用虚线表示，则属于__________故障。

（4）当按下正转启动按钮 SB1 后，接触器 KM1 不动作，电动机不转。但按下反转启动按钮 SB2 后，接触器 KM2 动作，电动机启动运行，其故障最小范围已经用虚线表示，则属于__________故障。

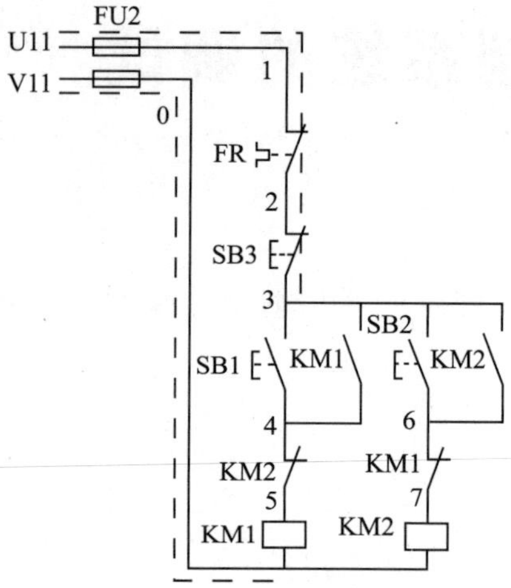

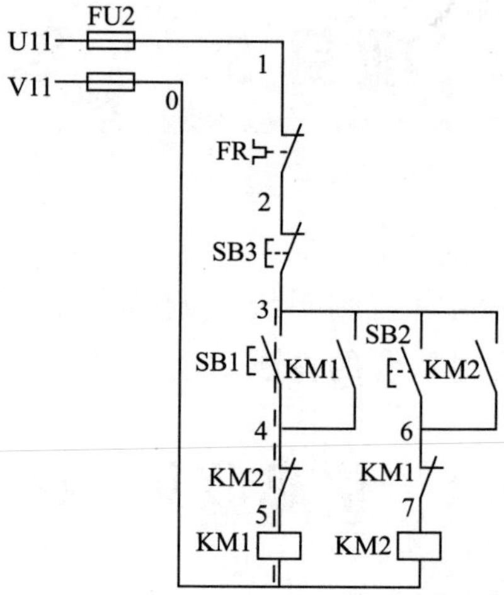

2. 理论知识准备

利用“目测检查电路”相关知识，将第 1 列与第 2 列用线连接起来。

第 1 列	第 2 列
检查导线节点是否符合要求	检查原理图上号和接好的电路上对应位置的线号是否一致
接触是否良好等	检查接线端是否最多只接两根线
压接是否牢固	检查接线端压接是否牢固，用手是否能将线拉出来
逐段核对接线及接线端子处线号是否正确	检查接线端是否压到导线的绝缘层

5.2 制订计划（成绩：________）

1. 通过查阅资料，分组讨论，制订任务实施计划

工具及设备准备	自己组装的智能温室器、万用表、改锥、尺子、钳子	是否清点： ☐ 是　　☐ 否
操作流程	作业项目	操作要领

2. 根据作业计划,完成小组成员任务分工

操作人:__________　　　　记录员:__________

监护人:__________　　　　展示员:__________

5.3　任务实施(成绩:________)

1. 断电调试

步骤一:____

____

步骤二:____

____

步骤三:____

____

2. 各硬件通电调试

步骤一:____

____

步骤二:____

____

步骤三:____

____

步骤四:____

____

5.4　评价反馈

1. 根据自己在课堂中的实际表现进行自我反思和自我评价

自我反思:____

____

____

自我评价:____

____

____

2. 实训成绩单

评价项目	评价标准	分值	得分
接收工作任务	明确工作任务，思路清晰	5	
信息收集	掌握工作相关知识和操作要领	15	
制订计划	计划合理可行	10	
任务实施	操作前设备工具和场地的准备工作	10	
	目测检查电路	10	
	断电调试电路	10	
	通电调试电路	10	
	能处理突发事项	10	
7S 管理	能按照 7S 管理的内容进行任务实施	10	
职业素质	团队协作、沟通表达	10	
综合评价			